中国康复医学会作业治疗专业委员会作业治疗丛书

总主编　闫彦宁　李奎成　罗　伦

矫形器制作与临床应用

Orthoses Science-Clinical Practice and Reasoning

主编　陈少贞

江苏凤凰科学技术出版社·南京

图书在版编目(CIP)数据

矫形器制作与临床应用 / 陈少贞主编. — 南京：
江苏凤凰科学技术出版社，2022.12
（中国康复医学会作业治疗专业委员会作业治疗丛书）
ISBN 978-7-5713-3310-2

Ⅰ. ①矫… Ⅱ. ①陈… Ⅲ. ①矫治器－制作 Ⅳ.
①TH787

中国版本图书馆 CIP 数据核字(2022)第 218711 号

中国康复医学会作业治疗专业委员会作业治疗丛书

矫形器制作与临床应用

主　　　编	陈少贞	
策　　　划	傅永红　杨小波	
责 任 编 辑	楼立理	
责 任 校 对	仲　敏	
责 任 监 制	刘文洋	

出 版 发 行	江苏凤凰科学技术出版社
出版社地址	南京市湖南路 1 号 A 楼，邮编：210009
出版社网址	http://www.pspress.cn
照　　排	南京新洲印刷有限公司
印　　刷	南京新洲印刷有限公司

开　　本	889 mm×1194 mm　1/16
印　　张	12.75
字　　数	360 000
版　　次	2022 年 12 月第 1 版
印　　次	2022 年 12 月第 1 次印刷

标 准 书 号	ISBN 978-7-5713-3310-2
定　　价	118.00 元

图书如有印装质量问题，可随时向我社印务部调换。

中国康复医学会作业治疗专业委员会作业治疗丛书
编写委员会

矫形器制作与临床应用
编者名单

主　　审　赵正全

主　　编　陈少贞

副 主 编　解　益　戴　玲

编　　委　（按姓氏笔画排序）

王海刚　宁波市第六医院

邓石峰　湖南中医药大学

艾旺宪　广东省工伤康复医院

加国庆　中山大学附属第一医院

刘静娅　中国康复研究中心

苏柳洁　中山大学附属第三医院

杨颖平　广东省工伤康复医院

陈少贞　中山大学附属第一医院

陈坤利　中南大学湘雅医院

赵　勇　东南大学附属中大医院

赵　曦　天津市天津医院

俞　君　无锡市第九人民医院

董新春　江苏医药职业学院

解　益　郑州大学第五附属医院

谭祖恩　美国斯克里普斯医疗集团

黎景波　广东省工伤康复医院

潘庆珍　长沙年轮骨科医院

戴　玲　江苏省人民医院

秘　　书　苏柳洁　中山大学附属第三医院

推荐序 Recommended order

　　世界卫生组织文件中指出"康复是一项有益的投资,因为可以提升人类的能力,……任何人都可能在生命中的某一时刻需要康复。"根据 2021 年世界卫生组织发表于《柳叶刀》的研究报告,2019 年全球有 24.1 亿人可从康复中获益。当今,康复的重要性和必要性已成为人们的广泛共识。《"健康中国 2030"规划纲要》更是将康复提升到前所未有的高度,全民健康、健康中国已上升为国家战略。2021 年 6 月,国家卫生健康委、国家发展改革委、教育部等八部委联合发布了《关于加快推进康复医疗工作发展的意见》,指出"以人民健康为中心,以社会需求为导向,健全完善康复医疗服务体系,加强康复医疗专业队伍建设,提高康复医疗服务能力,推进康复医疗领域改革创新,推动康复医疗服务高质量发展。"的总体目标,推出了"加强康复医疗人才教育培养""强化康复医疗专业人员岗位培训",鼓励有条件的院校要"积极设置康复治疗学和康复工程学等紧缺专业,并根据实际设置康复物理治疗学、康复作业治疗学、听力与言语康复学等专业",并且提出"根据医疗机构功能定位和康复医疗临床需求,有计划、分层次地对医疗机构中正在从事和拟从事康复医疗工作的人员开展培训,提升康复医疗服务能力。"

　　作业治疗作为康复医学的重要组成部分,近年来得到了快速发展。2017年 11 月成立了中国康复医学会作业治疗专业委员会,并于 2018 年 5 月成为世界作业治疗师联盟(World Federation of Occupational Therapists,WFOT)的正式会员,这是我国作业治疗专业发展的一个重要里程碑。自 2020 年开始中国康复医学会作业治疗专业委员会开始承担 WFOT 最低教育标准作业治疗教育项目国际认证的材料审核工作。据不完全统计,目前我国已有 15 所本科院校开设康复作业治疗学专业(其中 7 所已通过 WFOT 认证),另有一些高职院校也开始开设康复治疗技术(作业治疗方向)的培养课程。然而,目前国内还没有一套专门的作业治疗专业教材,也没有系统的作业治疗系列专著。本次由中国康复医学会作业治疗专业委员会组织编写的国内首套"作业治疗丛书",系统化地介绍了作业治疗的基本理论、常用技术以及在各个系统疾病或群体中的实际应用。丛书以临床需求为导向,以岗位胜任力为核心,不仅可以为作业治疗专业人才培养/培训提供系统的参考用书,也可以作为作业治疗临床/教学的重要参考用书,具有非常重要的现实意义。

　　作为康复医学界的一位老兵和推动者,我从 2011 年就开始组织并推动作业治疗国际化师资培训,至今已举办了十余期,在以往的培训中均缺少系统的培训教材和参考专著。我非常高兴地看到本套丛书得以出版,为此由衷地推荐给广大读者,相信大家一定可以从中获益。同时我也希望各位编委总结经验,尽快出版作业治疗学系列教材,以满足作业治疗教育的需要。

美国国家医学科学院国际院士

南京医科大学教授

序言 Preface

为满足人们日益增长的康复医疗服务需求,2021年6月国家卫生健康委、国家发展改革委等八部门共同发布了《关于加快推进康复医疗工作发展的意见》,提出"力争到2022年,逐步建立一支数量合理、素质优良的康复医疗专业队伍",并对康复从业人员的数量和服务质量提出了具体的要求。

作业治疗作为康复医疗的重要手段之一,是促进病(伤、残)者回归家庭、重返社会的重要纽带,在康复医疗工作中发挥着不可替代的作用。近年来,随着我国康复医疗工作的不断推进,许多医院已经将原来的综合康复治疗师专科逐步向物理治疗师、作业治疗师、言语治疗师的专科化方向发展。

在我国,现代作业治疗自20世纪80年代随着康复医学引入,经过40余年的发展,从业人员的数量和服务质量都有了很大的提高。2017年12月,中国康复医学会作业治疗专业委员会成立,并于2018年5月成为世界作业治疗师联盟(World Federation of Occupational Therapists,WFOT)正式会员,为我国作业治疗从业者搭建了更高的学术平台,为推动我国作业治疗师队伍走向世界打下了基础。目前,我国已经有近20所高校开设了作业治疗专业(或康复治疗学专业作业治疗方向),其中7所高校的作业治疗本科课程通过了WFOT教育项目的认证。2017年,教育部正式批准部分高校开设"康复作业治疗学"本科专业,标志着我国作业治疗高等教育走向了专科化发展的轨道。可是,目前国内尚无一套系统的作业治疗专业教材,为了促进国内作业治疗的专业化、规范化发展,满足作业治疗从业人员的需求,有必要出版一套系统、全面且符合中国国情的作业治疗丛书。因此,在中国康复医学会的指导下,由中国康复医学会作业治疗专业委员会牵头启动了我国首套作业治疗丛书的编写工作,以期为国内作业治疗、康复治疗、康复医学等相关专业临床及教学工作者提供一套较为全面和系统的参考工具书,同时该套丛书也可作为作业治疗及相关专业学生的教材使用。

本套丛书共有14个分册,涵盖了作业治疗理论、作业治疗评定、常用作业治疗技术、临床常见病症的作业治疗、特殊群体的作业治疗以及作业治疗循证研究等模块,包括《作业治疗基本理论》《作业治疗评定》《日常生活活动》《职业康复》《矫形器制作与应用》《辅助技术与环境改造》《神经系统疾病作业治疗》《骨骼肌肉系统疾病作业治疗》《心理社会功能障碍作业治疗》《烧伤作业治疗》

《儿童作业治疗》《老年作业治疗》《社区作业治疗》《循证作业治疗》。

参加本套丛书编写的人员多数有在国外或我国台湾、香港、澳门地区学习作业治疗的经历，或具备深厚的作业治疗理论基础和丰富的作业治疗临床或教学实践经验。在编写过程中，本套丛书力图体现作业治疗的专业特色，在专业技术方面做到详细、实用、具体，具有可操作性。

丛书编写工作得到了康复领域多位专家的悉心指导，得到了中国康复医学会、江苏凤凰科学技术出版社以及参编人员所在单位的大力支持，同时也离不开所有参编人员的共同努力，在此我们一并表示衷心的感谢。

作为本套丛书的总主编，我们深感责任重大。作为国内首套作业治疗丛书，由于可供参考的资料不多，且参编人员较多，写作水平和风格不尽一致，书中难免存在不足或疏漏之处，我们恳请各位同道不吝指正，以便修订时完善。

中国康复医学会作业治疗专业委员会
2022 年 8 月

前言 Foreword

随着康复医学、材料学和生物力学的发展，以及康复医学与其他学科的交融，矫形器在临床中的应用越来越广，涉及康复科、神经内科、神经外科、骨科、显微外科、儿科、烧伤科、风湿免疫科、整形科等多个临床学科。其介入时机也逐渐从术后发展为术前预康复、术后即时和后期康复的全程干预。矫形器具有预防、保护、治疗、矫正和代偿等作用，要充分发挥矫形器的临床价值，不仅需要有良好的矫形器制作技术，更需要严谨的临床思维和科学巧妙的设计。为了促进从简单的"矫形器适配"到系统"矫形器治疗"的思维转变，我们邀请了一批拥有丰富矫形器制作经验且长期在临床一线从事相关专科康复的专家，对矫形器的设计、制作与临床应用进行系统的编写。

本书内容共十二章，第一章为矫形器概述，第二章为组织创伤与愈合，第三章至第十一章按身体部位和关节详细地介绍多种矫形器的制作方法与临床应用原则，最后一章介绍典型病例的矫形器治疗方法及临床推理过程。希望读者阅读此书后，不仅能够科学地进行矫形器制作，还能够形成严谨的临床思维。本书具有以下五大亮点：

1. 覆盖面广，可操作性强。本书主要介绍低温热塑矫形器的设计、制作与临床应用，也涵盖了一些常用的高温热塑矫形器和软性矫形器，都以设计简单、临床实用性强和可操作性强为特征。鉴于目前市售成品矫形器鱼龙混杂的现状，本书中也介绍了如何科学地选择和利用市售成品矫形器。初学者可以通过阅读该书学会如何设计和制作矫形器，学会如何选择合适的市售成品矫形器，为患者解决临床问题。

2. 丰富的原创图片和视频。本书的多个章节均结合原创的图片生动形象地展示了矫形器设计、制作和穿戴、临床应用方法。此外，本书还可通过手机扫码观看多个矫形器的制作视频，包括腕手部低温热塑矫形器、3D扫描制模的低温热塑硅酮面具、3D打印制模脊柱侧弯矫形器、基于下肢生物力学评估的热塑形鞋垫，让读者如亲临临床带教现场，近距离观察和学习。

3. 充分阐述设计理念和相关力学原理，使读者更具自主设计能力。本书不仅阐述每个矫形器的治疗作用和具体的制作、运用方法，更充分阐述其设计理念、相关力学原理，以及同一款矫形器在不同疾病应用中个体化的考虑，力求授人以渔，让读者学会自主设计矫形器。

4. 临床知识与矫形器技术有机结合,剖析临床推理思路。有效的矫形器治疗不仅依赖于精巧的矫形器设计和制作,更来源于对疾病、功能障碍病理机制的准确理解。本书对每个矫形器不同适应证的主要特征、病理机制和对矫形器的特殊要求进行分析和阐述,提高读者的临床分析和决断能力。

5. 鲜活的案例和广阔的临床视野。本书的最后一章按不同专科领域收集了一些典型病例并阐述临床思路和临床决策,对于具有经验的临床工作者有一定的学术启发。

本书的出版得到作业治疗专业委员会领导和作业治疗学丛书总主编闫彦宁教授、李奎成教授、罗伦教授的大力支持与帮助,也得到中华医学会显微外科分会主任委员顾立强教授、中山大学附属第一医院副院长、显微创伤手外科学科带头人朱庆棠教授和中山大学附属第一医院康复医学科同仁的大力帮助,在此表示衷心的感谢!也感谢香港职业治疗学院黄锦文院长、武汉同济医院康复科赵正全教授、陆军军医大学第一附属医院康复专科医院武继祥教授长期以来对我在学术上的启发与帮助!感谢广东省工伤康复中心手康复专科主管治疗师丘开亿老师在编写过程中给予我的帮助!感谢天津工伤康复中心主管治疗师李任飞老师和中山大学附属第一医院康复科的实习生为本文绘制线描图。感谢我的朋友彭娟老师为本文做了大量的校对工作。感谢我的先生戴嵩在我编写过程中给予的各种支持!本书的顺利出版,也是各位编委的辛勤劳动与奉献的结果,在此表示衷心的感谢!

本书适合康复医学科作业治疗师、矫形师及从事骨科康复的医师和治疗师阅读,也适合作业治疗学专业和康复医学工程专业本科学生作为教材或参考教材使用。

本书在编写过程中难免存在一些遗漏和不足之处,殷切希望广大读者和同行给予指正和反馈,以便再版时修订完善。

陈少贞

2022 年 5 月

目 录 Contents

第一章

矫形器概述

矫形器的临床应用范围广泛,适用于神经科、骨科、儿科、烧伤科、风湿免疫科等多种疾病,损伤和术后患者。矫形器配制是一个系统性的工作,涉及解剖学、生物力学、生理学、人体运动学、组织修复学和社会心理学等多方面知识。矫形器设计和制作是治疗师最为挑战和享受的工作内容之一。治疗师必须拥有相应的教育背景、临床经验和临床评估及推理技能,才能很好地完成矫形器的设计、制作和调适,并具备良好的沟通技巧和温和的心性来教育患者安全有效地使用矫形器。矫形师和作业治疗师是矫形器的主要设计者和制作者,但他们的侧重点略有不同。矫形师也是康复工程师,他们所受的教育偏重于康复工程学,作业治疗师则偏重于临床医学和治疗学,所以他们的优势不一样。矫形师的优势在于对矫形器相关力学、材料学等理论知识和复杂制作工艺的掌握,包括金工、钳工等操作技术,他们更擅长于脊柱、下肢等部位的矫形器制作。作业治疗师的优势在于拥有更多临床经验。手部的结构和功能复杂,病损方式多样,因此对矫形器的要求也较为多样化和个体化。作业治疗师在临床从事手功能康复治疗,对上肢,特别是手的解剖、运动机能和各种创伤引起的病理改变较为熟悉,并可以在临床中动态观察患者病情的变化,从而及时对矫形器进行必要的调整或修改,所以作业治疗师更擅长于上肢矫形器的制作。作业治疗师在制作矫形器前必须全面了解患者的病情,与转介医师进行充分沟通,了解医师的转介目的、治疗经过和手术方式,必要时甚至要深入手术室观摩手术,这样才能更好地为患者制订个体化矫形器治疗方案。矫形器治疗是一个团队合作的过程,外科医师、康复科医师、作业治疗师、矫形师、物理治疗师、护理师、患者和家属等都是团队的成员,他们是患者整个康复方案的共同制订者。康复目标、运动治疗方案、日常护理、患者的需求、家属照顾的方便性等,都是矫形器设计时必须考虑的因素。

第一节
矫形器的介绍

一、矫形器的历史

历史上,矫形器也称为夹板(splint)和支具(brace),最初是用于固定和治疗骨折,与石膏和夹板的概念混杂在一起。石膏固定的历史悠久,几千年前,埃及人就开始用石膏浆过的麻布固定骨折;一千多年前,印度、突尼斯开始使用石膏混凝土;19世纪比利时的军医 Anfonins Hethigsen 发明了石膏绷带。早期矫形器(夹板、支具)常用的材料有金属、皮革、木材等,多由铁匠、皮革匠和木匠来制作。18世纪以后,薄铁制造工艺高度发展,欧洲已有精巧的夹板和支具产生。中国古代用柳树皮作为固定骨折的材料,因它具有足够的韧性,又一定的强度和可塑性,同时,柳树皮里面含有的水杨酸有一定的镇痛作用。可见,古人用柳树皮作为骨折的外固定材料是非常有智慧的。小夹板的材料还有柳树板、杉木板、椴木板、竹板、硬纸板等,取材非常方便,在骨科急救时能及时发挥作用。小夹板固定相对于石膏固定来说更便于伤员在受伤早期进行功能锻炼。小夹板通过绑带将其绑在肢体上以形成固定作用,固定比较牢固,也方便医师根据病情及时进行调整,至今在临床中仍被广泛认可和应用。我国矫形器的历史比较悠久,明代已经开始应用"木柱"(木制腰围)作为腰椎损伤的固定。20世纪30年代,北京协和医院初建骨科时已经设立了假肢支具室,图1-1-1是当时协和医院用于矫正脊柱侧弯的矫形器。手部骨骼短小而结构复杂,用石膏和小夹板很难做到精确固定损伤部位又不限制相邻关节活动,因此,临床医师和治疗师们一直在寻求一种更为轻便、易于剪裁和塑形的材料。20世纪初叶,我国香港和印度有一些医师和治疗师创造性地把塑胶水管应用于手部固定和矫正,根据临床需要对塑胶水管进行适当裁剪,再利用鞋带、橡皮筋等作为固定带,制作成手部矫形器,用于手指固定、畸形矫正或指蹼粘连的预防(图1-1-2)。随后,聚乙烯、聚丙烯等高分子材料的出现使矫形器的应用得到革命性发展。矫形器的重量大大地减轻,制作工艺也不断地改进,在临床中得到广泛应用,并渗透到各个专科。第二次世界大战后,大量的伤残军人对康复产生巨大的需求,同时,医学分科的精细化、康复医学和康复工程学的发展使矫形器设计和制作逐渐成为一门新的学科,并由此诞生康复工程师和义肢矫形师等从业人员。他们成为康复医疗团队不可或缺的一员。随后,聚己内酯和反式聚异戊二烯等混合大分子材料也逐渐成为制作矫形器的主要材料。由于这两种材料在55～75 ℃环境中加热2～3 min即可激活软化,可以在人体上直接塑形,这使矫形器的制作工序大大地简化。与此同时,机械化生产的发展使得手外伤和烧伤患者大量增加,手外科逐渐独立成为专科,显微手术技术得到突飞猛进的发展,这使得低温热塑矫形器在临床中应用越来越普遍。因为临床的需要,作业治疗师也逐渐掌握低温热塑矫形器的制作方法,加上他们熟练掌握手部功能、手部解剖结构、运动机能学等知识,与手外科医师也有密切合作的经验,所以他们逐渐代替矫形师成为上肢低温热塑矫形器的主要制作者。20世纪80年代初,低温热塑矫形技术传入中国大陆,逐渐在各大医院普及,在骨创伤康复、烧伤康复、神经康复、儿科疾病康复等领域得到广泛使用。

图1-1-1 20世纪30年代北京协和医院用于矫正脊柱侧弯的矫形器

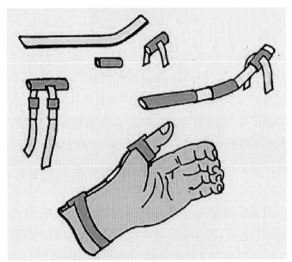

图1-1-2 20世纪60年代塑胶水管制作的手部矫形器

二、定义

矫形器(orthoses)是用于人体四肢和躯干等部位,通过力的作用以保护躯干和肢体,预防或矫正畸形,治疗骨骼、关节、肌肉和神经等疾病,或代偿功能的体外装置。

矫形器也被称为支具、支架或夹板,我国台湾地区称之为副木,英文通常使用 splint 或 brace 等词汇。1950年,矫形器作为专业术语在美国开始使用,1992年,国际标准化组织(ISO)将美国国家假肢矫形器教育委员会提出的统一矫形器命名方案定为国际标准。1996年,我国国家质量技术监督局(2001年与国家出入境检验检疫局合并成为国家质量监督检验检疫总局)参照ISO国际标准,制定了我国假肢矫形器国家标准,规范了矫形器的命名,把矫形器定为规范性术语,以取代其他名称。

2008年,美国医疗保险和补助服务中心(Centers for Medicare & Medicaid Services,CMS)把矫形器定义为:"能起到多种功能包括支持、对线、预防或矫正畸形,提供功能或限制运动的坚硬或半坚硬设备。"

三、分类

临床上,矫形器有多种分类方法,通常根据装配部位、治疗目的、矫形器所用材料、有无外在动力等进行分类。

(一)按装配部位分类

按照矫形器装配部位对矫形器进行分类是目前比较通用的一种分类方法,国际和国内残疾人辅助器具分类标准均按此对矫形器进行分类。据此,矫形器分为脊柱矫形器(spinal orthoses)、上肢矫形器(upper limb orthoses)、下肢矫形器(lower limb orthoses)三大类。

1. 脊柱矫形器 包括颈部矫形器(cervical orthoses, CO)、颈胸矫形器(cervical thoracic orthoses, CTO)、颈胸腰骶矫形器(cervical thoraco lumbar sacral orthoses, CTLSO)、胸腰骶矫形器(thoraco lumbar sacral orthoses, TLSO)、腰骶矫形器(lumbar sacral orthoses, LSO)等。

2. 上肢矫形器 包括手指矫形器(finger orthoses, FO)、手部矫形器(hand orthoses, HO)、腕关节矫形器(wrist orthoses, WO)、腕手矫形器(wrist hand orthoses, WHO)、肘关节矫形器(elbow orthoses, EO)、肘腕手矫形器(elbow wrist hand orthoses, EWHO)、肩矫形器(shoulder orthoses, SO)、肩肘腕手矫形器(shoulder elbow wrist hand orthoses, SEWHO)等。

3. 下肢矫形器 包括足部矫形器(foot orthoses, FO)、踝足矫形器(ankle foot orthoses, AFO)、膝关节矫形器(knee orthoses, KO)、膝踝足矫形器(knee ankle foot orthoses, KAFO)、髋关节矫形器(hip orthoses, HO)、髋膝踝足矫形器(hip knee ankle foot orthoses, HKAFO)等。

(二)按是否跨关节分类

按矫形器是否跨过关节,把矫形器分为跨关节矫形器和非跨关节矫形器两大类。

1. 跨关节矫形器 跨关节矫形器是指矫形器接触作用的身体部位至少包含(跨过)一个关节,多数矫形器属于此类。有跨过一个关节的,如肘关节矫形器、膝关节矫形器、远端指间关节矫形器等;也有跨过多个关节的,如膝踝足矫形器、腕手矫形器等。

2. 非跨关节矫形器 非跨关节矫形器不跨过身体任何关节,可为愈合中的骨或软组织结构提供支撑和保护。例如,第3掌骨干骨折的制动矫形器命名为非跨关节掌骨矫形器(图1-1-3)。同样,用于保护重建术后的环形滑车(annular pulley)的矫形器也属于非跨关节矫形器,称为非跨关节近端指骨矫形器(nonarticular proximal phalanx orthoses)(图1-1-4)。

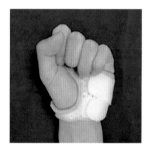
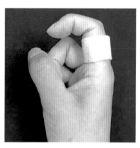

图1-1-3 非跨关节掌骨固定型矫形器　　图1-1-4 非跨关节近端指骨矫形器

(三)按被作用关节的功能需求分类

根据矫形器所作用的人体关节是否可以活动,矫形器可以分为静态矫形器(static orthoses)和动态矫形器(dynamic orthoses)两大类。

1. 静态矫形器 矫形器穿戴后不能活动,常用来固定或保护肢体,又可分为一般静态矫形器(general static orthoses)、系列型静态矫形器(serial static orthoses)、静态渐进型矫形器(static progressive orthoses)。

(1)一般静态矫形器:起固定或保护作用,用于促进组织愈合,也称为固定型矫形器(immobilization orthoses),常用于骨折、关节脱位整复后或皮瓣移植术后的固定;也常用于体位摆放以防畸形,如类风湿关节炎患者夜间使用的腕手休息位矫形器、腕管综合征患者使用的腕中立位矫形器等(图1-1-5)。一般情况下,静态矫形器制作合适后不需要再调整。

(2)系列型静态矫形器:是提供给关节僵硬的患者持续穿戴数天并进行进阶式修改,逐渐改善关节活动度的一类矫形器。这类矫形器与一般静态

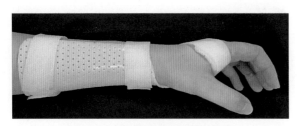

图 1-1-5　静态腕中立位矫形器

矫形器没有太大的差别,只是在制作时把被作用的关节牵伸到活动度最末端,待挛缩组织发生应力松弛后,对矫形器进行重新塑形,增大牵伸幅度,这样就形成一系列角度逐渐扩大的静态矫形器。这一类矫形器最好采用管状设计以增强固定效果,也可采用双片式设计的筒状矫形器。

（3）静态渐进型矫形器:在关节活动度末端给予单向、低负荷的稳恒力矩,以帮助关节获得更大的活动度。其制作方法、材料和结构与动态矫形器相似,只是使用非弹性材料代替弹性材料来提供关节牵引力,这些材料包括尼龙绳索、皮带材料、螺丝、铰链、螺丝扣、无弹性棉带和魔术贴等。如图 1-1-6A 静态渐进型矫形器与图 1-1-6B 动力型矫形器结构相似,为了增加肘关节屈曲挛缩患者肘关节伸直的角度,利用非弹性牵引带进行静态的伸肘牵引,开始时,把肘关节牵伸到最大伸直角度,维持十几分钟后,待软组织出现应力松弛后,再次把牵引带拉紧,如此反复逐渐增加肘关节伸直角度。持续

牵伸期间,被作用关节处于静止状态,通过渐进的角度调节,关节活动度逐步得到提高。

静态渐进型矫形器可由两个部件组成,两个部件可以用关节连接(图 1-1-6A);也可以由两个独立的矫形器组成,通过非弹性牵引带调节两个矫形器之间的关系,从而达到牵伸软组织和改善关节活动度的目的。这类矫形器也可称为组合式矫形器,如前臂缺血性肌挛缩(Volkmann 肌挛缩)患者使用的组合式矫形器就属于静态渐进型矫形器。先用手部矫形器把掌指关节(MCP 关节)和指间关节(IP关节)都固定在伸直位,再把腕手背伸矫形器的前臂部分固定在患者前臂背侧,利用牵引带把手部矫形器与腕手背伸矫形器的远端连接起来,进行适当牵引,逐渐调紧牵引带使腕背伸角度不断增大,从而达到治疗目标(图 1-1-7A～C)。

图 1-1-7A　前臂 Volkmann 肌挛缩

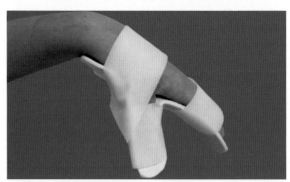

图 1-1-7B　戴上手伸直静态矫形器

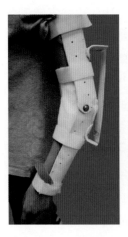 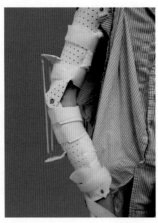

图 1-1-6A　肘关节伸直静态渐进型矫形器(用非弹性牵引带提供静态牵伸,牵伸期间肘关节不能活动)　　图 1-1-6B　肘关节伸直动力型矫形器(用橡皮筋进行牵伸,牵伸期间肘关节可以活动)

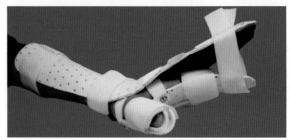

图 1-1-7C　组合式腕手背伸静态渐进型矫形器

2. 动态矫形器　也称为活动型矫形器(mobilization orthoses)，通常包含关节或铰链。活动型矫形器又可以分为普通活动型矫形器(general mobilization orthoses)、动力型矫形器(externally powered orthosis)、限制型矫形器(restrictive orthoses)。

(1) 普通活动型矫形器：不加特指的活动型矫形器通常是指普通活动型矫形器，穿戴后被作用关节能够完成某一维度的全范围活动，但另一个维度的活动则受到限制。这有助于保护关节侧副韧带，增强关节侧方稳定性，维持关节对位对线，使该关节在完成功能性活动时避免侧偏和剪切力，从而促进组织愈合或矫正畸形。如活动型腕关节矫形器允许腕关节进行全范围屈伸活动，却限制了腕关节桡尺偏；肘关节活动型矫形器允许肘关节进行屈伸活动，同时避免肘关节内翻或外翻，维持了肘关节侧方稳定。活动型矫形器还可以用于关节畸形矫正，先天性桡骨缺如导致腕关节桡偏，利用腕关节屈伸活动型矫形器既可矫正腕关节桡偏，又可允许腕关节进行全范围屈伸活动。

(2) 动力型矫形器：动力型矫形器是通过橡皮筋、弹簧、弹簧支架等外在的弹性装置给目标关节提供关节活动的动力，使其在外力的帮助下可以完成某个方向的活动。其临床作用如下。①代偿肢体功能：利用矫形器提供外在动力以代偿肢体丧失的功能。如尺神经损伤导致的爪形手可用掌指关节屈曲动力型矫形器(图1-1-8)，帮助患手屈曲掌指关节，伸直近端指间关节。用于代偿功能的动力型矫形器还包括桡神经损伤后使用的伸腕伸指动力型矫形器，正中神经损伤后拇对掌动力型矫形器等。②保护肌肉和肌腱，促进愈合：如屈肌腱损伤修复术后0~3周，此阶段损伤肌腱尚未愈合，肌肉主动收缩可能导致肌腱缝合处受到牵拉力，肌腱愈合受到影响，甚至再次断裂，故用橡皮筋等弹性装置替代屈肌功能，以促进肌腱愈合。如图1-1-9的Kleinert支具，按分类应属于"腕指背伸限制/手指屈曲动力型矫形器"。③牵伸软组织，提高关节活动度：软组织挛缩导致的关节活动度受限可通过动力型矫形器提供持续低强度牵伸，以改善关节活动度，如肘关节伸直动力型矫形器(图1-1-6B)等。

用非弹性牵引带作为动力的活动型矫形器在

图 1-1-8　掌指关节屈曲动力型矫形器

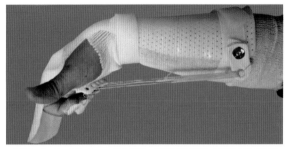

图 1-1-9　Kleinert 矫形器，即腕指背伸限制/手指屈曲动力型矫形器

某种程度上相当于静态渐进型矫形器。由于牵引带没有弹性，当牵引带拉紧后，被作用关节只能维持在某个固定的角度，不能活动。因此，严格来说，利用非弹性牵引带作为动力的矫形器即使在关节的位置上装有铰链，仍可归类为静态渐进型矫形器。矫形器是否属于活动型矫形器，主要是由穿戴时所作用的关节是否可以活动来界定。

(3) 限制型矫形器：又称为限动型矫形器，允许被作用关节在某个维度的一定范围内活动。如图1-1-10，鹅颈畸形所使用的"8"字形矫形器和图1-1-11，手指背侧阻挡式矫形器都属于限制型矫形器。限制型矫形器的作用是保护软组织，使其处于低张力状态，以促进其愈合。

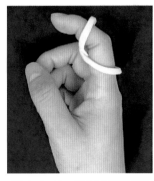 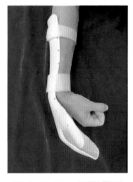

图 1-1-10　"8"字形矫形器　　图 1-1-11　手指背侧阻挡式矫形器

动态矫形器,特别是动力型矫形器有时不得不固定相邻的非目标关节,例如,为改善掌指关节屈曲活动度的动力型矫形器,为了增强牵引力的力学效益,最好把腕关节固定在背伸位,如图1-1-12。该矫形器属于腕手指矫形器,文件记录中需写明"腕背伸静态、掌指关节屈曲动力型矫形器"。

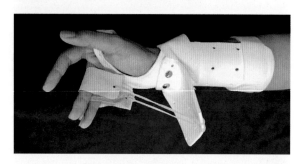

图1-1-12　腕背伸静态、掌指关节屈曲动力型矫形器

(四)按治疗目的分类

按治疗目的分为固定矫形器、保护矫形器、抗痉挛矫形器、预防及纠正畸形矫形器、牵伸矫形器、免荷矫形器等。

(五)按所用材料分类

按所用的主要材料,矫形器分为金属矫形器(图1-1-13)、皮革矫形器、木质矫形器、布类矫形器、塑料矫形器等。现代矫形器的制作材料基本以低温热塑板材或聚乙烯和聚丙烯等高分子材料为主,配合金属支条、魔术贴等配件。聚乙烯板和聚丙烯板的塑形温度为两百多摄氏度,故这类板材俗称"高温板",以此为主要材料的矫形器称为"高温热塑矫形器"。

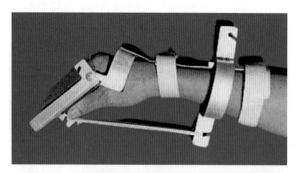

图1-1-13　金属矫形器(图片来自香港黄锦文老师)

(六)按是否定制分类

按矫形器是否定制分为成品矫形器(prefabricated orthoses)、订配成品矫形器(custom-fitted prefabricated orthoses)和定制矫形器(custom-made orthoses)。

成品矫形器是批量生产的矫形器,有不同规格和尺寸可供选择,适用于损伤组织的保护或简单的术后固定,具有价格便宜、容易获得等特点,如颈托、腰围和平足鞋垫等。成品矫形器不适合用于畸形明显、创伤复杂的患者。

订配成品矫形器是介于成品矫形器和定制矫形器之间的类矫形器,是由批量生产的热塑材料制成的矫形器,有不同规格和尺寸,可以根据患者的情况进行局部修改,使产品更加适合患者的解剖特点。

定制矫形器是根据患者功能需求和解剖特点个体化设计和制作的矫形器,具有良好的生物力学控制能力。定制矫形器还可以分为测量定制矫形器和模塑定制矫形器。

四、命名

矫形器的命名五花八门,有按首创者姓名来命名的,如色努矫形器、Kleinert矫形器、锦环(Simon's Ring)等;有按矫形器的临床作用和治疗目的命名的,如抗尺偏支具(anti-ulnar drift splint)、肘关节牵伸支具(elbow stretching splint)、抗痉挛支具(anti-spasticity splint)等;有直接按照疾病名称或临床表现命名的,如舟骨骨折矫形器、肩关节半脱位悬吊带(shoulder subluxation sling)、鹅颈支具(swan-neck splint)等;有在疾病名称后面加上使用目的命名的,如马蹄内翻足矫正支具;也有按照矫形器所作用的关节及该关节的目标体位命名的,如伸腕支具(wrist extension brace)、屈指环(finger flexion loop)等;有些矫形器的名称除了包括矫形器作用的关节及该关节的目标体位,还加了静态、动态等限定词,如静态型伸近端指间关节支具(static PIP joint extension brace)、动力型伸掌指关节支具(dynamic MCP joint extension brace)等;也有按照矫形器形状命名的,如"8"字形矫形器。

同一种矫形器有几个不同的名称,比如"8"字形矫形器又称为鹅颈畸形矫形器;同一种名称可包含几种不同的矫形器,如腕手抗痉挛矫形器,有掌侧式、背侧式和尺侧式,腕手部关节角度也各不相同,有完全伸直的,也有手指半屈曲的(图 1-1-14A,B)。由于历史原因和文化差异,矫形器在不同的国家和地区有不同的命名方式。命名不统一给国际学术交流和临床沟通带来不少障碍。为了让医疗费用支付者、医师及治疗师之间能更好地沟通和配合,以及医疗文书书写的规范化和文献检索的方便性,给矫形器提供一套清晰、一致和准确的描述性语言,即系统分类和统一命名是非常有必要的。

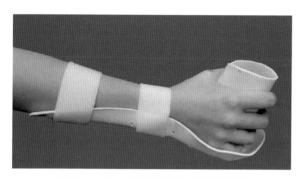

图 1-1-14A　尺侧腕手抗痉挛矫形器

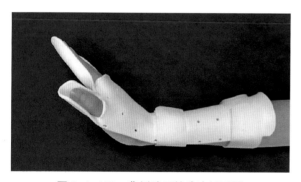

图 1-1-14B　背侧腕手抗痉挛矫形器

1991年,美国手部治疗师协会(American Society of Hand Therapists, ASHT)建立了支具分类系统(splint classification system, SCS),使得矫形器分类日渐精确。这个支具分类系统是由美国和国际上知名的手治疗专家制定的,其逻辑性强、可操作性强。该命名方式包括4部分。①解剖部位(anatomic focus):矫形器所作用的关节或部位。②运动方向(kinematic direction):矫形器所作用关节的运动方向。③使用目的(primary purpose):根据矫形器的使用目的分为活动(mobilization)、制动(immobilization)、限制(restriction)3种。④附属关节数(secondary joints):所包含的非目标关节数

目,用 type 1、type 2 分别表示非目标关节数或附属关节数为 1 和 2。如图 1-1-15,根据 SCS 的命名方式,应该命名为“指间关节伸直动力型矫形器(附属关节数2)”,而图 1-1-16,可命名为“指间关节伸直限制型矫形器(附属关节数0)”。

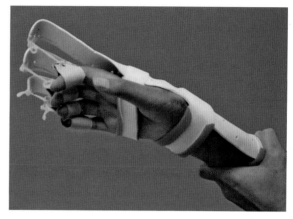

图 1-1-15　指间关节伸直动力型矫形器(附属关节数2)

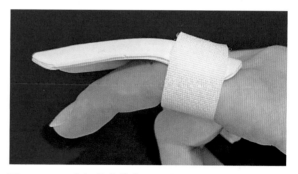

图 1-1-16　指间关节伸直限制型矫形器(附属关节数0)

后来,ISO建议使用矫形器作为规范术语,取消支具、夹板等其他名称。在汉语体系中,矫形器一般采用“被作用的关节-姿势-类型-矫形器”的顺序命名,如腕关节背伸固定型矫形器、腕指背伸动力型矫形器等。限制型矫形器的命名比较耐人寻味,一般采用“被作用关节-被限制活动的方向-限制型矫形器(允许活动的方向及范围)”的顺序命名,如指间关节伸直限制型矫形器(屈曲 20°以上)(图 1-1-16)。限制型矫形器肢体接触面一般与肢体被限制运动的方向一致,如限制指间关节伸直的矫形器,其接触面为手指背侧;限制肘关节屈曲的矫形器,其接触面为肘关节前侧。这类矫形器对关节活动形成一定的阻挡,也常称为阻挡式矫形器,故限制指间关节伸直的矫形器也称为手指背侧阻挡式矫形器。限制型矫形器可以利用金属铰链的可

调节刻度盘来控制关节活动范围,也可以利用矫形器的特殊设计来限制活动范围,如图 1-1-17A、B。

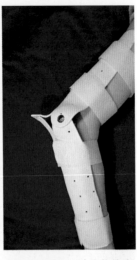

图 1-1-17A 肘关节屈曲不受限制　　图 1-1-17B 肘关节伸直受限制

五、矫形器的作用及临床适应证

(一)神经系统疾病与损伤

1. 脑部疾病及损伤　包括脑卒中、脑外伤、脑部肿瘤术后、脑炎等引起的功能障碍等。

(1)保护组织:在偏瘫早期,矫形器可用于协助患者进行良肢位摆放,保护肢体,预防畸形。如成品踝足矫形器常用于偏瘫早期防止足下垂和跟腱挛缩,里面有一层可拆洗的厚海绵垫可预防压疮,也方便清洗;有的产品在足跟托后部有一个横向的支撑条,类似于丁字鞋,可防止髋外旋;手休息位矫形器在偏瘫软瘫期可用于保护腕手部关节,保持良肢位,防止手部水肿等;肩关节悬吊带可保护肩关节,预防肩手综合征,矫正肩关节半脱位,缓解肩部疼痛。

(2)抗痉挛:矫形器可用于缓解痉挛,如腕手抗痉挛矫形器可降低腕手屈肌张力;肘关节伸直矫形器可降低肘关节屈肌张力,矫正患者在步行时出现的屈肘姿势,从而对步行平衡有一定的促进作用;踝足矫形器可缓解小腿三头肌张力,矫正足跖屈内翻畸形,改善痉挛性偏瘫步态(俗称划圈样步态),还可防止步行时由于足内翻导致的踝关节扭伤。

(3)代偿功能:虎口张开矫形器可矫正拇内收

现象,动力型对掌矫形器可改善拇指对指对掌功能。

(4)协助训练:由于偏瘫患者肌张力增高和运动模式异常,使其在肩肘部活动时,腕关节和手指常处于屈曲痉挛状态,影响训练效果和功能恢复。静态手伸直位矫形器(分指板)可把手指固定在伸直位,协助患侧上肢进行各种训练,有利于牵伸手指屈肌,也有助于分离性运动的产生。

2. 脊髓损伤　包括外伤、脊髓炎、脊髓肿瘤、脊髓空洞症、脊髓梗死等。

(1)保护和支撑:脊髓损伤常伴有脊椎骨折,在急性期和亚急性期矫形器可用于脊柱固定和保护,如颈部矫形器、胸腰矫形器等。脊髓损伤休克期患者常需要用矫形器维持良肢位,如手功能位矫形器、踝足矫形器等。

(2)代偿肢体运动功能:在恢复期,如果患者肢体功能仍未恢复,可利用矫形器代偿其丧失的功能,如 C_6 脊髓损伤患者可穿戴腕驱动手矫形器,通过腕关节屈伸来驱动手指的活动以完成功能性活动; C_7 脊髓损伤的患者具有肘、腕关节功能,但手部功能较差,利用手部多功能抓握矫形器(辅具)可完成刷牙、书写、进食、文字输入等多种活动;较低位脊髓损伤的患者可利用矫形器辅助站立及步行,如往复式截瘫步行器、髋膝踝足矫形器、膝踝足矫形器、踝足矫形器等。

(3)矫正畸形:后遗症期,有些患者肢体可能出现畸形,可用矫形器进行矫正。

3. 周围神经损伤及炎症　包括周围神经损伤、炎症,或行神经探查术、松解术、修复术、移植术和移位术等术后使用。

(1)保护、促进炎症吸收:各种神经手术术后 0～3 周,神经损伤部位和手术吻合口处会出现水肿等炎症反应,此阶段也是神经外膜、束膜愈合的关键时期,受损神经应避免受到牵拉,但是完全制动受累肢体可能会造成神经损伤部位与周围肌肉、筋膜等软组织粘连。此时,使用限制型矫形器可限制受累肢体在安全的范围内活动,使受损神经既可以随着肢体的活动与周围的软组织产生相对滑动,避免粘连,又可避免在活动中神经受到过度牵拉,导致神经张力过高,造成损伤。适当的活动还可以促进神经纤维内部的微循环,对神经再生有一定的促进作用。如图 1-1-11,前臂正中神经损伤修复术后使用的"手指背侧阻挡式矫形器"。炎症消退,吻合口基本愈合后,可以去除矫形器或逐渐增加活动范围。

(2)代偿功能和矫正畸形:神经恢复需要较长的时间,损伤后肢体长时间处于肌力不平衡状态,可导致受累关节畸形,可根据情况使用矫形器加以预防和矫正。如腓总神经损伤患者丧失踝背屈功能,踝足矫形器不但可以矫正跨越步态,而且可以防止长时间足下垂导致跟腱挛缩和足部畸形;尺神经损伤后患者会出现爪形手畸形,影响手部抓放功能,应尽早给患者穿戴辅助掌指关节屈曲的动力型矫形器,以矫正爪形手、改善抓握功能,如图 1-1-8。下臂丛或全臂丛神经损伤患者由于手部肌肉完全瘫痪,长时间不采取措施将导致手部掌指关节伸直、指间关节屈曲和虎口挛缩等畸形,早期应使用手部安全位矫形器加以预防。

(3)改善关节活动度:神经损伤后肢体长时间未恢复功能,常导致关节活动受限或僵直,可使用相应的矫形器改善关节活动度。如臂丛神经损伤患者常存在肘关节屈伸受限的现象,可以使用肘关节屈伸静态渐进型或动力型矫形器(图 1-1-6A、B),交替进行屈伸肘牵伸。

(二)骨关节疾病与损伤

此类适应证包括骨折、关节炎、关节脱位、关节扭伤、关节置换术后、截肢(指)、断指再植术后、先天性畸形等。

1. 急性期(早期) 矫形器可用于固定和保护、促进组织愈合、预防并发症、减轻疼痛及促进水肿吸收等。骨折和关节脱位一般采用固定型矫形器,需要每天 24 h 持续穿戴 3 周以上,具体视损伤情况而定。如第 3 掌骨颈骨折用掌指关节屈曲固定型矫形器促进骨折愈合(图 1-1-18);胸腰椎压缩性骨折后,使用胸腰固定型矫形器促进骨折愈合。关节扭伤急性期可用矫形器进行保护,如踝关节扭伤较重者可用低温热塑踝关节固定型矫形器加以保护(参考第十二章),扭伤较轻者可选用侧面带支条和气囊的弹性护踝。类风湿关节炎急性发

作期,患者睡眠时可用腕手休息位矫形器保护手部关节。低温热塑矫形器在截肢后早期还可用于残端塑形。

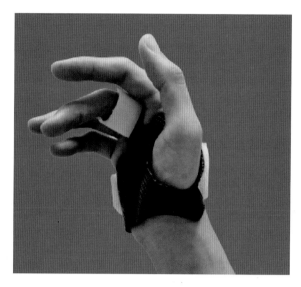

图 1-1-18　第 3 掌指关节固定型矫形器

2. 恢复期(中期) 矫形器可用于固定和保护、预防和纠正畸形、改善关节活动度等。骨折术后伤口停止渗液、韧带损伤修复术后 3 周,关节炎疼痛缓解和肿胀消退后,则可用带铰链的活动型矫形器,使关节在保护下进行活动。如肱骨髁上骨折内固定术后,可在肘关节活动型矫形器的保护下进行肘关节屈伸活动;膝关节侧副韧带损伤恢复期可用两侧带铰链的软性护膝保护膝关节,减少侧方应力,利于患者早期步行。骨折等引起的关节活动度受限可用动力型矫形器或静态渐进型矫形器以改善关节活动度(参考第十二章)。

3. 后遗症期(后期) 矫形器主要用于矫正畸形、代偿功能。骨折、关节脱位等造成的肢体畸形可通过矫形器加以矫正。如骨筋膜室综合征引起的前臂缺血性肌挛缩,利用"组合式腕手背伸静态渐进型矫形器"达到改善关节活动度、矫正畸形的目的(图 1-1-7C)。上肢截肢后可用低温热塑板材制成临时或半永久义肢,如前臂截肢后可用厚度为 2.4 mm 的低温热塑板材等制作可以穿戴在前臂残端的多功能辅具,协助患者完成包括刷牙、进食等多种日常生活活动;又如手指近节、中节截肢患者可用厚度为 1.8 mm 的低温热塑板材制作手指矫形器(手指功能位)以代替义指。

（三）烧伤

1. **急性期（早期）** 伤口尚未愈合或植皮、皮瓣移植术后皮片皮瓣尚未成活期间，矫形器可用于保护皮肤和移植组织、促进创面愈合、协助体位摆放、减轻疼痛及水肿等症状。此阶段通常需要持续穿戴，只在换药、皮肤护理和关节活动时取下。固定体位一般以减轻皮瓣张力的姿势为宜。如腕关节掌侧皮瓣移植，术后2周内应使用背侧腕中立位矫形器，如为腕关节背侧植皮，则应使用掌侧腕关节背伸位矫形器。

2. **恢复期（中期）** 创面愈合后，瘢痕逐渐增厚挛缩，此阶段使用矫形器的目的在于牵伸瘢痕。矫形器的设计应根据植皮部位灵活处理，如腕关节掌侧移植物已成活，为了防止挛缩，应使用伸腕位矫形器；而腕关节背侧植皮者，则应使用腕关节中立位矫形器。手背及掌指关节背面烧伤者应尽早使用手安全位矫形器；如瘢痕波及掌指关节和指间关节背面，则使用手功能位矫形器；手掌侧烧伤应使用分指的腕手背伸位矫形器；指蹼处瘢痕常因挛缩出现指蹼下移，应尽早使用分指矫形器和弹性指蹼拉力带进行预防（图1-1-19）。足背处烧伤易引起踝关节背屈和跖趾关节过伸畸形，甚至导致跖趾关节背侧脱位畸形，应根据瘢痕影响的关节配制合适的矫正型矫形器，如踝关节和跖趾关节背面都受到影响，应使用使踝关节和跖趾关节都呈跖屈位的踝足矫形器，如只有跖趾关节背面受到影响，则可配制使跖趾关节呈跖屈位的足部矫形器。此阶段预防性牵伸非常重要，瘢痕挛缩的速度和严重程度往往出乎预料，临床医师和治疗师必须充分估计瘢痕挛缩造成的继发性损害，并向患者和家属阐述事态的严重性，以引起注意！低温热塑矫形器还可以

配合压力衣进行瘢痕控制，如在面部烧伤创面愈合后，将鼻支架与压力面罩配合使用，起支撑、定型和保护的作用，防止长期穿戴压力面罩导致鼻部变形，同时也可以使整个鼻部受到均匀的压力。

3. **后遗症期（后期）** 烧伤后瘢痕挛缩造成各种畸形，严重影响肢体功能，可以用矫形器牵伸挛缩的瘢痕和软组织，矫正畸形，改善肢体功能。

（四）肌腱损伤

1. **炎症期和成纤维细胞期** 此阶段矫形器主要起着保护肌腱、促进肌腱愈合、预防粘连等作用。如手指屈肌腱损伤修复术后0～3周使用的Kleinert矫形器（图1-1-9）使术指可以完成在控制范围内的主动伸和被动屈活动，既可保护肌腱、促进愈合，又能防止粘连。手指伸肌腱损伤则根据损伤的区域使用不同的矫形器（参考第十二章）。

2. **纤维重整期和瘢痕收缩期** 术后4～6周，肌腱基本愈合，但仍脆弱，夜间仍需用矫形器进行保护。术后7周以后，可以利用矫形器牵伸挛缩的肌腱，改善关节活动度。

（五）先天畸形

相当一部分先天畸形可以用矫形器进行保守治疗并获得良好的效果。用低温热塑板材制作的包髌踝足矫形器可以很好地矫正踝关节跖屈内翻、前足内收、胫骨内旋畸形（图1-1-20）。先天性桡骨缺如可在术前使用矫形器进行矫正，改善其肘关节屈曲、前臂桡侧弯曲、腕关节桡偏，减少手术次数或手术创伤程度，轻度患者则可以通过矫形器矫正腕关节桡偏、撑开虎口。矫形器介入时间越早，效

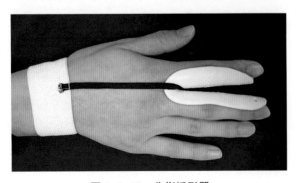

图1-1-19 分指矫形器

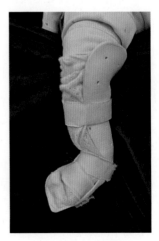

图1-1-20 包髌踝足矫形器矫正马蹄内翻足

果越明显,轻度患者基本可以得到矫正(参考第十二章)。先天性关节挛缩也应在婴幼儿期开始用矫形器进行干预,其中,肢体远端型患儿通过矫形器治疗可以获得很好的疗效,甚至痊愈,其他类型的先天性畸形患儿通过矫形器治疗也可大大地减少手术次数和范围。

第二节
矫形器相关的力学原理

矫形器通过力学作用于人体而达到治疗目的,故掌握相关的力学原理是矫形器制作的关键。下面介绍矫形器制作中常用的力学原理。

一、三点力和环形力

矫形器常常利用三点力作用于躯体,如为了矫正手指关节屈曲挛缩,矫形器分别在指腹和指根掌面各施加一个向背侧的力,在近端指间关节背面施加一个向掌侧的力(图1-2-1)。中间力的方向与两端力的方向相反,力的大小是两端之和。三点力原理在矫形器中应用非常普遍,作用效果也比较显著,但中间承力点的软组织容易出现局部受压,甚至皮肤受损的情况。当一个肢体相邻的多个关节屈曲受限时,会考虑用环形力来实现治疗目的,如手指近端和远端指间关节屈曲受限,可使用弹力软性屈指环(图1-2-2),可以同时改善两个指间关节的屈曲角度,而且受力均匀,不容易出现局部受压的情况,但其缺点在于容易造成肢体血液循环受阻。

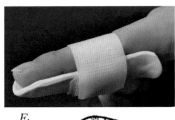
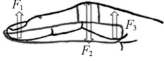

图1-2-1 三点力　　图1-2-2 利用环形力的屈指环

二、杠杆原理及帕斯卡定律

1. 杠杆原理与三点力矫形器　利用三点力原理设计的矫形器相当于一个杠杆,以腕关节矫形器为例,其阻力点在掌横纹,支点在腕部,腕部到掌横纹的距离可视为阻力臂,矫形器的前臂部分为动力臂,即腕部到矫形器近侧缘之间的距离为动力臂。阻力臂和阻力(腕下垂的重力或腕屈肌张力)相对固定,适当地延长矫形器前臂部分可以减小矫形器近侧缘对前臂皮肤的压力(图1-2-3A、B)。用帕斯卡定律来解释,延长矫形器可以增加矫形器与皮肤的接触面积,力被分散在较大的面积上,压强就比较小。腕手屈肌痉挛较严重的偏瘫患者和桡神经损伤患者,矫形器掌部负荷较重,矫形器的前臂部分一般取前臂长的2/3;腕管综合征等患者伸腕和屈腕肌力基本平衡,矫形器掌部负荷较轻,矫形器前臂部分长度只取前臂的1/2即可。

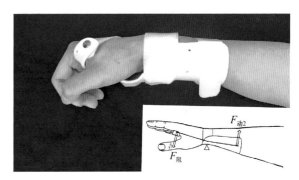

图1-2-3A 前臂部分短,近侧缘对皮肤压力大

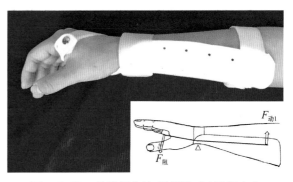

图1-2-3B 前臂部分长,近侧缘对皮肤压力小

2. 帕斯卡定律与筒状矫形器　筒状矫形器常用来固定肢体的长骨骨折,如肱骨骨折、小腿胫腓骨骨折等。它是用低温热塑板材制作的一个与肢体体表全接触的密闭力环,对肢体软组织均匀地施加向心挤压力,利用软组织的黏弹性特征,将其所

受到的压强传递到骨骼上,使其对位对线更好。当骨折的肢体承受轴向负荷(如小腿在负重时)时,周围的肌肉和皮下脂肪等软组织可以把压强传递到圆筒的四周,并把负荷转化成稳定骨折的水压式承托力(hydraulic press),防止骨折部位因受力而短缩变形;当骨折肢体承受轴向拉力时(如肱骨骨折患者手臂自身的重力),骨折肢体的肌肉张力可以对抗重力,避免骨折断端的分离。另外,相邻关节活动时肌肉的收缩可以调整骨折两端的对位,矫正旋转畸形;关节活动时肌肉体积的节律性变化引起圆筒内软组织压强的改变也可以通过闭合的力环均匀传递,并在骨折断端产生微量移动。有研究表明,这种骨折断端的微量移动有助于提高骨痂形成的速度和坚韧性。应用筒状矫形器时,应尽量覆盖肢体的大部分长度,以增加机械效益,减少成角畸形。非跨关节的筒状矫形器只适用于长骨中段的骨折。如果骨折线靠近关节,筒状矫形器必须覆盖该关节,如肱骨近端1/3以内骨折,矫形器必须延伸超过盂肱关节,并包住肩关节上方和前后方,以限制肩部活动(详见第十二章图12-1-1);肱骨远端1/3骨折则需跨肘关节固定,在上臂部做筒状处理。

三、橡皮筋和弹簧的力学

1. 橡皮筋和弹簧　两者都是弹性材料,其弹性回缩力与弹性系数和被拉伸的比例成正比。橡皮筋和弹簧的弹性系数与其材料、粗细有关(弹簧的弹性系数还与弹簧圈间距有关)。以手指屈肌腱损伤修复术后 Kleinert 矫形器为例,为术指提供屈曲动力的牵引丝是由橡皮筋和非弹性纤维丝接驳而成,它的力学要求是:在术指伸肌放松时,牵引丝可以通过橡皮筋的回弹力使术指完全屈曲;当伸肌用力时,术指可以背伸达到矫形器的手背挡板。牵引丝被拉伸的长度取决于术指伸时,指尖移动的幅度,其距离相对固定,即橡皮筋改变的长度相对固定,牵引力只能通过橡皮筋的厚度、宽度和长度进行调节。如果手指伸直时无法到达手背挡板,则提示橡皮筋回弹力太大,可以换一条较薄、较窄的橡皮筋或增加橡皮筋长度。

2. 弹簧支架　弹簧支架是利用弹簧圈被扭转

时产生的回弹力来辅助手指伸直的。手部抓握时,弹簧支杆末端会随着手指的活动向掌侧方向移动,同时带动弹簧圈发生扭转,弹簧圈则产生一个回弹力。这个回弹力与弹簧圈扭转的角度成正相关。弹簧圈扭转角度越大,回弹力越大。

如图 1-2-4A,假设左右两个弹簧支杆末端产生的位移相同,但左边弹簧圈半径大于右边弹簧圈半径,要使两个弹簧圈 G-G′ 的位移相同,则右边弹簧圈扭转角比左边弹簧圈大,因此右边弹簧支杆的回弹力比左边的大。

如图 1-2-4B,左右两个弹簧圈材料、半径相同,左边弹簧圈数为2,右边弹簧圈数为1。假设左右两个弹簧支杆端点产生的位移相同,支杆上质点从 G-G′ 的位移也必相同,而 G-G′ 的位移是由弹簧圈扭转产生的。这个位移在左边是由两个弹簧圈共同扭转一起产生的,在右边则只由一个弹簧圈扭转产生,故右边的弹簧圈必须做出双倍的扭转,因此也就产生双倍的回弹力。同理,如果弹簧圈半径、圈数相同,支架的仰角越大,扭转力越大,如图 1-2-4C,左边弹簧支架的仰角大于右边弹簧支架,因此左边弹簧支架的回弹力大于右边弹簧支架。

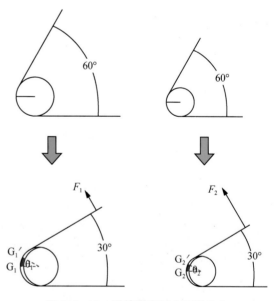

图 1-2-4A　弹簧圈半径大回弹力小

在临床中,治疗师可根据上述力学原理对弹簧支架做出合理选择,或根据需要对弹簧支架的仰角等做出适当的调整,以达到相应的力学效应。

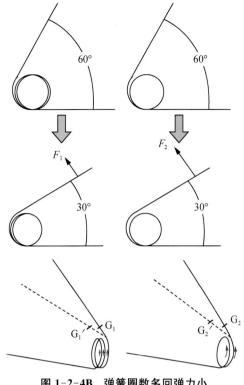

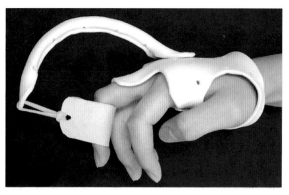

图 1-2-5A　关节屈曲挛缩严重牵引支架长

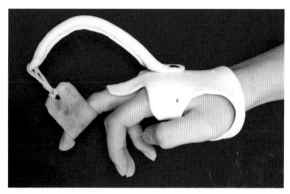

图 1-2-5B　关节屈曲挛缩改善牵引支架短

图 1-2-4B　弹簧圈数多回弹力小

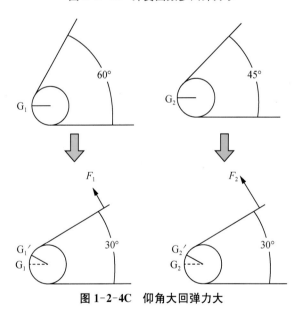

图 1-2-4C　仰角大回弹力大

2. 牵引力必须垂直于关节运动轴　如果牵引力不垂直于关节的运动轴,则会使该关节受到侧偏力,长时间可导致关节侧偏畸形(图 1-2-6)。

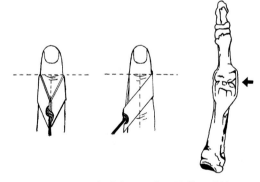

图 1-2-6　牵引力不垂直于关节运动轴

四、牵引力

1. 牵引力必须垂直于肢体长轴　牵引力如果不垂直于肢体长轴,牵引皮套与肢体之间容易产生滑动,并削弱牵引力。为了保持牵引力始终垂直于肢体长轴,牵引支架应根据病情变化进行调整。如图 1-2-5A、B,用动力伸指矫形器牵伸挛缩的近端指间关节,随着指间关节伸直角度不断增大,牵引支架也随之缩短,保证牵引力始终垂直于手指长轴。

3. 牵引力的大小　起代偿作用的动力型矫形器,动力应适中。如桡神经损伤后伸指动力型矫形器,其牵引力应该恰好使放松的手指处于中立位(图 1-2-7),如放松时掌指关节或指间关节过伸,则提示牵引力过大。对活动受限关节进行牵伸的力不可过大,以牵引时不引起明显疼痛[视觉模拟评分法(VAS)不大于 2],并可耐受 30 min 为宜。

牵引力太大会造成组织损伤。

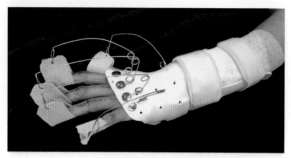

图 1-2-7　动力型伸指矫形器牵引力合适

4. 牵引力作用点　当掌指关节和指间关节均存在活动受限时,牵引力应作用于手指远端(图 1-2-7);当指间关节正常而只有掌指关节活动受限时,牵引力作用于与掌指关节相邻的近端指节;当掌指关节活动正常,指间关节活动受限时,要固定掌指关节,使牵引力作用于中间指节(图 1-2-5A、B)。

五、相邻关节的互相影响

当肢体某个关节被固定,其相邻关节必定出现代偿现象,如掌指关节被固定在伸直位,完成抓握动作时近端指间关节要做出更大的屈曲才能完成,长时间这样可导致劳损。矫形器配制时应考虑到这些因素。但这一原理也可巧妙地被应用到临床中,比如,对于掌指关节活动正常,近端指间关节屈曲受限的患者,为了促使近端指间关节主动屈曲,可为其配制掌指关节伸直位固定型矫形器,让患者反复练习捏取小物件的动作(图 1-2-8)。

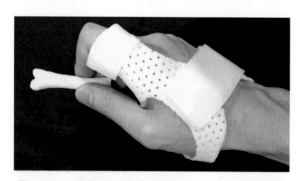

图 1-2-8　固定 MCP 关节于伸直位,促进 PIP 关节屈曲

六、材料、变形与力学

矫形器的强度与矫形器板材有一定的关系。高温板材强度比低温板材高,高温板材中,聚丙烯

板材强度高于聚乙烯板材,低温热塑板材的强度也与其分子配比有一定的关系;板材强度与厚度、宽度成正比。如图 1-2-9A,腕手固定型矫形器腕部板材宽度较小,强度不及图 1-2-9B 中的矫形器。在无法找到足够强度的板材时,可以把较薄的板材两侧缘进行折叠处理,使其强度增加,或在塑形时巧妙地利用拱形或瓦楞形以增加强度(图 1-2-10)。

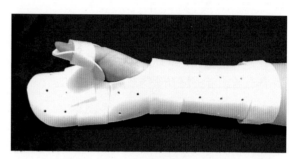

图 1-2-9A　腕部板材狭小,强度小

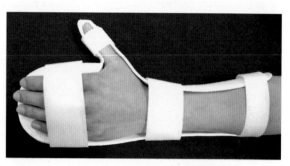

图 1-2-9B　腕部板材宽,强度大

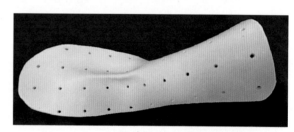

图 1-2-10　瓦楞形处理可使板材强度增加

第三节

矫形器的制作

矫形器配制方案是一个重要的临床决策,需要治疗师与医师、患者沟通和协商,共同参与。流程为:转介—评估—形成矫形器处方—设计—制作—试戴—再评估—使用训练—患者教育—随访。治

疗师与医师之间应充分沟通,了解患者临床治疗目标和处理经过,在形成设计方案之前,如果对患者的手术情况有任何疑问,应电话询问手术医师。治疗师应与转介医师建立密切关系,了解不同医师的手术风格和理念。有效的沟通有助于建立相互尊重和信任的关系,使临床合作更为顺畅。

一、转介

医师根据临床需要把患者转介给治疗师,治疗师根据医师的治疗目标和患者病情设计和制作矫形器或为患者选择合适的成品矫形器。转介单是医师与治疗师之间主要的沟通媒介,也是病案记录的重要组成部分,故转介单的书写非常重要,应尽可能包括以下内容:患者姓名、诊断、发病或受伤时间、手术名称和手术日期、注意事项、使用矫形器的目的(如固定)、类型(如固定型矫形器)、想要达到的关节位置(如腕关节屈曲30°)、目标(如促进骨折愈合)和穿戴时长(如持续穿戴4~6周)。多数情况下,医师的转介单只会提供简单的病史、诊断、手术名称和治疗目的,有经验的治疗师可自行设计和制作矫形器。

二、评估

1. 主观资料获取　除了记录患者的性别、年龄、利手、职业、文化程度,治疗师还必须了解患者的业余爱好、主诉和最想解决的问题,仔细阅读病史、诊断和手术记录,了解受损的组织、手术方法及目前所处的愈合阶段,这有助于康复治疗和矫形器设计方案的制订。此外,治疗师还要关心患者的医疗支付方式和有无家人协助穿脱矫形器,在其可负担范围内选择最佳的矫形器。

2. 客观资料获取与评估　认真阅读X线片和其他影像学检查及神经电生理检查等报告,根据患者的创伤、手术及目前所处的修复阶段,在安全的前提下对患者进行全面的功能评估,包括组织是否水肿、伤口愈合情况、瘢痕增生和挛缩情况、关节活动度是否受限、受限的原因是什么、肢体是否畸形、感觉是否减退或消失、疼痛的程度如何等。这些都是影响矫形器制作的重要因素。在检查和评估时应避免对创伤组织造成伤害,如肌腱损伤修复术后

4周内不宜进行肌力检查;关节活动度检查应避免引起损伤肌腱被牵拉,如检查屈指肌腱损伤患者近端指间关节的活动度时,应先把腕、掌指关节和远端指间关节都摆放在屈曲位再行检查。

三、形成矫形器处方

治疗师应在了解病史、手术方式及目前所处修复阶段和功能情况的基础上,结合医师的治疗目的,形成矫形器处方。有时候,医师在转介时已经给出矫形器处方,治疗师应结合患者实际情况对矫形器处方进行判断,如和医师的处方有矛盾应及时进行沟通,以达成统一意见。

四、形成具体的设计方案

1. 矫形器的设计原则　①根据患者存在的关键问题进行设计,使矫形器能有效达到治疗目的;②科学利用力学原理,达到最大的力学效益;③穿脱方便;④不引人注目;⑤美观。

2. 矫形器的设计内容　设计矫形器时应考虑几个方面,具体如下:

(1) 需要固定的关节:关节脱位、韧带损伤、皮瓣移植术后一般必须对受累关节进行固定。骨折未行内固定或内固定欠牢固者须固定骨折部位相邻的近端和远端关节,但要根据骨折部位及邻近关节活动对其影响来决定。例如,肱骨干骨折,发生在上1/3需固定肩关节,中1/3只固定肱骨,下1/3需固定肘关节。掌骨头和掌骨颈骨折必须固定掌指关节;第3~5指掌骨干中段骨折只需固定手掌部,无须跨关节固定;掌骨底骨折固定腕关节。股骨上段骨折需固定髋关节;中下段骨折需用长腿筒状矫形器,以便早期负重。股骨远端、胫骨平台和胫骨上1/3骨折如未行内固定或内固定欠牢固者,最好用矫形器固定膝关节和踝关节,如行内固定较牢固则无须外固定,鼓励早期在不负重的情况下活动膝关节。髌骨骨折只需固定膝关节。小腿下段骨折、距骨骨折、跟骨骨折、第5跖骨基底部骨折等需固定踝关节。偏瘫、脑瘫引起的垂足须用踝足矫形器固定踝关节于0°位。先天性马蹄内翻足除了用踝足矫形器矫正踝、足部关节以外,还要把矫形器近端的内侧面延长到股骨内侧髁上,以矫正小腿内旋。

（2）固定的角度：关节固定的角度应根据损伤部位、损伤组织及其生物力学特征、是否手术处理、目前所处的阶段等进行综合考虑。骨折固定体位还必须根据骨折成角方向不同而不同。例如，稳定肱骨髁上骨折用矫形器保守治疗，在骨折断端整复后，屈曲型骨折要求把肘关节固定在 90°~110° 位，伸直型骨折则把肘关节固定在屈曲 45°~60° 位两周，然后逐渐屈曲到 90°；肱骨髁上骨折术后可在带铰链的活动型肘关节矫形器保护下进行活动。鹰嘴骨折，为了防止肱三头肌的牵拉导致骨碎片分离，应将肘关节固定在 60°~75° 半屈曲位置。冠突骨折 I 型且骨折线不超过冠突高度 1/10 时，无明显移位且未突入关节间隙者，可行保守治疗，采用矫形器将肘关节固定于功能位；对于冠突骨折 I 型且骨折线介于冠突高度 1/10~1/2 时，行保守治疗者，用矫形器将患肢固定于屈肘 100°~110°、前臂旋前位。其他型冠突骨折常伴肘关节不稳，常需行手术治疗，术后可固定于肘关节功能位。肘关节恐怖三联征（肘关节脱位、尺骨冠突和桡骨头骨折）等引起的肘关节不稳，术后固定体位为肘关节屈曲 120° 以上、前臂完全旋前、腕中立位；如术中已达充分稳定，术后可将矫形器固定在 90° 位。无移位的前臂远端骨折可采用腕中立位矫形器固定 4 周。有移位的 Colles 骨折，整复后固定在腕关节屈曲尺偏位，为了避免腕关节长时间屈曲尺偏压迫正中神经，10~14 天后更换为腕中立位。已行内固定术者，可根据情况采用腕关节背伸 0°~20° 位固定。Smith 骨折则应把腕关节固定在伸腕位。一般情况下，近节指骨基底部骨折应把掌指关节固定于屈曲 70°~90° 位，而近节指骨底部侧方撕脱性骨折则应把掌指关节固定于屈曲 30°~40° 位，使侧副韧带处于相对松弛的状态，避免对小骨片产生牵拉。周围神经损伤修复术后，损伤部位相邻关节必须固定或限制在神经张力较低的角度，如坐骨神经在大腿中段水平损伤，修复术后 3 周内必须固定髋关节于 0°、膝关节屈曲 90° 以上、踝关节 0° 位。肘关节及以上水平尺神经损伤行松解术或修复术后 3 周内，肘关节应固定（或限制）于伸直或半伸直位；如行尺神经前移动术，则要把肘关节固定（或限制）在屈曲位。

（3）必须活动的关节、活动的范围：除了必须牢固固定或限制的关节外，其他关节和肢体（手指）活动不应受到限制。例如，桡骨远端骨折，只需固定腕关节，掌指关节屈伸、拇对掌和肘关节屈伸等均不应受到限制；手指屈肌腱损伤，除了伤指和邻近手指（如第 4、第 5 指互为邻近手指）外，矫形器不应限制其他手指活动。如果条件允许，创伤所累及部位应尽早活动。内固定牢固的骨折患者可在活动型矫形器维持关节对线的情况下进行早期活动。例如，已行髁钢板螺钉固定的肱骨远端骨折，可于术后 2~3 天开始穿戴活动型肘关节矫形器进行肘关节屈伸活动。

（4）外在动力的选择：神经损伤患者可用动力型矫形器代偿肌肉功能，如桡神经损伤患者可用弹簧支架提供伸腕伸指动力，帮助其完成功能性活动。用于手指屈肌腱损伤修复术后的动力型矫形器一般用橡皮筋等作为外在动力。关节活动受限则应根据关节僵硬程度选择不同类型的动力，可以先进行试验性治疗，观察其改善潜力，再行决定。具体做法是先热敷，然后进行徒手牵伸，如果经过一次治疗后关节活动角度增加 20° 或以上，则不必使用矫形器；如改善达到 10°~20°，可使用以弹簧或橡皮筋作为动力的动力型矫形器；如果经处理关节活动度增幅小于 10°，表明关节周围软组织粘连或挛缩较严重，需用静态渐进型矫形器（图 1-1-6A 和图 1-1-7）进行持续牵伸，并根据患者的耐受程度逐渐增加牵伸的力度，或根据患者的情况每隔几天对静态渐进型矫形器进行修改，形成系列型静态矫形器。

（5）肢体与矫形器板材接触面的选择：肢体与矫形器的接触面一般选择肌肉丰厚的一侧，如腕关节矫形器以掌侧作为矫形器接触面，踝足矫形器以小腿后侧作为接触面，但如果该处皮肤有伤口，则应避开，接触面可改为前臂背面或小腿前面。三角纤维软骨复合体（triangular fibrocartilage complex，TFCC）损伤使用的矫形器一般以前臂和腕的尺侧作为接触面，限制型矫形器一般以被限制方向的那个侧面作为接触面。有专家认为，抗痉挛的腕手矫形器为避免刺激痉挛的肌肉，应选择前臂背面作为接触面。其实，这值得商榷，因为固定带对前臂掌侧同样产生刺激。

（6）材料的选择：高温热塑板材硬度大、强度高、抗疲劳性好，但加工过程复杂，适合用在躯干、下肢等部位；低温热塑板材硬度和强度较低，但容易裁剪、工序简单，适用于上肢、颈部等承重轻和结构复杂的部位。除了这些硬质材料，有些矫形器还可以用牛仔布、棉布、皮革等软性材料，矫正肩关节半脱位的肩关节悬吊带等就是用软性材料制成的。硬质材料主要提供推压力，软性材料可以提供牵引力，应用得当都能达到治疗目的。板材厚薄、网孔比例是影响矫形器强度的重要因素。承重要求高、矫正力要求大的矫形器应选用厚度大、网孔比例小的板材；承重要求不高、容易出汗的部位宜选厚度小、孔眼多而大的板材。如手指部位最好选择网孔多的、厚度为 1.8 mm 或 2.4 mm 的低温热塑板材，成人掌部和婴幼儿臂部矫形器宜选择厚度为 2.4 mm 的板材，成人臂部、卧床期用的下肢矫形器则选择厚度为 3.2 mm 的低温热塑板材。板材颜色则可根据患者个人喜好进行选择，儿童比较倾向于选择鲜艳的颜色或者有图案的板材。

（7）固定带的设计：固定带安装的位置非常重要，安装得宜可以起到良好的力学效益。通常情况下，固定带安装部位为矫形器两端和中间的受力点。有些特殊病例可利用固定带特殊的安装方式使力学效益大大地提高。如图 1-3-1，用铆钉把固定带一端固定在矫形器腕部桡侧内侧面，这样可以把腕关节向尺侧牵拉，更好地矫正腕尺偏。腕手矫形器手背采用交叉的固定带能有效地把腕部和掌部切实固定，达到更好的矫正效果。儿童患者不能

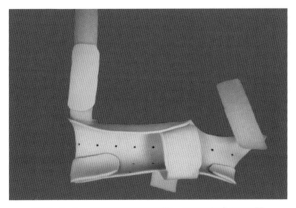

图 1-3-1　用铆钉把固定带一端固定在矫形器腕部桡侧内侧面

理解穿戴矫形器的重要性和必要性，会设法把矫形器取下，故为儿童患者制作矫形器时固定带应做特殊处理，使其不容易自行脱下。

（8）根据矫形器穿戴时间合理设计：在设计矫形器时应充分考虑夜间和白天对矫形器的需求不同而做出不同的设计。夜间使用的矫形器应避免使用弹簧和橡皮筋等配件，白天使用的矫形器除了必要的固定以外，要尽量减少对功能性活动的限制，故白天使用的矫形器尽可能设计成动态型或功能型。持续穿戴的固定型矫形器要兼顾白天的灵巧性和功能要求，也要兼顾夜间的安全要求。

对于同一个治疗目的，可以有多种矫形器设计方案，治疗师可以选择自己熟练掌握的类型或与患者协商进行选择。

五、制作

低温热塑矫形器的制作方法和高温热塑矫形器的制作方法不同，下面分开叙述。

（一）低温热塑矫形器的制作

1. 制作前的准备　制作前先向患者讲解矫形器的治疗目的和作用，取得其同意，并协助其摆放好体位、套上保护棉套，如患者肢体痉挛影响体位摆放，应先进行降低肌张力的处理。如有创面，应先给创面覆盖无菌敷料，然后再套上保护棉套，避免成型时加热的板材引起患者不适。

2. 测量和绘制纸样　用卷尺测量肢体后，确定矫形器板材的长度和宽度，如肘关节矫形器，只需测量三角肌止点处臂围和腕上 2～3 cm 处前臂围和两者之间的距离，各取臂围长度 2/3 为板材宽度即可。腕手矫形器可直接把肢体放在纸面上用笔垂直于纸面描绘出肢体轮廓，然后在肢体的轮廓上根据需要设计并画出矫形器板材轮廓图。以腕关节矫形器为例：使患侧前臂旋前，中指与前臂中线成一直线，铅笔垂直于纸面贴紧手臂和手掌描绘出前臂和手掌轮廓。在前臂上中 1/3 交界处画一横线，并向两侧延长约相当于手臂厚度的距离，此为矫形器近侧缘；掌横纹两端点的近侧 3～5 mm 处分别做记号，连接起来，并各向外延长相当于手掌厚度的距离，作为矫形器远侧缘。用光滑流畅的

线条把近侧缘和远侧缘连接起来,即成为矫形器的平面纸样,图1-3-2。

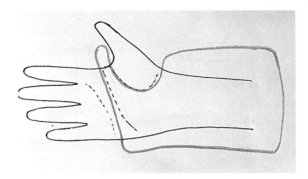

图1-3-2 腕矫形器纸样

对于较为复杂或治疗师不太熟悉的矫形器,取样时可用透明的薄膜纸(装板材的透明袋子剪开后就成为最好的薄膜纸)包裹在肢体上,用记号笔描出矫形器的轮廓,透过透明的薄膜纸可以清楚地观察到人体的重要结构,这样取型更加精准方便。

根据描画的轮廓裁剪纸样,把纸样放在患者相应部位,检查纸样是否合适,如需调整则加以修改。

3. 板材裁剪和加热 根据纸样在板材上描出相应轮廓,用裁纸刀割下包含轮廓图的小块板材,放进恒温水箱加热,待板材半软化后按轮廓修剪,然后再把修剪后的板材放回水箱进一步加热直到软化。板材的工作温度为55~80 ℃,最常用的为60~70 ℃,加热时间为0.5~3 min。

4. 成型 成型前协助患者摆好体位,如病情允许,可尽量让患者处于最容易塑形的体位,如以小腿背侧和足底为接触面的踝足矫形器成型时,患者最好取俯卧位,足部露出床尾部;以小腿两侧和足底为接触面的踝关节矫形器成型时,患者最好取俯卧位、患腿屈膝;接触面为前侧的膝关节矫形器塑形时,患者取仰卧位等。下面以腕关节固定型矫形器的塑形为例讲述成型过程。除了根据治疗要求把腕关节摆放在目标体位以外,还必须注意前臂和手部的姿势,由于前臂在旋转时前臂肌肉的外部轮廓变化比较大,故矫形器成型时前臂一般采取中立位,手部则采取功能位。先把板材贴到肢体的目标位置,注意避免板材边缘妨碍其他关节的活动,比如腕关节矫形器塑形时,板材远侧缘不应超过掌横纹和鱼际纹;然后用手掌均匀用力,使板材贴紧

皮肤,注意在骨突部位上进行免荷处理:成型时在板材对应于骨突的位置上用手指向外顶,使其形成拱起,或成型前在骨突部位贴上海绵垫,成型后把贴在骨突部位的海绵垫取下,粘贴到矫形器相应部位的内侧面;最后维持适当姿势直到板材变冷变硬。制作时还需注意:①制作时用拇指对患者手掌心处的板材适当加压把手弓弧度做出来(图1-3-3A)。②充分考虑运动机能学,达到最优化的处理,如腕背伸位矫形器的手掌部分桡侧部应稍微高于尺侧(图1-3-3B),因为腕关节背伸时伴有手掌轻微旋后。③避免矫形器边缘刚好位于肌腱、骨突、神经表浅部位,以免运动时造成擦刮和压迫。④矫形器的边缘应适当向外翻卷,以免皮肤受压(图1-3-3C)。

图1-3-3A 掌心位置的弧形手弓

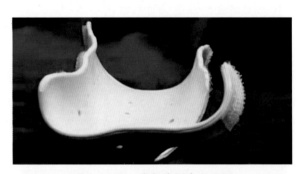

图1-3-3B 掌部桡侧高于尺侧

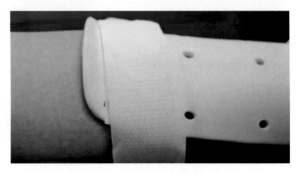

图1-3-3C 矫形器边缘向外翻卷

5. 后期加工　在矫形器适当的位置加上固定带,矫形器受力部位和固定带贴近软组织的一面加上海绵垫。弹簧支架或关节铰链的安装方法见下文。

（二）高温热塑矫形器的制作

1. 制作前准备　取型前与患者的沟通和体位摆放的方法与制作低温热塑矫形器相同,首先给目标肢体缠上保鲜膜,把防切割保护条放置在肢体合适的位置。

2. 用石膏绷带取阴模　把石膏绷带泡在水里数分钟,使其湿透,拧干多余水分,把软化的石膏绷带按螺旋形在目标肢体上缠绕3～4层,用手掌来回抚按,使石膏绷带紧贴皮肤,维持目标关节在适当体位,直到石膏绷带硬化。在保护条的位置用记号笔垂直于保护条画几条标记线,用裁纸刀小心地沿着保护条的走向把石膏模切开,脱出石膏模,对齐标记线把石膏模重新闭合,用一软化石膏绷带把石膏模型切口封好,放置晾干就成了阴模(图1-3-4A)。

3. 灌注阳模　调好石膏浆,倒入石膏阴模,并在其中插入一根空心支撑棒,待石膏浆固化变硬。

4. 修型　根据矫正的需要,在需要施加推压力的身体部位(如脊柱侧弯的凸侧)所对应的石膏阳模部位,用石膏锉挫掉一层厚度适中的石膏,在需要释放(如脊柱侧弯的凹侧)或免荷(如骨突部位)的部位对应位置上补上石膏浆,使其适当凸起(图1-3-4B),晾干。

5. 成型　根据需要裁出板材,放在200～250℃的平板加热器上加热15 min。戴上隔热手套取出软化的板材,裹到修型后的石膏阳模上,并捏紧板材边缘,使其像口袋般包住石膏阳模,袋口套住真空管开口处,并黏附于真空管上,这样,板材就形成一个与真空管连接在一起的密闭空间,打开真空泵抽气,使软化的板材紧贴石膏阳模(图1-3-4C),冷却后根据矫形器轮廓用石膏锯把板材多余部分锯掉。

6. 打磨　矫形器边缘用打磨机打磨使其光滑。

7. 添加固定带和衬垫　在三点力位置加上固定带,在容易受压和摩擦的部位加上薄海绵衬垫。

图1-3-4A　阴模　　　　　图1-3-4B　修型

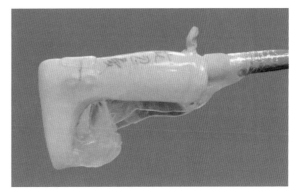

图1-3-4C　成型

8. 安装铰链　如为活动型矫形器,还需要安装金属铰链,具体方法见下文。

（三）矫形器金属配件的制作与安装

1. 金属弹簧支架的制作与安装　弹簧支架一般用于制作动力型伸指矫形器,安装时应注意选择弹簧圈大小和圈数合适的弹簧支架,安装时支杆应在手指背面的正上方,调节支架的仰角以达到最理想的力学效果。如果无法找到合适的成品弹簧支架,可以自行制作。选择粗细合适的不锈钢丝做材料,用闭口尖头圆嘴钳夹紧钢丝,顺时针方向扭转钢丝使其弯曲,每扭转15°～20°,圆嘴钳逆时针方向沿钢丝移动2 mm,再次夹紧钢丝扭转钢丝,如此反复把钢丝扭转成圆圈。钢丝圈直径大小是决定弹簧支架牵引力大小的关键因素,钢丝圈直径大则弹簧支架牵引力小。扭好弹簧圈后一端预留长15～20 cm的钢丝作为支杆,并根据力学要求调节支杆的仰角,另一端预留3～4 cm的钢丝扭转加工成弹簧圈底座。调整支杆与弹簧圈在同一平面,并垂直于弹簧支架底座(图1-3-5A～C)。

2. 铰链的制作与安装　活动型低温热塑矫形器的关节部位可以安装铝合金铰链。根据关节的结构特点、承力要求和允许活动的范围选择合适的铰链。如上肢多用单轴铰链,膝关节多用双轴铰链;限制型矫形器应选用带有可调角度关节盘的金属铰链(图1-3-6A)。无合适的金属铰链时,可以用低温热塑板材和铆钉加工成铰链(图1-3-6B)。

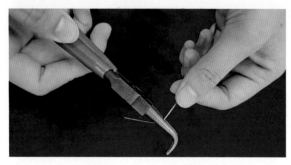

图1-3-5A 扭钢丝圈

 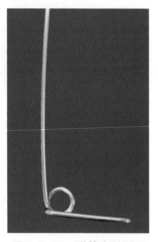

图1-3-5B 弹簧支架　图1-3-5C 弹簧支架侧面观,支杆和弹簧圈所在平面与底座平面垂直

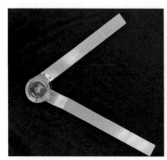 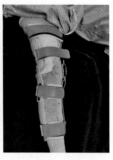

图1-3-6A 带可调角度关节盘的金属铰链　图1-3-6B 膝关节一侧用低温热塑板材和铆钉加工成的铰链替代金属铰链

安装金属铰链时,铰链轴必须准确地安装在关节的运动轴上,铰链臂与肢体长轴平行,以保证关节活动顺畅。肘关节屈伸时,运动轴会有一定的摆动,这与前臂的姿势有关系。临床中一般让患者前臂旋后屈肘90°,肱骨外上髁和内上髁连线向前方平移1cm为铰链轴安装的位置。腕关节由桡腕关节和腕中关节组成,腕关节的运动轴也因手的姿势不同而改变,临床中,腕关节铰链的轴心在腕关节尺侧间隙中点,桡侧铰链轴心位于腕关节桡侧间隙中点,两个轴心连线应垂直于前臂长轴,这样,腕关节可以顺畅地进行屈伸运动。膝关节用的有单轴铰链和双轴铰链,单轴铰链活动轴应设在膝关节间隙上2cm,侧面中点偏后位置(前后径60%处)。双轴铰链活动轴应安装在膝关节侧面,上轴位于股骨内外髁中心点,下轴位于腓骨小头水平。人体关节结构复杂,且被软组织包裹,肉眼难以准确识别关节轴心。临床中金属铰链安装位置与人体关节的轴心有微小差异时,人体组织可以做出适当的调整适应。

六、试戴训练和使用

(一)试戴并检查

1. 检查矫形器是否达到治疗目标和处方要求　如Colles骨折患者使用的管状腕关节矫形器,应检查腕关节是否固定牢固。固定不牢固的原因包括:矫形器前臂部分太短导致力臂过小;材料厚度不够、强度不足、容易变形;塑形不够服帖等。如马蹄内翻足使用的踝足矫形器,应检查穿戴矫形器后是否可以有效地矫正踝关节内翻、跖屈、前足内收和小腿内旋。当然,畸形的矫正不可能一次矫正到位,可以根据临床情况分步骤实施。

2. 检查矫形器边缘是否阻挡邻近关节的活动　如检查腕关节固定型矫形器是否阻挡掌指关节屈曲和影响拇指对掌活动,踝足矫形器近侧缘是否妨碍膝关节活动。

3. 检查力线是否正确　检查活动型矫形器的活动轴是否与关节的运动轴在同一直线上;肘关节矫形器是否与患者本身的提携角相符等。

4. 检查动力装置是否可靠　手指屈肌腱损伤术后Kleinert矫形器,应检查矫形器背板是否能有效地限制阻挡腕关节和掌指关节背伸,橡皮筋能否提供足够动力使手指完全屈曲,并允许手指主动伸直到矫形器背板处(图1-1-9)。

5. 舒适性检查　试戴矫形器,检查骨突部位是否免荷、矫形器边缘是否光滑圆钝、固定带是否服帖。如发现问题应及时进行修改,再次试戴并让患者适当活动 15～20 min,脱下矫形器再次检查皮肤,特别是骨突部位,了解患者使用矫形器后的感觉和反应。

6. 矫形器是否容易松脱　检查固定带/魔术贴与矫形器的连接是否牢固,绑上固定带/魔术贴后是否容易松脱或移位。儿童患者总是有办法把被固定的肢体从矫形器里挣脱出来,要特别仔细检查。

（二）矫形器使用训练和患者教育

教会患者如何穿脱矫形器和进行功能活动,并进行适当的训练,如训练 C_6 脊髓损伤患者用腕关节驱动矫形器进行抓放各种物件;训练屈肌腱损伤术后患者在矫形器的保护下进行主动伸、被动屈指的活动。

患者教育的内容还包括矫形器每天的穿戴时间、运动方式、复诊时间和矫形器清洁保养、皮肤护理等注意事项。对于儿童患者,应特别交代家长注意避免露出来的钩面魔术贴刮伤患儿皮肤(可在矫形器外面再套一层保护网套),并且要防止患儿自行取下矫形器。最好提供相关的宣传单,要求患者对重要的事项进行复述并操作一次,以确信患者完全掌握相关要点。

（三）随访

随访是决定疗效的重要环节之一,通常在使用矫形器后 1～2 周进行随访,对于病情比较稳定又需长期使用矫形器的患者,可 3 个月随访一次。随访的内容包括:①穿戴方法和时间是否符合要求;②矫形器是否引起局部受压和影响日常活动等;③有无按照计划进行训练;④是否达到预期效果;⑤矫形器是否需要调整。

（四）矫形器的维护与保养

低温热塑矫形器虽然比石膏更具有透气性,但仍有一些汗液积蓄在皮肤与矫形器之间,穿戴矫形器之前穿戴一层薄薄的棉套既可以吸收汗液,又可以防止矫形器与皮肤之间产生移位和摩擦。为保持清洁,应每隔 1～2 天用清水或肥皂水清洗矫形器,高温热塑矫形器则可以用乙醇进行擦拭清洁。

矫形器应避免接触高浓度洗涤剂和其他化学品,以防止变性和老化,也不可在高温下暴晒或烘烤,如:置于发热的电器周围或长时间放在停止运行的汽车内;避免矫形器接触尖锐物品和脏东西,及时更换变脏的魔术贴。必要时在金属铰链轴上涂抹润滑油,保持关节的润滑性。若发现矫形器破损或配件松动等问题,应及时找治疗师处理。

第四节
材料和设备

一、制作矫形器的设备

（一）低温热塑矫形器的制作设备和工具

1. 加热设备　恒温水箱能加热并使水温恒定,是低温热塑板材最常用的加热设备。板材需要的工作温度一般为 60～70 ℃。水箱配套有防止材料与水箱底粘连的不锈钢架和纤维网、翻动板材的木铲。电烤箱可用于加热热塑海绵板、泡沫板等不适宜放在水中加热的材料。床旁治疗时可用电热毯式加热器进行加热。

2. 热风枪　通常用来对矫形器进行局部加工和修改,也可用来粘合热塑板材,如粘合踝足矫形器踝关节侧边重叠的两片板材;或把低温热塑板材制成的小附件粘合在矫形器上。另外,当魔术贴背面的自粘胶粘性不够时,可以用热风枪稍微加热粘胶和对应部位板材后再行粘合。

3. 剪切工具　使用美工刀、强力剪可以对未加热的热塑板材进行粗略裁剪;半软化状态的板材可使用普通剪刀进行精确修剪;裁剪带有背胶的魔术贴最好使用带有防粘涂层的剪刀;裁剪患者肢体上的绷带最好用钝头的绷带剪;尖头的弯剪用于在板材中间打孔或开口。

4. 直尺和卷尺　除了可以用来测量和描画直线,直尺还可以在切割低温热塑板材时压住板材,引导裁纸刀。

5. 钳　有台钳、大力钳、老虎钳、尖头圆嘴钳等,可用来加工钢丝,制作弹簧支架等金属配件。

6. 钻孔工具　打孔钳可以给低温热塑板材和

魔术贴、皮革等打孔。在离板材边缘较远的部位打孔则需用手钻。

7. 锤子 用来固定铆钉和加工支条。

8. 缝纫机 加工固定带和软性矫形器等。

（二）高温热塑矫形器的制作设备和工具

1. 平板加热器 用于加热高温热塑板材或闭室海绵，加热范围为 0～300 ℃，温度可调节，聚乙烯板和聚丙烯板常用温度为 160～200 ℃，海绵常用温度为 150 ℃。

2. 真空泵 用于高温热塑矫形器成型时抽吸软化的板材与石膏模型间隙的空气，使板材完全贴合石膏模型。

3. 打磨机 配有不同材料和规格的打磨头。高转速的打磨头用于打磨高温热塑矫形器边缘，低转速的打磨头用于打磨和抛光泡沫衬垫。

4. 吸尘器 用于抽吸打磨时产生的粉尘。

5. 钻孔机 有各种规格的钻头，用于给各种材料（包括塑料板材和金属支条等）打孔，孔的直径为 2～15 mm。

6. 震动锯 用于分割高温热塑板材，也可把成型后的矫形器从石膏模上切割下来。

7. 钢丝钳和弯管机 用于加工弹簧支架和金属支条。

其他工具与低温热塑矫形器通用。

二、矫形器常用的板材及其特性

（一）低温热塑矫形器的板材及其特性

1. 低温热塑板材及其特性 低温热塑板材（low-temperature thermoplastic）主要由聚己酸内酯（具有塑料特性）和聚异戊烯（具有橡胶特性）按一定比例混合而成。成分配比和涂层决定了板材的特性。

（1）顺应性：是指材料加热后可以较好地被塑形并和身体曲线相吻合的程度。耐拉伸性是指材料加热后能承受一定的拉扯。耐拉伸性往往和顺应性成负相关。聚异戊烯（橡胶特性）成分比例较多的板材耐拉伸性较强，不易塑造出贴合复杂体表特征的凹凸起伏，故不适宜用在鼻、耳、掌指等部位，而适宜用在腰、背、腿、臂等面积大和较规整的部位。这类材料在操作过程中不易留下手指印，可

以重复操作，但需要较大的力才能实现塑形。聚己酸内酯含量较高的板材塑型较好，具有较差的耐拉伸性，可以通过拉伸产生凹凸造型，适用于较小的、表面凹凸起伏的部位。在制作矫形器过程中，这类材料容易因加热过度而造成板材拉伸变形，也容易留下手指印。从水箱取出时，用纤维网托住板材可避免板材拉伸变形。

（2）记忆性：是指材料变形后能够在加热时恢复其原有形状并再次用于加热塑形的程度，范围为 0～100%。高记忆性材料适用于需要经常修改或重复塑形的矫形器（如系列型静态矫形器）。高记忆性板材在还未完全冷却之前不要轻易取下，否则容易变形。

（3）硬度：是指塑形后的矫形器能承受外力而不变形的程度。范围从高硬度到高柔性。高硬度的材料适用于容易受到碰撞的矫形器，如建筑工人的手部矫形器；需要承受重力的部位，如脊柱和下肢。

（4）涂层与黏性：为了防止矫形器因汗液蓄积导致发臭和微生物滋生，热塑板材一般在表面做了抗菌和防粘涂层。这样可使板材表面更加光洁，不易沾上杂物，也延长了矫形器的使用寿命，提高穿戴舒适性。根据不同用途，板材的涂层有不同设计，经过特殊涂层处理的板材在加热时不容易相互粘连，这种材料比起常规材料更难被拉伸。涂层薄的材料在充分加热时可互相粘连，这有利于进行支架、悬梁臂或其他附件的粘合，但在成型过程中常出现板材间互相粘连或黏附在患者皮肤上等现象，为了避免这些情况，可以在加热的水中加入一两滴洗洁精，在塑形前为患者穿上棉护套。

（5）加热及操作时间：每种材料都有其最佳的软化温度（60～75 ℃）、加热时间（范围为 30 s～3 min），以及操作时间（1～7 min）。操作时间是指加热后材料从塑形到定型之间的时间。在裁剪之前，将材料适当加热（持续 30～40 s），加热后使用剪刀进行裁剪。一些材料有自动闭合的特性，在裁剪之后边缘自动变得圆钝光滑。薄的、孔眼密度大的材料加热时间短，厚的、孔眼密度小的材料加热时间长。有记忆功能的板材和橡胶特性明显

的板材的操作时间长,适合用于制作多关节和特殊位置的矫形器。操作时间短的材料适合用于制作无法长时间保持一个体位的患者使用的矫形器,如儿童患者或疼痛剧烈的患者使用的矫形器。过度加热很容易导致变形并过度拉伸、变薄和造成材料衰变,最终降低矫形器的强度,应避免把板材加热过久或水温过热。在塑形过程中不可过早地移动尚未完全降温的材料,否则矫形器容易变形或变窄。

(6)板材的厚度:板材常见厚度有 1.6 mm、2 mm、2.4 mm、3.2 mm、4.0 mm。治疗师应根据用途选择不同厚度的板材。一般来说,3.2 mm 适用于下肢和躯干矫形器的制作,也可用于成人臂部矫形器的制作;2.4 mm 适用于成人上肢和儿童肘部矫形器的制作;1.6 mm 和 2 mm 适用于手部矫形器的制作。为了制作尽可能轻便的矫形器,在保证硬度和支撑力的前提下应选用较薄的材料。管状矫形器可选择较薄的板材,因管状设计可提高矫形器的强度。

(7)孔眼:低温热塑板材分为有孔型和无孔型。孔的密度为 1%~42%。孔眼密度大的板材透气性好,可避免发生汗液浸润皮肤、发生皮疹等问题,也较轻便,适合体弱的患者。孔眼密度增大可导致板材强度下降,过多的孔眼也会影响矫形器边缘的光滑度。

(8)颜色:成人患者一般采用接近肤色的板材。颜色鲜艳的板材能吸引患儿,使其愿意穿戴矫形器。给单侧忽略的偏瘫患者配制矫形器时可采用颜色鲜艳的板材,以增强患者对患肢的视觉关注,有利于患肢参与功能训练。暗沉颜色的板材,如黑色、灰色板材比较耐脏,适用于常接触油污的患者。

2. 魔术贴 或称为尼龙搭扣,用于制作矫形器的固定带,钩面魔术贴背面带自粘胶,可直接粘贴到矫形器上。另外,可备不同颜色以满足不同需求。

3. 衬垫 海绵或泡沫衬垫可缓冲局部压力,增加矫形器舒适度,通常用于骨突、神经和肌腱表浅的部位。使用衬垫前,应先把矫形器相应部位板材加热后适当释放空间做免荷处理,然后再贴海绵

衬垫,否则衬垫反而会增加局部压力。

4. 橡皮筋 包括厚薄、宽窄不同的各种规格,多用于动态矫形器的制作。

5. 金属配件 包括各种金属铰链、铝合金条、钢丝、螺丝、弹簧、铆钉等。

(二)高温热塑矫形器的板材及其特性

高温热塑矫形器常用的板材有聚乙烯板(PE板)和聚丙烯板(PP板)。聚乙烯板未着色时呈乳白色半透明,加热后呈蜡状、较柔韧,稍能伸长。一般低密度聚乙烯较软,透明度好;高密度聚乙烯较硬。聚丙烯板未着色时呈半透明,无毒、无味,是目前最符合环保要求的工业塑料之一,比 PE 板轻,透明度也比 PE 板好。PP 板的耐热性要高于 PE板,通常情况下,PP 板的融化温度比 PE 板高出40%~50%,为 160~200 ℃。PP 板密度小,力学性能优于 PE 板,并有很突出的刚性和抗弯曲性。PE 板耐低温性、柔韧性和抗冲击性较好。

(三)医用高分子绷带和夹板

医用高分子绷带根据基布不同分为玻璃纤维(fiberglass)高分子绷带和聚酯纤维(polyester fiber)高分子绷带。聚酯纤维高分子绷带由高活性聚氨酯胶和基布构成,具有较好的生物兼容性,并有不同的尺寸可供选择。高分子绷带可代替石膏用于创伤,如骨折、韧带损伤等的急性期固定。其使用方法非常简便:使用前在受伤部位套上棉护套,打开包装后在常温水中浸泡 3~4 s,然后挤去多余水分,缠绕在相应的身体部位上,每圈绷带叠压上一圈绷带宽度的 1/2~2/3,缠绕后用手掌抚按塑形,使之贴合紧密,表面光滑。通过调节水温,可以调整硬化时间,水温高,硬化时间短;水温低,硬化时间长。固定部位如有皮外伤,则材料可先不湿水,直接进行固定,然后在外层喷水以加快硬化速度。高分子绷带与石膏绷带相比,还具有如下优点。①舒适安全性:绷带干燥后收缩性小,不会出现石膏在硬化过程中吸水再结晶时的产热现象。②良好的透气性:避免了长期固定导致皮肤潮热、瘙痒等不适感。③重量轻、硬度高:重量轻,仅为石膏的 1/5;硬度是传统石膏绷带的 5~20 倍,起着可靠的固定作用。④放射线穿透性佳:X 线效果清晰,可确保医师对患处骨折对位对线、内固定物及

骨折愈合情况的准确掌握。⑤良好的防水性：医用高分子绷带有良好的防水性，可以阻挡外来 85% 的水分渗入，确保患部干燥。⑥塑形性好：可随意弯曲，可做成管状、托和夹板。⑦适用范围广：可用于骨科的固定、整形外科的矫形、烧伤科的局部保护性支架等。与低温热塑板材比较，高分子绷带则不能重复塑形，不适合用于需要反复调节和修改的情况。患肢比较肿胀的患者，最好选择低温热塑板材，消肿后矫形器可以及时修改。由于高分子绷带接触空气较长时间也会变硬，故多数采用独立密封包装，有的包装袋装有拉链封口条，便于分次使用。医用高分子绷带有不同宽度的几种规格供选择。图 1-4-1 为第 1 趾近节趾骨骨折用高分子材料进行固定。

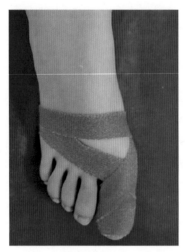

图 1-4-1　用高分子材料处理第 1 趾近节趾骨骨折

高分子夹板是预先裁剪好的，使用时可根据患部选择合适的型号，把高分子夹板浸入常温水中浸泡 3～5 s，轻轻地挤压 2～3 次，使之均匀地吸收水分，取出后挤去多余的水分，敷在患部，用纱布或弹力绷带将其缠绕固定。

第五节
矫形器制作时常用的技巧

一、巧妙利用几何变形

矫形器在设计的过程中可以巧妙地利用板材的几何变形，这不单体现治疗师的设计智慧，让制作过程充满乐趣，更重要的是巧妙的几何变形可利用完整的一块板材来完成各种造型，避免不必要的拼接，使矫形器更加轻便和简洁。如图 1-5-1A～C，利用一整块记忆性板材进行巧妙的几何变形，制作成伸腕动力型矫形器。铰链也是直接把关节部位板材加热后用尖嘴钳夹扁，使之变薄具有弯折性。具体步骤如图 1-5-1A，将手从腰果形切口穿过，阴影部分板材放在手掌侧，其余的部分在手背和前臂背面，第 2 个切口放在腕关节背面。把腕部两侧板材向背面返折、捏紧，使其粘合。用热风枪局部加热腕部切口两侧板材的折叠部分使其软化，用尖嘴钳夹扁软化的板材（图 1-5-1B），使之变成可弯折的关节。在矫形器近侧橡皮筋的支架也是利用板材的几何变形制成的。如此，通过巧妙的几何变形可避免拼接铆合等工序，用整张板材一气呵成，制作成一个腕关节背伸动力型矫形器（图 1-5-1C）。

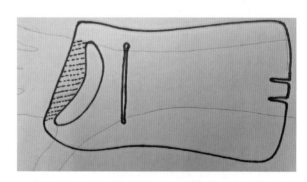

图 1-5-1A　纸样

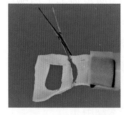

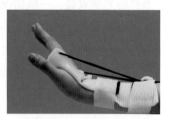

图 1-5-1B　用尖嘴钳　　图 1-5-1C　腕关节背伸动
制作"柔性铰链"　　　　力型矫形器

如图 1-5-2，伸肘动力型矫形器上臂片背面的支架是由臂部板材变形而来的。其制作方法是在臂部板材剪一个开口向上的 U 形，塑形时将其向背侧翻起，并在中间做出一个纵向的脊状突起以增强支架的硬度。

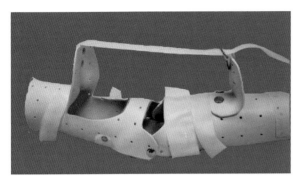

图 1-5-2　利用板材变形做出的一体化牵引支架

二、利用返折和形变改变矫形器强度

在制作矫形器找不到合适厚度的板材时,可用较薄的板材代替,裁剪时预留较大的宽度,在两侧缘进行返折,以增加抗弯折性;如现有的板材太厚,也可以选用可拉伸性较好的厚板材,加热后沿着纵横两个方向均匀拉薄后再使用。

三、固定带的安装技巧

矫形器固定带通常有两种。①单纯用魔术贴固定:钩面魔术贴用胶水(或其背面的自粘胶)粘在矫形器外侧面,对应的毛面魔术贴圈住肢体,其两端与钩面魔术贴相粘合,形成固定。一般多采用此方法。②魔术贴与 D 形扣配合进行固定:这种固定带可以更精准地调节松紧度,适用于固定要求较高的矫形器,如上臂管状矫形器等。固定带不仅起着固定的作用,更是矫形器三点力原理发挥作用的关键,所以安装时要关注固定带是否能充分发挥矫形器的力学效益。一般情况下,矫形器上下两端的固定带应尽可能靠近矫形器边缘,以便充分利用其力臂长度。关节处固定带最好对着关节间隙,如关节较僵硬,需要较大的矫正力时,可以采用交叉固定法,或双平行线固定法。安装固定带时还应特别留意安装的角度,使毛面魔术贴与皮肤能均匀接触,如腕关节矫形器近侧端的钩面魔术贴,应该贴成 V 形(图 1-5-3A),V 字的顶端朝向近端,这样毛面魔术贴就可以跟前臂(近端粗远端细)贴合。腕关节背侧魔术贴远侧缘要剪成弧形凹陷,以适合手掌背面的弧形;魔术贴的末端拐角剪成圆角(图1-5-3B)。治疗师在裁剪钩面魔术贴时,最好让魔术贴背面朝向自己,这样可避免剪断的小纤维丝弹

出来伤到眼睛。粘贴钩面魔术贴前可用热风枪稍微加热背面的自粘胶,贴合后再用热风枪把魔术贴两端的纤维丝加热融化,这样钩面魔术贴末端不容易被揭起、松脱。

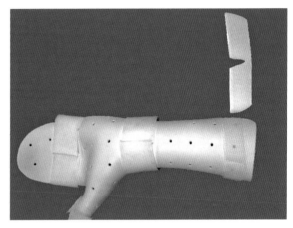

图 1-5-3A　钩面魔术贴处理

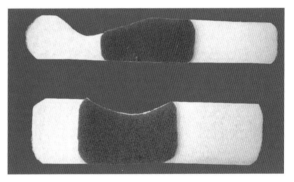

图 1-5-3B　毛面魔术贴处理

四、使用薄板材代替魔术贴辅助固定

有些病例用普通固定带不能起到有效固定作用,必须用薄板材代替软性固定带以达到牢固的固定效果。例如,儿童手部烧伤后瘢痕挛缩造成掌指关节屈曲困难,欲利用矫形器改善掌指关节屈曲角度,则必须在近端指节背面施加较大的掌向矫正力,但由于儿童指节短小,且第2~4掌指关节不在同一平面,用魔术贴难以达到有效的固定。同时,挛缩的掌指关节会把施加在近端指节的力直接传递到掌骨,使掌骨近端向背侧翘起,长时间可导致腕掌关节半脱位。利用薄板材塑形成硬质的固定带,能更好地把掌骨固定,稳定腕掌关节,也能更有效地屈曲掌指关节(图1-5-4A~C)。又如,跖趾关节背面瘢痕挛缩导致跖趾关节过伸、趾间关节屈

曲畸形,同理,需采用低温热塑板材代替软性固定带,以发挥更好的力学效益。如图 1-5-5A～C,患者跖趾关节背面瘢痕挛缩并有伸趾肌腱挛缩,故同时也把踝关节以跖屈位固定。

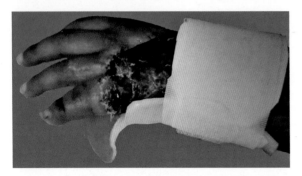

图 1-5-4A　烧伤后第 4、第 5 掌指关节伸直位挛缩

图 1-5-4B　低温板材塑形后的手背固定带

图 1-5-4C　低温板材代替魔术贴可防止掌骨底翘起

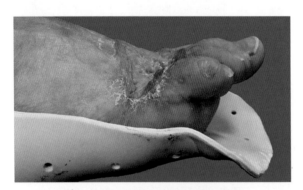

图 1-5-5A　跖趾关节背面瘢痕挛缩

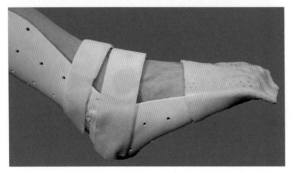

图 1-5-5B　足背的板材能有效压低足趾

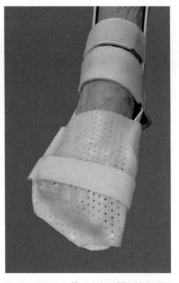

图 1-5-5C　戴上矫形器(俯视图)

腕关节静态矫形器

动力型伸指矫形器

拱形设计的手指伸直矫形器

近端指间关节屈曲远端指间关节过伸矫形器

远端指间关节过伸矫形器

掌指关节固定型矫形器

(陈少贞　苏柳洁)

第二章

组织创伤与愈合

组织创伤常常包括以下4个方面:骨折、肌腱损伤、神经损伤和韧带损伤。在制作矫形器的过程中,了解各种组织创伤的修复过程十分必要。对于肌腱、神经和韧带损伤来说,在修复术后早期,应将受累肢体固定或限制在某种姿势,使损伤组织处于放松、张力较低的状态,以促进损伤组织愈合。与此同时,为了避免损伤组织与周围组织粘连,应尽早开始进行不引起损伤组织张力增高的运动(如屈肌腱损伤的患者,可在保护范围内进行主动伸和被动屈的运动)。对于神经损伤患者,还要注意预防肢体由于长时间缺乏运动和肌力不平衡导致的关节挛缩和畸形。临床上,骨科和创伤外科医师关心更多的是创伤组织的愈合、骨折固定的稳定与安全,而康复医师和治疗师则更关注功能,希望患者在安全情况下能进行早期活动,以最大限度地恢复功能。通畅的沟通途径和良好的沟通技巧是建立信任和团队合作的重要因素,在转介和康复治疗过程中,治疗师对人体解剖学和组织修复学的熟练掌握是确保治疗效果和安全必不可少的因素,也是做好患者教育的基本保证。

第一节
骨折

骨折是指骨骼的连续性受到完全或者部分性破坏。

一、骨折与愈合过程

骨折愈合过程分为血肿期、肉芽期、成骨期和重塑期4个阶段。①血肿期:骨内和髓腔血管断裂形成血肿,激活凝血系统,炎症反应开始,释放多种生化介质。在血小板和生长因子的联合作用下,巨噬细胞吞噬细胞代谢物,血管增生,细胞增殖。②肉芽期:骨愈合过程主要是由成骨细胞增殖来完成。血小板和炎症细胞合成以及血管再生,构成了一个高度血管化的纤维性骨痂组织。③成骨期:破骨细胞骨吸收后,连接成骨细胞形成新骨,被称为破骨-成骨偶联,整个过程持续2周以上,然后在原来位置形成新的骨单位,这种新骨形成方式称为原位成骨。④重塑期:通过成骨细胞和破骨细胞的耦联活动,骨折断端形成的新骨得到大幅重塑。破骨细胞吸收骨质,形成空穴,然后成骨细胞产生类骨填充,编织骨无方向的骨小梁被成熟板层骨替代,即中央哈佛氏系统。整个愈合的阶段会持续很长时间,也许长达数年,但是成人的塑形不会彻底地完成。

骨折端移动和不稳定会诱发外骨痂形成,而且骨痂大小与移动幅度密切相关。机械性不稳定会造成骨痂区域移位,新生毛细血管断裂,新的血小板源性生长因子和其他生物活性物质释放,巨噬细胞渗入,触发炎症反应,进一步刺激血管再生和肉芽生长,这就导致了骨痂体积增大,而且骨痂会因为不稳定状态和毛细血管破裂继续存在,进一步增大。

血供是影响骨折最重要的因素,舟骨、股骨颈和距骨颈血供较差,临床上较容易发生骨不连或者坏死,这提醒我们在对这些部位进行矫形器固定时,一定要注意预防压迫和观察血运。小腿或者前臂骨折容易造成广泛软组织损伤,血液供应会受到影响,甚至可发生骨筋膜室综合征。这些部位的骨折也有发生延迟愈合和骨不连的可能。

骨折延迟愈合和骨不连好发于皮质骨,很少发生在松质骨,松质骨是骨移植的首选。骨不连分为增生型和萎缩型,这种区别十分重要,它对于了解病因学和后续治疗策略具有指导意义,临床上可使用X线进行鉴别诊断。增生型骨不连的特点是在骨折端有足量的骨痂形成,但无法形成骨桥。一般来说,这种骨不连是骨折端不稳定造成的,但成骨能力不受影响,治疗方法就是直接改善骨折端的稳定性。萎缩型骨不连则几乎没有或者很少有骨痂形成,是成骨能力不足的表现,严重者甚至是由于骨吸收的缘故,骨折端呈铅笔样改变。造成萎缩型骨不连最主要的因素就是骨折区域血运被破坏,治疗原则是重建骨折区域活性或植骨。

二、影响因素

(一)血供因素

严重创伤、骨折部位过度移位、粉碎性骨折以及开放或闭合的软组织损伤均会造成局部血运破坏。外骨痂的形成主要依赖骨膜和周围软组织的血运和间充质细胞,这些结构破坏就干扰了骨痂形成,同时也容易造成骨筋膜室综合征。除了创伤,手术治疗本身也会对骨折端血运造成严重破坏,钢板置入时需要较大切口、剥离骨膜,从而造成血运破坏。另外,如果使用髓内钉固定,扩髓过程会破坏髓内血管系统。在粉碎性骨折和严重软组织创伤的情况下更容易出现血供问题,因此微创手术方法和减少术中血运破坏尤为重要。使用桥式接骨板、不扩髓髓内钉和其他的微创内植物(如外固定支架),都属于生物学固定的范畴,近年来得到广泛的支持。

在大段骨缺损的患者中,骨移植是最合适的选择。第1例有文献记载的骨移植是在1668年开展的异种颅骨移植,因违背基督教教义后来被取出。1820年,Walther完成了第1例自体骨(颅骨)移植。直到20世纪初,自体骨移植才得以迅速开展。异体骨移植稍晚于自体骨移植,最早以大段骨移植形式出现,解决了自体骨难以实现的大骨量移植难题。自体骨移植存在较多局限性,如供量有限,容易造成供区损伤;异体骨、异种骨移植存在免疫抵抗和疾病传播风险。人工骨成为新的移植骨源,一

开始是植入磷酸钙粉剂,使局部释放钙质,加速成骨作用。自体骨移植目前仍是骨移植的金标准,包括松质骨、皮质骨和骨髓移植。松质骨主要取髂骨、股骨远端、大转子和胫骨近端,皮质骨主要取腓骨、肋骨、髂骨或脊柱手术切除的脊柱附件,也可带血管蒂移植。目前应用的异体骨主要是新鲜冷冻骨和冻干骨,保留了大部分骨诱导蛋白成分,提供骨传导支架,可发挥骨诱导作用。同种异体骨移植的愈合过程,由移植骨再血管化、新骨形成、宿主骨床与移植物连结参与,最后实现骨愈合。同种异体骨的细胞成分多已死亡,也就不具备自身成骨的能力,移植后愈合过程主要靠骨传导实现成骨,骨诱导发挥积极作用。在移植时,必须尽量减少螺钉和钉孔,以预防早期吸收和移植失败。由于存在疾病传播的风险,异体骨使用的安全性和有效性一直受到关注。

(二)机械性因素

如果骨折端存在过度不稳定和移位,可能发生增生型骨不连。不稳定导致的增生型骨不连常发生于保守治疗,也有部分由不稳定的接骨术或者过度负荷造成。另外,软组织嵌入、过度牵引或者骨缺损造成的骨折端缺乏直接接触,也容易导致骨不连。

Wolff定律是骨折愈合生物力学中最为重要的概念,骨折愈合的好坏与其力学环境密切相关,骨组织对应力刺激具有良好的适应性,在一定范围内,增加承载可促进骨形成,减少承载会造成骨吸收。骨的功能适应性使得骨组织在应力的影响或直接作用下能沿一定方向生长。同时影响愈合的还有作用时机、应力的大小、应力的来源和方向。早期,纵向压应力可以驱动成骨细胞和成纤维细胞分化成骨,有利于骨折愈合;剪切和扭转载荷会产生剪应力,驱动成纤维细胞增殖为纤维组织,造成骨内部应力重新分布,骨折断端的板层界面应力过于集中,对愈合不利,并有可能直接破坏新生毛细血管和骨痂。但在中后期,各个方向的应力均有改建骨痂作用,增加切应力可以促进成骨细胞分化,导致更多的类骨质沉淀并使骨矿物化。愈合过程中,应力过小则会降低力学诱导,导致延迟愈合或骨不连;应力太大,则会在骨-骨界面或骨-内固定

物界面发生反应性表面吸收,造成骨萎缩。当应力超过临界限度,进一步的分化及愈合都可能停滞。骨折愈合早期,在编织骨和板层骨巩固骨折断端之前,不应处于承重条件下,足够的机械稳定是预防延迟愈合的先决条件,否则,不稳定的骨折裂隙将影响微循环恢复和新骨形成,从而导致坏死和骨吸收,最终产生骨不连。

(三)感染

感染作为严重开放性骨折或者手术后的并发症,处理不妥可能发生深部感染或者骨髓炎。感染会诱发炎症反应,这些异常反应会对成骨细胞分化产生抑制作用,对破骨细胞分化产生促进作用,从而导致愈合明显延迟,甚至发生骨不连。

(四)其他

还有许多因素可以影响骨折的愈合,包括老龄、骨质疏松、营养不良、酗酒、糖尿病、动脉粥样硬化、神经性疾病、多发创伤、放射治疗、药物(如激素、抗凝药、细胞毒性药物)。代谢性骨病,如成骨不良,以及由于骨转移瘤导致的病理性骨折,也影响骨折愈合。最近吸烟也被认为是骨折愈合严重延迟的影响因素。在一项研究中,103例闭合性和Ⅰ度开放性胫骨干骨折采用髓内钉、外固定支架和石膏外固定治疗,不吸烟患者的平均愈合时间是4.5个月,而吸烟患者则是9个月。

近年来,随着生物物理学及医学领域研究的进一步深化,应用生物物理学刺激干预骨折愈合已经逐渐引起人们的重视。脉冲电磁场、低强度脉冲超声、体外冲击波和高压氧等生物物理学刺激疗法作为一种简单、无创的方法已经普遍应用于临床治疗中,并取得了令人满意的疗效。随着生物物理学刺激干预骨折愈合的实验研究和临床应用的进一步深化,生物物理学刺激疗法对骨折愈合的影响也将会越来越明确。

三、骨折的固定要求

稳定是骨折固定的第一要素,正如前文所述,不稳定可导致成角、移位和延迟愈合,甚至骨不连等并发症。维持和恢复功能则是骨折治疗的重要目标,在稳定固定的同时,要充分开放非受累关节,以确保固定期间非受累关节活动不受限制。以近

节指骨骨折为例,为了骨折端的稳定,需要固定近端指间关节和掌指关节,掌指关节安全位为屈曲位,指间关节安全位为伸直位,所以固定方式为掌指关节屈曲,指间关节伸直,腕关节和远端指间关节可自由活动。肘关节骨折一般在屈曲90°功能位制动。另外,也有一些特殊部位需要被考虑,如尺骨桡骨双骨骨折固定时,为防止前臂旋转造成的影响,需要将腕关节和肘关节同时制动,制作长臂矫形器,才能保证骨折端稳定。对于一些儿童案例,使用魔术贴经常会导致矫形器滑脱或者不稳,这时可使用弹力绷带或自粘绷带缠绕,以确定骨折端的稳定性,同时应保持密切关注,避免影响血供。

第二节
肌腱损伤

肌腱由大量平行排列的胶原纤维组成,基本单位是胶原纤维束,束与束间相互交连,防止纤维束间的分离。腱外膜由结缔组织和滑膜脏层包绕肌腱表面形成,一部分纤维向肌腱内延伸,包裹肌腱束形成腱内膜。腱系膜由壁层滑膜和肌腱脏层(腱外膜)相连形成。腱系膜呈半透明状,其中有血管、淋巴管和神经供应营养。肌腱的腱周组织、滑膜鞘、纤维鞘管及肌腱的支持带等组织是保障肌腱滑动、营养、发挥肌腱功能的重要结构。

肌腱损伤是指因为各种原因导致的肌腱连续性受损,常见病因有切割伤、挤压伤、热压伤、运动创伤等,也包括因炎症等引起病理性损伤。运动创伤引起的肌腱损伤最常见,如手指伸肌腱Ⅰ区断裂和跟腱损伤;其他病理性肌腱损伤,如类风湿关节炎也会引起手部肌腱断裂。肌腱损伤可根据情况采取保守治疗或手术治疗,一般情况下,都需要手术治疗,但手指伸肌腱Ⅰ区损伤保守治疗效果优于手术治疗。肌腱损伤的手术治疗主要包括直接缝合、肌腱转位、自体移植、同种异体移植和使用人工合成材料等。随着生物科技的进步,生长因子、干细胞及基因疗法也取得了极大的进展。

一、肌腱损伤的手术方式与愈合方式

1. 直接缝合　损伤肌腱的愈合分为 3 个时期:组织炎症期、细胞增殖期和重塑期。

(1) 组织炎症期:在肌腱损伤后,炎症反应立即开始并持续约 24 h。肌腱损伤部位形成血肿,并激活各种趋化因子释放。趋化因子引导炎症细胞(如中性粒细胞、单核细胞、巨噬细胞)到达损伤部位,通过吞噬作用清除坏死组织。肌腱成纤维细胞到达损伤部位开始合成细胞外基质的各种成分。同时,血管生成因子会促进血管网的形成。整个过程中 DNA 和细胞外基质的含量都在增加,促进了损伤部位的连续性和局部稳定性。

(2) 细胞增殖期:增殖期持续数周,肌腱成纤维细胞合成胶原蛋白,其他细胞外基质聚集于损伤部位,与此同时形成一个巨大的血管网,并在损伤部位形成瘢痕组织。

(3) 重塑期:一般开始于损伤后 6 周,这一时期Ⅲ型胶原蛋白向Ⅰ型胶原蛋白转变。Ⅲ型胶原纤维为疏状细纤维,Ⅰ型胶原纤维顺着肌腱的纵轴排列,韧性强,力学刺激可促进这一转变发生。在后期,胶原纤维之间的共价键和运动训练可增加肌腱的硬度和抗张强度。根据肌腱的愈合过程,一般认为术后 2 周内,主要以被动活动为主;3～4 周可进行轻微的主动活动;6～8 周如果存在活动范围受限,可进行轻微的牵伸;12 周左右,才可以进行最大的肌力测试。

2. 肌腱移植　目前,研究认为同种异体肌腱移植和自体肌腱移植一样需要经历 4 个阶段:坏死、再血管化、细胞增殖和塑形。移植肌腱中坏死的胶原组织被新生的成纤维细胞替代,异体肌腱只起到生长支架的作用,胶原纤维框架中的肌腱细胞均需自身细胞的长入而重新血管化,完成重建与修复。肌腱移植后,其愈合机制分为外源性愈合和内源性愈合。在塑形阶段初期,异体肌腱与自体肌腱均有显著的抗张强度丢失。随着塑形期的完成,其抗张强度逐渐恢复,但最终的抗张强度低于植入前。在植入后 6 个月内,自体肌腱抗张强度优于异体肌腱,后者仅为原来强度的 30%。

二、影响肌腱愈合的因素

肌腱愈合是一个复杂的过程,愈合过程中,内、外源性愈合同时存在。在无创技术、保留或重建腱鞘及早期活动的情况下,以内源性愈合为主。反之,以外源性愈合为主。外源性愈合占优势会加重粘连,而肌腱的内源性愈合能力必须以自身良好的营养状态为基础。促进内源性愈合的发生,减少外源性愈合成分的参与,是当前大多数学者解决肌腱粘连问题所研究的方向。①外源性愈合:来自肌腱周围组织(滑膜、鞘管、腱周组织等)的成纤维细胞和毛细血管,在肌腱断裂缝接后侵入断端并增殖,合成胶原。早期形成的胶原,其排列方向与修复的肌腱纤维长轴垂直,2～3 周后,胶原受张力的影响重新排列,其方向逐渐平行于肌腱的长轴。②内源性愈合:肌腱断裂修复后,肌腱本身的腱外膜、腱内膜参与修复过程。创伤可以激发腱内膜和腱外膜的成纤维细胞活性,促进其分裂增殖。通过自身细胞增生,形成正常肌腱胶原纤维。一般认为,在大部分临床情况下,两种方式都可能参与肌腱愈合过程。早期控制性活动可以促进新生血管纵形排列,有利于滑液扩散、胶原纤维塑形,从而减少粘连,促进肌腱滑动功能的恢复。对于同种异体肌腱而言,在进行深低温冷冻处理,消除异体肌腱抗原性的同时,肌腱细胞的活性也将受到不同程度的损害,由此导致了肌腱丧失部分或全部内源性愈合的能力。肌腱愈合影响因素较多,常见损伤方式包括电击伤、刀砍伤、撕脱伤、烧伤、疲劳性断裂等。不同损伤对肌腱周围的血供以及腱周组织的影响不同,预后也有较大的差异。

(一) 制动对肌腱愈合的影响

有效的早期活动可促进肌腱愈合处肌腱细胞的增殖活动,愈合后结构近似正常肌腱形态、表面光滑,提示愈合质量较好。以手部屈肌腱为例,主动活动后肌腱的运动幅度、力量、DNA 含量、肌腱营养及愈合率比被动活动和制动都有进一步的提高。拆线后,在瘢痕处按摩能有效阻止皮肤与肌腱粘连。

(二) 应力对肌腱愈合的影响

在肌腱损伤早期,引起肌腱损伤处疼痛和急性炎症的主要原因是局部产生了前列腺素 E_2，前列腺素 E_2 可导致肌腱细胞增殖和减少胶原蛋白的产生。重复的机械应力已经被证明会促进炎症介质的产生如前列腺素 E_2、白细胞介素和肿瘤坏死因子 α。在炎症阶段，肌腱没有强度，主要是塑性改变。所以应力负荷的保护在肌腱愈合早期阶段非常重要。在肌腱愈合的后期，应力负荷会导致细胞外基质的高表达，在某种程度上，瘢痕组织会再生为正常的肌腱组织。

（三）缝合方式对肌腱愈合的影响

肌腱的缝合方法很多，目前较为常用的有单线或双线改良的 Kessler 和 Bunnell 缝合法。采用改良 Kessler 缝合法加腱周连续缝合法修复肌腱，术后肌腱断端缝合强度足以抵抗早期主动运动的力量，利于肌腱愈合。无论采用哪种缝合法，都应以肌腱断端的缝合口能承受较大的张力，缝合材料外露尽可能少，又不致使肌腱发生断裂为原则。

（四）生长因子对肌腱愈合的影响

生长因子是一类小分子多肽类物质，具有促进细胞生长、增殖的作用，主要通过自分泌或旁分泌与特异性、高亲和力细胞膜受体结合，再近距离发挥局部作用。目前已知的与肌腱愈合修复过程有关的生长因子主要有以下几类：转化生长因子-β、表皮生长因子、胰岛素样生长因子、血小板源性生长因子、外源性碱性成纤维细胞生长因子、血管内皮生长因子等。

三、手部肌腱损伤修复术后的固定要求

肌腱损伤后，矫形器需根据以下方面定制：充分制动；减少缝合处张力；开放未损伤部位。

对于手部屈肌腱而言，术后第 2～3 天，移除石膏和厚重的纱布，伤口用少量纱布包裹，并用自粘绷带向心缠绕。使用矫形器固定时，使腕关节屈曲 20°，掌指关节掌屈 70°，指间关节伸直。允许在穿戴矫形器的情况下，进行关节活动。第 3 周，穿戴矫形器时，使腕关节保持中立位。第 4 周，穿戴掌侧矫形器，要求腕关节保持中立位，掌指关节掌屈 70°，指间关节伸直。第 6 周后逐渐将腕关节背伸至 20°～30°位固定。第 8 周后检查是否存在关节活动受限或者肌腱粘连，开始使用牵伸矫形器。

对于伸肌腱而言，Ⅰ区和Ⅱ区的损伤，无论是术后制动或是保守治疗，都倾向于将远端指间关节在伸直位或轻度过伸位固定 6～8 周。矫形器可以放在掌侧或者背侧，使用掌侧矫形器需要注意两点：第一，长度不能过近端指间关节；第二，需要在掌侧垫一软垫，防止压疮的发生。背侧矫形器一般不会影响近端指间关节的运动，而且可以保存手指掌侧的感觉功能，但是相比较而言，临床上背侧矫形器不经常使用，因为较难完全制动。在矫形器的使用中，需要充分关注固定位置和皮肤状况。远端指间关节过度背伸会造成背侧皮肤血供阻断，掌侧血管网也会受到牵拉。研究表明，一般人的远端指间关节可以产生平均 28.3°的过伸，过伸角度超过 50% 即可引起循环障碍。Ⅲ区和Ⅳ区的伸肌腱损伤容易造成钮孔状畸形。对于Ⅲ区和Ⅳ区的闭合性损伤，临床上一般建议将 PIP 关节固定在 0°位 6 周；开放性损伤则需进行手术修复，术后一般只需将 DIP 关节固定在伸直位，3～4 周后可去除矫形器开始关节活动训练。如果损伤过于靠近Ⅴ区或损伤到侧束，则远端指间关节也需要固定。Ⅴ区和Ⅵ区损伤，术后采取的制动体位一般是腕关节背伸 35°～40°，掌指关节屈曲 0°～20°，指间关节伸直位。有一部分学者认为，将掌指关节放置于屈曲位，可防止侧副韧带挛缩，但易造成掌指关节欠伸，而笔者更愿意将掌指关节放在伸直位，对于侧副韧带挛缩的问题，可通过早期适当的活动来解决。Ⅶ区是伸肌腱滑动范围最大的区域，研究表明，指总伸肌腱在此位置可以产生 20 mm 的滑动。这一区域损伤后的康复方案与Ⅴ区、Ⅵ区的方案类似，但极易发生粘连，所以早期的被动活动和肌腱滑动练习极为重要。固定需要使用动态矫形器，使腕关节固定在 40°背伸位，通过钢丝弹簧支架或者橡皮筋将掌指关节悬吊在 0°位。休息时，使掌指关节处在 0°位，有利于防止欠伸，当掌指关节屈曲时，通过钢丝弹簧支架或者橡皮筋提供外力将掌指关节拉回伸直位，不会对损伤处产生张力。早期腕关节活动应在屈曲 10°、背伸 20°的范围内进行，较大的活动范围容易影响肌腱愈合。Ⅷ区损伤为前臂肌腹部，血运丰富且结构更加独立，康复方案与Ⅶ区类似。

第三节
神经损伤

外伤是周围神经损伤的主要原因。统计显示，美国神经损伤患者每年的医疗费用达 1500 亿美元，而我国每年新增周围神经损伤患者达 60 万~90 万。周围神经损伤后，最主要的后遗症包括以下方面：感觉异常、运动困难、神经性疼痛和心理问题。有研究显示，正中神经和尺神经损伤手术后，运动恢复（M4~M5）仅 51.6%，感觉恢复（S3+~S4）仅 42.6%。神经损伤后制动方案需要考虑手术方式和神经所支配的功能，如尺神经前置术后，不宜将肘关节以伸直位固定，而应该放置于屈曲位。还有常见的腕关节切割伤，正中神经断裂时，应将腕关节放置于屈曲位，考虑到正中神经支配的鱼际肌和蚓状肌，应将掌指关节放置于屈曲位，拇指放置于对掌位，防止其发生功能性挛缩。

一、神经损伤与愈合方式

（一）神经结构特性

周围神经由聚集成束的神经纤维构成，神经外膜覆盖。神经纤维是由神经元轴突及外被施万细胞形成的髓鞘包覆而成，神经纤维集结成束。

神经可以承受一定的拉伸载荷，即被延长。通过动物模型实验证实，以臂丛神经为例，每次牵拉长度增加 5 mm，然后持续性牵拉神经 30 s，多次反复后，使牵拉段神经最终长 1.5 cm。神经在受到外力作用时，可以产生相应的形变。而这个形变可以在一定程度上缓解外力对神经组织的损害，超出神经自身承受范围的加载必然会导致损伤，10%以下的一次性神经延长，是安全可行的。

神经是一种弹黏性物质，在受到应力作用时，发生应变不是瞬时完成，其关系呈一曲线。结构基础决定了周围神经的抗张性：第一，神经干、神经束、神经纤维在其周围的组织床上均是迂曲存在的，意味着神经纤维初始长度比神经干要长。第二，神经内结缔组织膜中，均含有胶原纤维。胶原纤维韧性大，抗拉力强，能抵御一定程度的机械刺激，具有较高的抗张性。

神经滑动是指神经相对于周围组织进行的滑行运动。尺神经在肘关节的屈伸运动中，相对于周围组织滑动达 10 mm。肘关节做伸展活动时延长了正中神经床，引起正中神经的上臂部分向肘关节远侧端滑动而正中神经在前臂的部分则向肘关节的近侧端滑动。神经滑动首先发生在离活动关节较近的部位，最大的神经滑动会发生在距运动关节较近的部位，而距离关节较远的神经发生的滑动最小。

周围神经损伤的病理：1850 年，Augustus Waller 教授最先报道在神经胞体远端切断神经后，损伤的远端轴突及部分近端轴突会发生崩解、髓鞘崩解脱失及细胞增生等一系列变化，这一现象被称为沃勒变性（曾称华勒变性），这是周围神经损伤及再生的研究基础。在神经受损后 48 h，轴索断裂，崩解成颗粒，髓鞘形成脂质块。5 天后，吞噬细胞工作，吸收细胞代谢物，遗留施万鞘。发生瓦勒氏变性后，神经失去传导功能，同时反向影响，也就是说神经损伤不仅影响远端，损伤部位的近端功能也会受到影响（切割伤较少，牵拉伤较大）。损伤后，如果吻合及时，神经膜细胞增殖，3~4 周形成神经内膜管（轴索再生时的导管）；如未吻合，可出现假性神经瘤（结缔组织中大量神经纤维组织增生）。

周围神经损伤的分型：国际上常用的神经损伤分型主要包括 Seddon 分型和 Sunderland 分型，Sunderland 分型中的Ⅲ、Ⅳ、Ⅴ度损伤与 Seddon 分型中的神经断伤相当，只是损伤程度上有所差异（表 2-3-1）。

1. Seddon 分型 ①神经失用（neuropraxia）：神经传导功能障碍为暂时性的生理性阻断，神经纤维不出现明显的解剖和形态上的改变，远端神经纤维不出现退行性改变。神经传导功能于数日至数周内自行恢复。②轴突断伤（axonotmesis）：又称轴突断裂，轴突在髓鞘内断裂，神经鞘膜完整，远端神经纤维发生退行性改变，经过一段时间后神经可自行恢复。③神经断伤（neurotmesis）：又称神经断裂，神经束或神经干完全断裂，或为瘢痕组织分隔，需通过手术缝接神经。神经缝接后功能可恢复或功能恢复不完全。

2. Sunderland 分型　①Ⅰ度损伤:传导阻滞,神经纤维的连续性保持完整,无沃勒变性。②Ⅱ度损伤:轴突中断,但神经内膜管完整,损伤远端发生沃勒变性。③Ⅲ度损伤:神经纤维(包括轴突和鞘管)横断,而神经束膜完整。④Ⅳ度损伤:神经束遭到严重破坏或断裂,但神经干通过神经外膜组织保持连续。⑤Ⅴ度损伤:整个神经干完全断裂,需手术修复才能恢复。

表 2-3-1　周围神经损伤分型及特征

Seddon 分型	神经失用	轴突断伤	神经断伤		
Sunderland 分型	Ⅰ度损伤	Ⅱ度损伤	Ⅲ度损伤	Ⅳ度损伤	Ⅴ度损伤
病理特征	神经连续,退髓鞘改变	轴索断裂	轴索和神经内膜断裂	轴索,内膜和束膜断裂	完全
沃勒变性	无	有	有	有	有
运动功能缺失	是	是	是	是	是
感觉功能缺失	部分遗留	是	是	是	是
肌肉萎缩	轻度	进行性萎缩	进行性萎缩	进行性萎缩	进行性萎缩
Tinel 征	无	有	有	有	有
自愈	能	能	部分	能	能
手术	否	否	部分	需要	需要
恢复速度	3 个月	每天 1 mm	每天 1 mm	术后每天 1 mm	术后每天 1 mm
电生理	远端有或无传导,无纤颤波	远端无传导,有纤颤波	远端无传导,有纤颤波	远端无传导,有纤颤波	远端无传导,有纤颤波

（二）检查方法

Tinel 征检查是临床上最常用的、最重要的徒手检查方法:叩击神经损伤的部位或其远侧,出现其支配皮区的放电样麻痛感或蚁走感,代表神经再生的水平或神经损伤的部位。

不同时期和不同部位的 Tinel 征阳性在临床有重要的意义。Tinel 征存在仅代表在叩击的局部神经干有未成熟的(新生的)触觉神经轴突存在,即感觉轴突的生长比髓鞘的成熟快,并不预示神经功能肯定恢复。Tinel 征消失代表神经轴突成熟并完全髓鞘化演变为正常神经。Tinel 征阳性代表神经损伤的部位有新生的尚未成熟的触觉神经纤维存在(尚未完全髓鞘化)。Tinel 征阳性并随时间向远侧进展,预示着神经再生有效,可能会有较好的感觉功能和运动功能恢复。Tinel 征阳性,检查位置始终位于神经损伤部位且伴有疼痛,提示局部可能有创伤性神经瘤形成,神经再生无效,需要手术干预。

肌电图在周围神经损伤的诊断中最为重要,是一种可以完成定量、定位和定性的检查方法。检查内容包括复合肌肉动作电位(CMAP)、末端运动潜伏期、运动传导速度（MCV）、感觉传导速度（SCV）、插入电位和静息状态下的异常自发电活动(纤颤电位、正锐波、束颤电位)。

随着医学技术的发展,超声诊断技术和磁共振神经成像（MRN）技术也已进入临床。MRN 可以显示神经病变和局部区域肌肉去神经支配改变,判断发现神经的解剖连续性是否中断,周围可能存在的其他病理征象。超声诊断技术简单、快速、准确,可寻找出神经卡压或者损伤的部位,在早期诊断中起着重要的作用,在一定程度上也减轻了患者的经济压力。

（三）神经损伤修复方式

1. 直接缝合　根据 Seddon 分型和 Sunderland 分型可选择保守治疗或者手术治疗方式。周围神经损伤应早期探查,早期及时修复,以提高神经功能恢复的满意程度,减少病残及靶器官的失用性萎缩。神经松解术最为简单,包括神经外松解术和神经内松解术,适用于神经受牵拉、压迫、慢性磨损等导致的神经与周围组织粘连或神经内瘢痕形成。神经缝合法,包括外膜缝合法和束膜缝合法,适用于神经切割伤的一期缝合和未经缝合的神经断伤,切除两断端的瘢痕后,在无张力下缝合,因为周围神经干均为混合神经,其内的神经纤维在神经束内不断地互相穿插,无法将感觉神经束和感觉神经束缝合,或将运动神经束和运动神经束缝合,这也是临床上出现感觉倒错或者感觉异常的原因。

2. 神经移植　临床上长段神经(>3 cm)缺损的修复方法以神经移植为主,神经移植方法甚多,有自体、异体、异种神经移植,非神经组织移植和人工神经移植等。神经移植体必须具备以下特征:①再生轴突长入并通过该移植体到远端部位。②通过移植体后的轴突能成熟到具有正常的直径、髓鞘化和传导动作电位。③没有抗原性。④能较快地获得血液供应。⑤移植体内再生轴突排列有序,以确保准确地到达靶组织、靶器官。按此标准,目前尚无其他移植材料能与自体神经相媲美。无张力的自体神经移植仍然是神经缺损修复最主要的方法。周围神经缺损是一种混合神经缺损,采用自体神经移植修复时常用腓肠神经或桡神经浅支,而这二者均为感觉神经,在结构及超微结构上与运动神经纤维有所区别。临床中也发现,用废弃的混合神经移植修复神经缺损,术后神经恢复效果比用单纯感觉神经移植修复的效果好,其中神经移植体结构本身也是影响再生效果的一个重要方面。

3. 其他修复方式　神经移位术是对神经近端毁损性损伤,无法进行修复者,采用功能不重要的神经,将其切断,把近端移位到功能重要的损伤神经远端,以恢复肢体的重要功能,最常见的手术为顾玉东院士主张的"健侧颈7移位术"。

随着医学的不断发展,科学家创造出了能够仿生神经结构的神经导管,并复合多种神经营养因子及干细胞,模拟神经再生的微环境,提高神经导管的修复效果。

二、影响神经愈合的因素

1. 损伤性质或严重程度　周围神经损伤的性质或严重程度的不同,对神经元胞体的死亡影响也不一样。切割伤虽造成神经纤维离断,但神经元胞体的损伤反应相对较轻。撕脱伤,特别是根性撕脱伤,神经根在距脊髓表面撕脱,神经元胞体的损伤反应非常激烈,易造成神经元死亡。

2. 损伤部位距神经元胞体的距离　周围神经切断后神经元是否死亡与损伤部位密切相关。损伤部位距离胞体越近,神经元的损伤反应越大,越容易引起死亡。在不同部位切断坐骨神经对脊神经节感觉神经元死亡影响的实验中,在大鼠股部和膝关节水平切断成年大鼠坐骨神经,结果发现,其远、近断端所致 L_5 神经节感觉神经元的死亡率分别为7%和27%。

3. 修复时间　大量实验证明,宾格尔带-施万细胞-基底膜结构是神经再生理想的微环境,这一结构在神经损伤两三周后形成。而在神经损伤数小时后,近断端的神经纤维就开始发芽再生。实验证实,2周修复组的运动神经传导速度明显快于4周和3个月修复组,与即时修复组无差异。2周修复组的神经移植处组织形态、结构明显好于4周和3个月修复组。2周修复组神经移植体轴突计数明显多于4周和3个月修复组。结果提示,在2周后修复神经损伤优于其他时间点,是周围神经损伤后进行修复的最佳时机。但在术中发现,2周后两神经断端都有明显的瘢痕形成,切除瘢痕后吻合神经两断端会有一定的张力,所以在临床应用时要综合考虑其利弊,临床上如果是锐器切割伤,还是推荐即时修复。

三、神经损伤常用手术方式及其固定要求

神经损伤后制动一般需要注意3点:第一,采用神经移植或者直接缝合的患者,在制动时,考虑到不使缝合处产生张力,固定时一般都会采取关节短缩位。例如,前臂桡神经损伤,会将腕关节固定在背伸位。第二,有一些神经卡压症状的患者会进行神经转位手术。例如,尺神经前置改变了神经走向,术后一般采用肘关节屈曲位固定,这时如将肘关节伸直会造成尺神经张力过大。第三,所有的神经损伤都有可能造成关节畸形,常见的有爪形手畸形、猿手畸形、垂腕畸形等,这时就应该提前使用矫形器,防止关节畸形挛缩。

第四节
韧带损伤

韧带的结构为规则致密的胶原结缔组织,主要

由水、胶原和各种氨基酸构成,其作用是维持关节之间的稳定性,引导关节活动的方向,同时韧带本身也是一种感觉器官,富含环层小体,能够感受关节间张力,并传输至大脑。水是韧带中最多的组成部分,占韧带重量的 2/3。当韧带中水分含量发生改变后,其内部分子水平的联系也会随之变化,从而改变胶原纤维的力学环境,影响其蠕变性能,而韧带中固形物质含量最多的是胶原,占其干重的 75% 左右。其中主要为 Ⅰ 型胶原(90%)及少量的 Ⅲ 型胶原,也有网状纤维和弹性纤维。从显微结构来说,成纤维细胞之间的联系是提供韧带抗拉能力的重要因素。关节活动时,韧带起着传递张力、限制关节过度位移的作用。韧带损伤后的处理是骨科修复重建治疗中重要的组成部分。实验证明,韧带长时间制动后,其胶原降解明显高于合成;在形态学方面,由于缺少应力刺激,韧带截面积、弹性模量和拉力强度等均显著下降;在生物化学组成等方面,韧带内细胞溶酶体及粗面内质网数量增多,基质中胶原纤维的排列也明显紊乱,总密度明显下降,严重影响其生物力学特性。

韧带损伤首先会造成关节失稳和疼痛,其愈合过程一般划分为 4 个阶段:出血期、炎症期、增殖期及塑形和成熟期,这 4 个阶段在某一特定时期还会相互重叠。与一般的结缔组织类似,韧带的愈合主要是在损伤处形成瘢痕愈合,而不是真正意义上韧带组织的再生。韧带愈合的瘢痕组织中水分含量较多,且正常的直径较大的 Ⅰ 型胶原纤维被大量的 Ⅱ 型小胶原纤维所替代,而 Ⅰ 型胶原纤维是韧带承受负荷的主要成分;愈合后的韧带在细胞及胶原纤维数量、构成比例及排列形态、生化组成和生物力学等方面均与正常韧带有较大的差异,这需要韧带经过相当长的时间进行不断的修整和塑形来恢复。不同韧带,其愈合能力也有差异,临床上,膝关节单独内侧副韧带损伤后并不需要外科干预,而前交叉韧带在断裂后即使经过修复也很难愈合。这种差异引起了人们很大的关注,韧带愈合能力的差异还可能与其本身的特性、周围环境和功能上的差别等诸多因素有关,内侧副韧带良好的愈合能力还可能与膝关节的稳定性有关。当内侧副韧带合并前交叉韧带损伤后,由于膝关节丧失了代偿性的稳定机制,内侧副韧带的愈合质量明显差于内侧副韧带单独损伤组。对于同种异体的韧带移植,运用 DNA 探针技术发现同种异体髌腱中供体 DNA 在组织中迅速丢失,术后 4 周完全由受体 DNA 取代。如果是前交叉韧带,患者体内的异体移植物在术后 2 个月时即已完全被自体细胞所代替。在生物学组织方面,无论是自体还是异体移植物,在重建术后其愈合和再塑形过程基本相似,包括移植物坏死、细胞重新移居、血管重建和再塑形 4 个阶段,自体移植物再塑形可能要快于异体移植物。但从目前的研究来看,移植物即使经过长期的再塑形,也不能恢复前交叉韧带的超微结构、解剖学特征和生物力学性能,还无法从真正意义上重建正常的前交叉韧带。

韧带损伤后的固定要求需要考虑损伤部位、张力和关节功能 3 个方面。例如,PIP 关节侧副韧带损伤,急性期一般使用单指矫形器固定,后期会穿戴"兄弟指套"减少侧方应力。膝关节前交叉韧带损伤后,一般会将关节放置于伸直位,虽然韧带张力稍大,但有助于防止后期关节欠伸。

(俞 君)

第三章
头面部矫形器的应用与制作

头面部矫形器是一类比较特别的矫形器,除了像其他部位的矫形器一样起到固定、保护、矫正等作用,它的更多作用是防止和控制瘢痕增生、美容性塑形等。这与头面部特殊的解剖结构和功能有关。

面部主要是由头面部的软组织和骨骼构成。软组织包括皮肤和附属器、皮下脂肪、肌肉、筋膜组织、腺体、黏膜等。骨骼主要由颅面骨、软骨、牙齿等具有支撑功能的组织构成。面部组织大致可分为5层:皮肤、皮下脂肪、表情肌、深层的脂肪或肌肉、骨骼。

眼睑皮肤疏松而活动度大,鼻尖皮肤致密,面部皮肤薄而柔软,富有弹性,且厚度不均,含有较多的皮脂腺、汗腺和毛囊,且血供丰富。

皮下脂肪根据其分布的位置分为皮下浅脂肪室和皮下深脂肪室。皮下浅脂肪室主要分布在皮肤和表浅肌肉腱膜系统筋膜之间,彼此之间相互独立。皮下深脂肪室主要位于面部表情肌和面部骨骼之间。

面部重要的韧带结构包括颧韧带、眼轮匝肌支持韧带、咬肌韧带和下颌韧带。下颌韧带,起自下颌骨前1/3,穿过降口角肌下部止于真皮。

面部肌肉按功能和来源分为表情肌和咀嚼肌两种。表情肌按分布位置可分为5群。①颅顶肌:包括额部皮下的额肌和枕部皮下的枕肌。②外耳肌:位于耳郭周围,是退化的肌肉,包括耳上肌、耳前肌和耳后肌。③眼周围肌:位于眼眶周围,分为两层,包括浅层的眼轮匝肌、降眉肌、降眉间肌以及深层的皱眉肌。眼轮匝肌位于睑裂周围皮下,分为眶部、睑部和泪囊部,受面神经颧支和颞支支配。泪囊部位于睑部深面,起自泪骨的泪后嵴和泪囊的

深面及浅面,弓向外侧,与睑部肌纤维相互结合,作用为使眼睑紧贴于眼球上,防止异物侵入和藏于结膜囊内,同时使泪囊扩大,囊内产生负压,促进泪液的流通。④鼻肌:鼻肌不发达,包括压鼻孔肌、鼻孔开大肌和降鼻中隔肌,均由面神经颊支支配。压鼻孔肌收缩时使鼻孔缩小;鼻孔开大肌收缩时牵引鼻翼向下外方翕动,尚能使鼻孔扩大;降鼻中隔肌牵引鼻中隔下降。⑤口周围肌:分3层,包括浅层的口轮匝肌提上唇肌(又称上唇方肌)、提上唇鼻翼肌、颧大肌、颧小肌、笑肌和降口角肌;中层的提口角肌、降下唇肌;深层的颏肌以及颊肌。口轮匝肌收缩时使口裂关闭;提上唇肌收缩时上提上唇;提上唇鼻翼肌收缩时可牵引鼻翼向上,使鼻孔开大,同时使鼻唇沟加深;颧大肌收缩时牵拉口角向外上方活动,使面部表现笑容;颧小肌收缩时上提上唇;笑肌牵引口角向外侧活动,显示微笑面容;降口角肌收缩时使口角下垂;提口角肌收缩时上提口角;降下唇肌收缩时使下唇下降;颏肌收缩时上提颏部皮肤,使下唇前送;颊肌与口轮匝肌共同作用可做吹口哨、吮吸动作。

支配面部运动的神经主要来自面神经和三叉神经中的咀嚼肌支。其中,面神经负责面部表情肌的支配,咀嚼肌支负责包括咬肌、颞肌、翼内肌和翼外肌在内的咀嚼肌的支配。

面部的动脉血供主要来源于颈外动脉分支,负责面浅部血供的主要包括面动脉和颞浅动脉。面部的浅静脉主要包括面静脉和颞浅静脉。面静脉没有静脉瓣,且可通过眼静脉、眶下静脉、面深静脉以及翼丛和颅内海绵窦相通,因此面部感染可波及海绵窦引发面部感觉和眼球运动异常。面部的浅淋巴结主要包括眶下淋巴结、颊淋巴结和颌上淋巴

结。眶下淋巴结位于眶下区、鼻面沟和颧弓之间。颊淋巴结位于与口角相对的颊肌表面。颌上淋巴结位于下颌骨外侧面、咬肌前缘,面动静脉附近,主要收集眼睑、球结膜和鼻颊皮肤和黏膜的淋巴回流,注入上颌下淋巴结。

在进行面部矫形器配制前,应对头面部功能进行相关的评估,评估内容包括面部轮廓美学评估、表情评估和运动功能评估。

(1)面部轮廓美学评估:由于受到民族、种族、遗传和风俗等影响,不同地区、不同文化,审美观不同,导致对美的认识也存在差异。面部轮廓美可分为静态美和动态美。静态美的基础是组成面部的所有组织和解剖结构;动态美的基础是面部所有表情肌的协同和拮抗运动组合,从而产生了面部的各种表情。

(2)表情和运动功能评估:通过观察患者主动模仿各种面部表情和运动活动,与正常人对比判断是否存在异常,但缺乏量化标准。2012年,有学者提出面部重建术后的疗效评估标准建议(A&F评价法),根据面部形态轮廓(appearance)和面部以及五官的功能(function)评分为0~6分,对患者面部形态和功能的改善情况进行疗效评价,具体评价标准,如表3-0-1。

表3-0-1　面部重建术后的疗效评估标准建议(A&F评价法)

评分	形态轮廓美学评估	功能评估
3分	近乎正常	表情和五官近乎正常
2分	面部或五官形态正常,瘢痕较平坦柔软,颜色与周围正常软组织相似,界限不清	五官功能基本正常,表情轻度受限,不自然
1分	面部或五官轻度变形,瘢痕明显高于正常皮肤、质硬,颜色与周围正常软组织区别明显	张口受限,张口大于2指;鼻孔通气轻度受限,呼吸有阻力感;睁眼、闭眼不全;表情明显受限
0分	面部或五官明显扭曲、变形	闭口不全或张口严重受限;鼻孔阻塞;睁眼、闭眼不能;表情严重障碍

头面部常因外伤、烧伤和手术等原因导致容貌毁损和五官的功能严重受限。由于面部组织结构的特殊性,伤后瘢痕的增生和挛缩常常导致眼睑外翻、无法闭合,小口畸形或嘴唇外翻,鼻孔缩小、鼻尖或鼻翼畸形,耳郭挛缩畸形等一系列面部毁容和

功能障碍,同时给患者也带来了严重的心理问题和社会交往障碍。因此,早期介入干预,并持之以恒地进行干预能有效地预防及减少头面部损伤的后遗症,恢复容貌及五官的功能。

矫形器是常规早期介入头面部损伤的有效治疗工具。例如,使用矫形器保护头颅避免再次受到损伤,固定鼻梁骨折,矫正小口畸形、鼻孔缩小、鼻尖或鼻翼畸形、耳郭畸形,提供压力干预瘢痕,预防下颌变形,改善颞下颌关节障碍等情况。

第一节
头部矫形器

一、矫正性静止型头部矫形器

1. 常用名称　颅骨保护性头盔(helmet)、颅骨矫形器。

2. 治疗作用

(1)基本作用:开颅术后,颅骨缺失(图3-1-1A),保护颅内组织,避免再次受到损伤。

(2)附加作用:填补颅骨缺失的外形异常,增强患者自信心,改善心理情绪,提高社会参与能力。

3. 作用原理　低温热塑板材加热变软后可以较好地贴敷于头颅部,制作出与头颅外形一致的矫形器,从而避免颅内组织再次受到损伤。

4. 材料　厚度为2.4~3.2 mm、有孔、黑色的低温热塑板材,帆布扣带、尼龙搭扣和铆钉等。

5. 制作方法

(1)取样:患者取坐位或侧卧位;治疗师用透明塑料薄膜,平整地包裹颅骨缺失区,用记号笔在薄膜上描摹出矫形器所需覆盖部位的轮廓图;沿笔迹剪除多余的薄膜部分;依据薄膜图样,裁剪出所需的低温热塑板材。

(2)成型:如骨窗处头颅凹陷,成型前可使用软材料(如棉花、一次性薄膜手套或纱布等)蓬松地填满凹陷处,并把表面的形状处理成与对侧头颅对称。将软化的板材贴敷于患者头部相应部位,对热塑板材略施加牵伸进行塑形,使其外形与相应部位的颅骨形状相似,并使矫形器的边缘覆盖颅骨窗的

边缘1~2 cm,在板材与颅骨窗接合处稍微加压,使板材与颅骨窗接合处有相应的嵌合痕迹,直至板材变硬。如骨窗处较为膨隆,成型时可先对板材进行预处理,使其呈穹窿状向外膨出,避免压迫脑组织。

(3)后期加工:取下塑形后的低温热塑板材,修剪边缘,稍向外翻卷。检查矫形器与头颅的贴合程度,必要时,进行局部的重新塑形。分别安装帆布扣带和尼龙搭扣固定(最好采用黑色的固定带)(图3-1-1B)。

图 3-1-1A　颅骨缺失　　图 3-1-1B　矫正性静止型头部矫形器

图 3-1-1C　穿戴矫正性静止型头部矫形器

6. 临床适应证　颅骨缺失。

(1)特征:颅脑疾病术后,常遗留颅骨缺失的情况,颅内组织缺少颅骨保护,容易再次受到外界直接的损伤,患者易产生恐惧情绪。

(2)矫形器的特殊要求:低温热塑板材需均匀贴敷于头颅部,避免接触及压迫颅内组织;固定带要牢固,同时避免影响患者的正常呼吸。白天穿戴矫正性静止型头部矫形器,睡觉时可脱下。

(3)适配检查要点:矫形器覆盖头颅缺失区域,不压迫颅内组织及影响患者的正常呼吸(图3-1-1C)。

(4)容易出现的问题:制作过程中压迫颅内组织;固定带压迫气管,影响患者的正常呼吸;矫形器固定不牢固,容易移位。

(5)穿戴方法:可日夜穿戴。

(6)替代方法:塑料头盔、泡沫头盔。

二、保护性静止型头部矫形器

1. 常用名称　跌倒保护头盔。

2. 治疗作用

(1)基本作用:保护头颅,减少外力作用导致的头颅损伤。

(2)附加作用:增加患者的安全感及自信心,改善心理情绪,提高社会参与能力。

3. 作用原理　利用矫形器外硬内软的特征,减少外界碰撞或撞击对头颅组织的损伤,从而避免颅内组织再次受到损伤。

4. 材料　闭室海绵和固定带。

5. 临床适应证　预防跌倒时可能发生头部损伤或有头部自残行为的患者。

(1)特征:偏瘫、脑瘫和癫痫等患者有跌倒风险,颅内组织容易受到外界直接的损伤,患者易产生恐惧情绪;患者有精神或认知功能障碍,有自残行为。

(2)矫形器的特殊要求:用闭室海绵制作,可以做一些镂空处理。

(3)适配检查要点:头盔覆盖头颅所有区域,起到安全保护的作用,不影响患者的正常呼吸(图3-1-2)。

图 3-1-2　保护性静止型头部矫形器

(4)容易出现的问题:固定带压迫气管,影响患者的正常呼吸。

（5）穿戴方法：站立和步行时穿戴，睡觉时脱下。

（6）替代方法：成品头盔。

第二节
面部矫形器

一、压力面罩

1. 常用名称　低温压力面具。

2. 治疗作用

（1）基本作用：对面部施加压力，特别是五官位置，有效抑制瘢痕增生。

（2）附加作用：面部重新塑形、美容、增强患者自信心，改善心理情绪，提高社会参与能力。

3. 作用原理　通过均匀施加压力，从而抑制因外伤、烧伤等各种原因导致的瘢痕增生，进一步加速瘢痕的重塑、成熟。

4. 材料　厚度为 1.6～2.0 mm、无孔且拉伸性较好的低温热塑板材，防滑带、橡皮筋、帆布扣带、尼龙搭扣和铆钉等。

5. 制作方法

（1）取样：患者取坐位或仰卧位；治疗师用卷尺测量面部长和宽的尺寸，眼睛和眼距的大小；用记号笔在低温热塑板材上描摹出面部的尺寸图，但要比实际测量尺寸大 3～5 cm；同时标记出鼻孔或嘴巴的位置，但要比实际测量尺寸小；裁剪出所需的低温热塑板材。

（2）成型：将剪下的板材置于恒温水槽中软化后取出，用干毛巾吸干板材表面的水分，按预先标记好的位置剪出鼻孔或嘴巴部分。将板材贴敷于面部，覆盖所有瘢痕部位，抓住板材两侧缘向耳后稍牵伸，并在鼻翼两旁、眼睛、嘴巴周围等部位适当按压塑造出面部凹凸的轮廓，同时保证瘢痕处达到需要的压力值，直至板材变硬（图 3-2-1A）。

（3）后期加工：标记出眼睛、鼻孔、嘴巴的准确位置和开孔大小，取下塑形后的低温热塑板材，修剪边缘；然后，将其边缘浸在温水中，待其略变软

后，稍向外翻卷；最后留出眼睑活动的空间、鼻子呼吸及嘴巴喝水的小孔（图 3-2-1B）。检查矫形器与面部的贴合程度，必要时，进行局部的重新塑形；安装橡皮筋和尼龙搭扣固定。

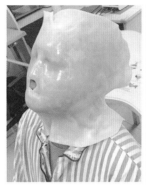 

图 3-2-1A　压力面罩　　图 3-2-1B　压力面罩
塑形过程

图 3-2-1C　穿戴压力面罩

6. 临床适应证　面部增生性瘢痕。

（1）特征：面部烧伤后组织修复过程中常有瘢痕形成，并常因瘢痕增生和挛缩导致眼睑外翻、口裂缩小或嘴唇外翻、鼻孔缩小、鼻尖或鼻翼畸形、耳郭挛缩畸形等一系列面容损毁和功能障碍，所以需要早期对瘢痕进行加压治疗。

（2）矫形器的特殊要求：要尽可能按照面部的轮廓做出立体的形状，避免对眼睛、鼻尖、鼻翼的压迫。

（3）适配检查要点：确保所有瘢痕处受压均匀且压力合适；鼻梁轮廓合适；眼睑活动不受限，呼吸通畅。

（4）容易出现的问题：面部局部受压不均匀；面罩压迫鼻梁导致疼痛。

（5）穿戴方法：压力面罩可单独使用或结合压

力头罩同时使用(图3-2-1C)。每次穿戴2~3 h后脱下清洗面罩及面部分泌物,结束后马上穿上。成人每天保证穿戴20~23 h,儿童每天穿戴8~12 h。喝水时可使用吸管完成,进餐时需要脱下面罩。

(6) 替代方法:普通低温热塑板材制作的压力面罩硬,患者穿戴不舒服,可以使用带硅胶的低温热塑板材代替。带硅胶的低温压力面罩让患者穿戴时感觉更舒服,可长时间坚持使用。或采用透明压力面罩(图3-2-2)或3D打印面罩(图3-2-3)。

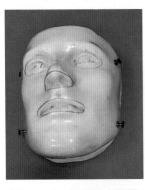 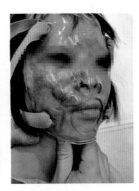

图3-2-2　透明压力面罩　　图3-2-3　3D打印面罩

二、美容矫形器

1. 常用名称　美容辅具。

2. 治疗作用

(1) 基本作用:根据面部缺失组织进行相应修补或替代,使面部重新塑形,增强患者自信心,改善心理情绪,提高社会参与能力。

(2) 附加作用:面部加压,抑制术后瘢痕增生。

3. 作用原理　低温热塑板材加热变软后有较好的变形塑形功能,根据术后面部缺失组织情况,可进行相应修补或替代。

4. 材料　厚度为1.6 mm的无孔肉色低温热塑板材,水性粘剂、胶布或肌内效贴等。

5. 制作方法

(1) 取样:患者取坐位或侧卧位;治疗师用透明塑料薄膜,平整地包裹面部缺失区,用记号笔在薄膜上描摹出矫形器所需覆盖部位的轮廓图;剪出图样,并裁剪出所需的低温热塑板材。

(2) 成型:面部凹陷处使用软材料(如纱布等)填平;将软化的板材贴敷于患者面部相应部位;对热塑板材略施加牵伸进行塑形,直至板材变硬。以

鼻部缺如为例,找到一位与患者鼻子大小相仿的模特,在相应的部位预成型,半冷却后取下,贴到患者鼻子相应的部位上。

(3) 后期加工:修剪边缘,检查贴合程度,必要时进行局部的重新塑形,尽量符合缺失组织的原样;使用水性粘剂、胶布或肌内效贴等固定。

6. 临床适应证　面部肿瘤术后组织缺失的患者。

(1) 特征:面部肿瘤的治疗复杂,一般根据患者的病变情况和全身状况来决定治疗方案,手术切除是较常选择的方法。术后往往会存在组织缺失、瘢痕等问题,常见于鼻部、嘴角、耳郭等部位(图3-2-4A)。

(2) 矫形器的特殊要求:用水性粘剂、胶布或肌内效贴固定于面部。

(3) 适配检查要点:符合缺失组织的原样,固定牢固,眼、鼻、嘴部局部不会受压过大导致相关的损伤(图3-2-4B)。

(4) 容易出现的问题:美容矫形器制作不服帖、欠美观,容易脱落。贴合剂过敏。

(5) 穿戴方法:以白天穿戴为主;休息和清洁时,脱下矫形器,结束后再穿戴。

(6) 替代方法:美容假体、3D打印填充。

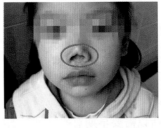 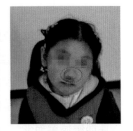

图3-2-4A　鼻子部分缺损　　图3-2-4B　美容假体

三、耳部矫形器

1. 常用名称　耳部C形夹。

2. 治疗作用

(1) 基本作用:耳郭加压,抑制瘢痕增生,预防耳道堵塞、耳部与头面部粘连,从而达到保护耳部的作用。

(2) 附加作用:耳部重新塑形、美容,增强患者自信心,改善心理情绪,提高社会参与能力。

3. 作用原理 对耳部表面软组织均匀施压，从而抑制外伤、烧伤等原因导致的增生性瘢痕，进一步加快瘢痕的重塑和成熟。

4. 材料 厚度为 1.6～2.0 mm 的无孔低温热塑板材，橡皮筋、螺丝＋螺母、C 形夹、魔术贴等。

5. 制作方法

（1）取样：患者取坐位；治疗师用卷尺测量出耳郭前后两片的长和宽尺寸，用笔在纸上描摹出耳郭的轮廓形状，但纸样尺寸比实际测量尺寸大 1.5 cm 左右；剪下纸样，在低温热塑板材上用笔描画出相应轮廓，剪出两片板材。

（2）成型：板材软化后，将其中一片板材置于耳后，一部分覆盖外耳郭后面，并使边缘露出耳郭外面，另一部分在耳根处返折，在返折处的两端稍微向耳根顶端和耳垂后窝处施加压力，使其贴合外耳郭；将另一片覆盖在外耳郭前面，板材边缘稍微超出外耳郭，用手指沿着外耳郭轻轻施压，使其均匀贴合于耳郭前面，做出耳郭凹凸的轮廓。两片板材的周围预留足够的宽度，在制作时注意使前后两片板材的边缘保持一定的距离。

（3）后期加工：取下塑形后的低温热塑板材，修剪边缘；低温热塑板材需均匀地贴敷于整个耳部，尽量覆盖所有瘢痕，耳道需留出适当的孔，保证基本的听觉功能。在矫形器前后片边缘恰当的位置打上相对应的孔，方便拧上螺丝或穿橡皮筋（通过螺丝＋螺母，或橡皮筋把矫形器前后片连接在一起，并使矫形器的前后片把耳郭夹住）（图 3-2-5）。

6. 临床适应证 耳部瘢痕。

（1）特征：耳部烧伤、术后瘢痕增生，容易导致耳部瘢痕挛缩变形，所以需要早期对瘢痕进行加压治疗。

（2）矫形器的特殊要求：使用橡皮筋、螺丝＋螺母、C 形夹、魔术贴等固定，通过调节两片板材之间的距离来调节矫形器对耳部瘢痕的压力。

（3）适配检查要点：耳部压力均匀并且达到需要的压力要求，避免局部压力过大，特别是耳屏、耳轮等部位；耳部瘢痕全部得到处理；不影响正常听力功能。

（4）容易出现的问题：耳部瘢痕压力不足；耳部压力过大，引起患者疼痛或其他不适感。

（5）穿戴方法：每次穿戴 3～4 h 后脱下清洗矫形器及分泌物，结束后马上穿上，每天保证穿戴 22～23 h，直至瘢痕成熟。

（6）替代方法：泡沫材料制作的耳部矫形器、3D 打印耳部矫形器（3-2-6）。

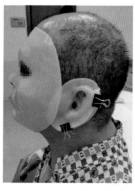 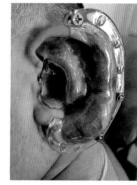

图 3-2-5　耳部矫形器　　图 3-2-6　3D 打印耳部矫形器

四、鼻部矫形器

（一）鼻部保护矫形器

1. 常用名称 鼻部保护矫形器（nasal protective orthoses），又称工字架、鼻部固定矫形器、鼻支架等。

2. 治疗作用

（1）基本作用：在压力处理过程中，避免鼻部压迫变形；同时增强鼻部压力治疗效果；避免鼻部骨折愈合过程中二次损伤。

（2）附加作用：鼻部重新塑形、美容，增强患者自信心，改善心理情绪，提高社会参与能力。

3. 作用原理 鼻部保护矫形器支撑鼻部，较好地保护鼻部，避免受压变形，可以保证正常的呼吸；同时，也可针对鼻部增生性瘢痕，均匀地施加压力，促进瘢痕重塑、成熟。也可避免鼻部骨折愈合过程中发生二次损伤。

4. 材料 厚度为 1.6～2.0 mm 的无孔低温热塑板材，橡皮筋、魔术贴等。

5. 制作方法

（1）取样：患者取坐位或侧卧位；治疗师用透明塑料薄膜平整地包裹额部、鼻部和面颊部，用记号笔在薄膜上描摹出矫形器所需覆盖部位的轮廓图；沿笔迹剪除多余的薄膜部分（图 3-2-7A）；裁剪出所需的低温热塑板材。

（2）成型：板材软化后，将其贴敷于患者额部、鼻部和面颊部相应部位，对热塑板材略施加牵伸进行塑形，直至板材变硬。

（3）后期加工：取下塑形后的低温热塑板材，进行边缘修剪；检查矫形器与鼻、面部的贴合程度，必要时，进行局部的重新塑形，注意保持鼻孔的通气正常（图3-2-7B）。

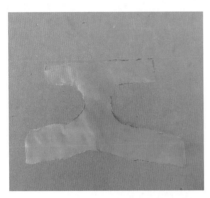

图 3-2-7A　鼻部保护矫形器纸样

 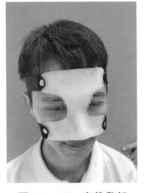

图 3-2-7B　鼻部保护　　　图 3-2-7C　穿戴鼻部
矫形器　　　　　　　保护矫形器

6. 临床适应证

（1）面部、鼻部增生性瘢痕

1）特征：面部和鼻部烧伤后，因瘢痕增生和挛缩，容易产生小口畸形、嘴角歪斜、鼻孔变小、眼睑闭合困难等一系列面部畸形，所以需要早期对瘢痕进行加压治疗，在加压过程中，鼻部容易受到较大压力，故需进行相应保护。

2）矫形器的特殊要求：如果鼻孔周围组织也有瘢痕，最好与另一个鼻孔支撑矫形器配合使用。因此类矫形器一般需要与弹力布类压力头套一起使用（鼻部矫形器放在弹性压力面罩里面），故矫形

器的边缘要特别光滑并进行翻边处理，避免压迫软组织。

3）适配检查要点：确保整个鼻部压力均匀一致，避免鼻孔被堵和眼部局部受压（图3-2-7C）。

4）容易出现的问题：鼻梁正中、鼻梁两侧、鼻翼及鼻翼沟部位压力不均匀；鼻孔被压扁。

5）穿戴方法：每次穿戴 3～4 h 后脱下清洗矫形器及分泌物，进行口颜面部运动，结束后马上穿上，每天保证穿戴 22～23 h，直至瘢痕成熟。进食和洗漱时取下矫形器。

6）替代方法：3D打印面罩。

（2）鼻骨骨折或隆鼻术后患者

1）特征：鼻骨骨质薄而宽且缺乏周围骨质的支撑，比较脆弱，易发生骨折。鼻部骨折后，愈合过程中容易再次受到损伤，故需进行相应保护。

2）矫形器的特殊要求：鼻骨骨折所用的鼻部保护矫形器在制作时可以尽量保持矫形器对鼻梁两侧鼻骨的对称性支撑，而矫形器与鼻梁、鼻根处对应的部位可适当与其之间留有 1 mm 左右空隙，避免穿戴时对其造成压迫。矫形器的鼻翼处可以适当宽松。用橡皮筋、魔术贴等固定于头面部。

3）适配检查要点：确保骨折固定牢固，整个鼻部压力均匀一致，同时避免骨折处或鼻假体压力过大、鼻孔被堵及眼部受压。

4）容易出现的问题：鼻梁正中、鼻梁两侧、鼻翼及鼻翼沟部位压力不均；鼻孔被压扁。

5）穿戴方法：全天穿戴固定，根据损伤严重程度持续穿戴 4～12 周，直至骨折愈合。

6）替代方法：3D打印鼻部保护矫形器。

（二）鼻孔支撑矫形器

1. 常用名称　鼻孔扩张器、鼻孔支架

2. 治疗作用

（1）基本作用：预防和矫正面部及鼻部烧伤后瘢痕增生导致的鼻孔缩小的畸形。

（2）附加作用：无。

3. 作用原理　把矫形器置于缩小的鼻孔内，持续撑开鼻孔，从而可以最大限度地预防和矫正小鼻孔畸形。

4. 材料　厚度为 1.6～2.0 mm 的无孔低温热塑板材。

5. 制作方法

（1）取样：患者取坐位或侧卧位；治疗师使用直尺测量鼻孔的直径，依据测量结果，裁剪出一长略大于鼻孔周长、宽略大于鼻前庭深度的长方形低温热塑板材。

（2）成型：将剪下的板材置于恒温水槽中软化后取出；用干毛巾吸干板材表面的水分，将其贴敷于相应大小的圆锥状柱子表面，贴合板材两边，裁剪多余的边缘，直至板材变硬。

（3）后期加工：取下塑形后的圆锥状板材；修剪鼻孔支撑矫形器，使其长度为 1.5~2.5 cm；直径较大的一端与鼻孔边缘接触的部分进行翻边处理，避免支撑矫形器完全塞入鼻孔，但贴近鼻孔下方与上唇交界处的边缘则不做翻边处理。直径较小的一端需要做光滑处理，避免刺激鼻前庭黏膜（图3-2-8A）。

图 3-2-8A　鼻孔支撑矫形器　　图 3-2-8B　穿戴鼻孔支撑矫形器

6. 临床适应证　鼻部增生性瘢痕。

（1）特征：面部、鼻部烧伤后，因瘢痕增生和挛缩，容易发生鼻缩小畸形，把矫形器置于鼻孔内，撑开鼻孔，从而可以最大限度地预防小鼻孔畸形。

（2）矫形器的特殊要求：用于瘢痕挛缩的鼻孔支撑矫形器应包含大、中、小2~3种型号。患者穿戴时，先选择合适的小号的矫形器，等鼻孔被扩大后再逐渐使用中号或大号的鼻孔支撑矫形器。

（3）适配检查要点：注意保持鼻孔通畅，避免鼻孔被堵引起呼吸困难；矫形器边缘要光滑，避免损伤鼻腔黏膜（图3-2-8B）。

（4）容易出现的问题：使用的鼻孔支撑矫形器型号太小，容易掉落。

（5）穿戴方法：每次穿戴1~2 h后脱下清洗矫形器及分泌物，建议每天穿戴15~20 h，直至瘢痕成熟。

（6）替代方法：硅胶黏土制作的鼻孔扩张器或软管。

五、口部矫形器

（一）口部静态矫形器

1. 常用名称　静态开口器、静态撑口器、插入式口部矫形器。

2. 治疗作用

（1）基本作用：撑开口部左右和上下的张开范围，预防或矫正口面部瘢痕导致的小口畸形或口部周围软组织挛缩，改善进食功能。

（2）附加作用：扩大口部活动度，促进患者的交流，增加面部表情等功能；改善心理情绪，提高社会参与能力。

3. 作用原理　通过持续牵伸口部周围组织，让组织发生应力松弛，矫正、预防和改善小口畸形和口部周围软组织挛缩。

4. 材料　厚度为 3.2 mm 的无孔低温热塑板材。

5. 制作方法

（1）取样：患者取坐位或侧卧位；治疗师使用直尺测量患者最大张口位时，口裂长和宽的数据。依据测量结果，裁剪出一长方形的低温热塑板材。

（2）成型：将软化的长方形板材卷成一个与患者张开的口部类似尺寸的长椭圆形圈（比实际测量尺寸大0.5 cm左右），把板材重叠部分用力捏紧，一端开口稍大于另一端，并把开口较大的一端进行翻边处理，裁剪多余的边缘，直至板材变硬。把开口小的一端稍微加热让其稍微软化，放入患者口中，在靠近内侧端的板材上塑出牙齿对应的凹槽，使穿戴时牙齿和颞下颌关节可以更舒适。

（3）后期加工：取下初步塑形的口部矫形器，做边缘光滑处理（图3-2-9A）。

图 3-2-9A　口部静态矫形器　　图 3-2-9B　穿戴口部静态矫形器

6. 临床适应证　口部周围瘢痕增生的患者。

（1）特征：口部周围因烧伤或外伤后，口部瘢痕增生、挛缩，容易导致小口畸形或唇外翻畸形，所以需要早期对口部进行预防性治疗，矫正小口畸形或唇外翻畸形。

（2）矫形器的特殊要求：必须包含大、中、小2～3种型号。患者穿戴时，先使用型号小的，口部被扩大后再逐渐使用中号或大号的口部静态矫形器。

（3）适配检查要点：确保可达到充分牵伸口部的效果，但又不能引起患者的不适；矫形器边缘要光滑，避免损伤口腔黏膜（图3-2-9B）。

（4）容易出现的问题：使用的口部静态矫形器型号太小，容易掉落；每次穿戴时间过久，导致颞下颌关节疼痛。

（5）穿戴方法：建议使用纱布包裹矫形器一起使用，每次穿戴40～80 min后脱下清洗矫形器及分泌物，进行口部运动训练，结束后马上穿上。进食、刷牙和讲话时取下，建议每天穿戴12～15 h，直至瘢痕成熟。

（6）替代方法：口部张开动态矫形器或达到牵伸效果的其他材质物品。

（二）口部张开动态矫形器

1. 常用名称　动态开口器、动态撑口器、弹簧式口裂矫形器。

2. 治疗作用

（1）基本作用：牵伸口角周围瘢痕，使口角的口裂增大，预防或矫正口面部瘢痕导致的小口畸形或口部周围软组织挛缩，改善进食功能。

（2）附加作用：扩大口部活动，促进患者的交流，增加面部表情等功能；改善心理情绪，提高社会参与能力。

3. 作用原理　通过持续牵伸口角周围组织，让组织发生应力松弛，矫正、预防和改善小口畸形和口角周围软组织挛缩。

4. 材料　厚度为2.4～3.2 mm的无孔低温热塑板材，17～19号弹簧钢丝。

5. 制作方法

（1）取样：患者取坐位或侧卧位，治疗师使用直尺测量口部最大张开位时，口角宽度的数据。

（2）成型：依据此数据，使用17～19号弹簧钢

丝制作弹簧圈（图3-2-10A），弹簧圈外侧固定部分使用无孔低温热塑板材进行加宽固定处理，宽度为1.0～1.5 cm。

（3）后期加工：矫形器进行边缘磨滑处理，长度为两口角间实际测量的长度减0.5 cm左右（图3-2-10B）。

图3-2-10A　弹簧圈制作图　　图3-2-10B　口部张开动态矫形器

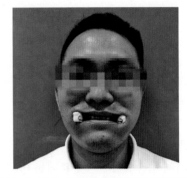

图3-2-10C　穿戴口部张开动态矫形器

6. 临床适应证　口部周围瘢痕增生的患者。

（1）特征：口部周围因烧伤或外伤后，口角周围瘢痕增生、挛缩，容易导致小口畸形或唇外翻畸形，所以需要早期对口部进行预防性治疗，矫正小口畸形或唇外翻畸形。

（2）矫形器的特殊要求：弹簧圈需要绕2.5圈，同时弹簧圈要与牵伸口角的力学方向成90°。

（3）适配检查要点：确保达到牵伸口角的效果，但又不能引起患者的不适；矫形器边缘要光滑，避免损伤口腔黏膜（图3-2-10C）。

（4）容易出现的问题：口部张开动态矫形器制作的尺寸过大，容易导致口角处疼痛或黏膜破损。

（5）穿戴方法：患者穿戴时，先稍微弯曲弹簧方便穿戴，每次穿戴40～60 min后脱下清洗矫形器及分泌物，结束后马上穿上，每天穿戴8～10次，逐渐延长穿戴时间，睡觉时不建议使用，直至瘢痕成熟。

（6）替代方法：口部静态矫形器或达到牵伸效果的其他材质物品。

（三）张口矫形器

1. 常用名称　牙关紧闭矫形器（anti-trismus orthoses）、动力型张口矫形器、开口器、撑口器。

2. 治疗作用

（1）基本作用：撑开紧闭的牙关，矫正无法主动张口的口部畸形，促进进食。

（2）附加作用：促进交流等功能；改善心理情绪，提高社会参与能力。

3. 作用原理　矫形器通过持续的牵伸，使颞下颌关节周围的组织进行最大牵伸，达到应力松弛效应，从而撑开紧闭的牙关，增大主动张开口腔的范围。

4. 材料　厚度为 2.4～3.2 mm 的无孔低温热塑板材，17～19 号弹簧钢丝。

5. 制作方法

（1）取样：患者取坐位或侧卧位；治疗师使用直尺测量最大张口位时，上下牙齿间隙的距离数据。

（2）成型：依据此数据，使用 17～19 号弹簧钢丝绕 2～3 圈制作弹簧圈，牙关紧闭矫形器共有 3 个弹簧圈，两边各 1 个，中间 1 个，如 W 形，每个弹簧圈间的长度为 1.0～2.0 cm（图 3-2-11A）。两边弹簧圈外侧固定部分使用无孔低温热塑板材进行加宽固定，宽度为 1.5～2.5 cm。

（3）后期加工：矫形器进行边缘磨滑处理，长度为上下牙齿间隙长度减 0.5 cm（图 3-2-11B）。

图 3-2-11A　弹簧圈
制作图　　　　　　　　图 3-2-11B　牙关紧
　　　　　　　　　　　闭矫形器

6. 临床适应证　张口困难患者。

（1）特征：鼻咽癌放疗后或破伤风等导致颞下颌关节僵硬，无法正常张口完成进食或交流活动，严重影响患者的自信心和生活质量。

（2）矫形器的特殊要求：如果患者牙齿间隙小于 2 cm，不能使用此矫形器时，建议使用压舌板。

（3）适配检查要点：确保达到充分牵伸颞下颌关节的效果，但又不能引起患者的不适；矫形器边缘要光滑，避免损伤口腔黏膜（图 3-2-11C）。

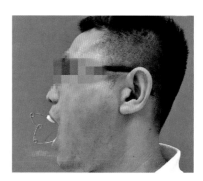

图 3-2-11C　穿戴牙关紧闭矫形器

（4）容易出现的问题：牙关紧闭矫形器制作的尺寸过大或穿戴时间过长，导致颞下颌关节疼痛或黏膜破损。

（5）穿戴方法：建议患者每次进餐前使用，先捏住弹簧，使矫形器的上下两片距离靠近，放入口中，调整位置，使上下牙齿与矫形器上下凹槽对应。穿戴牙关紧闭矫形器时，可让患者适当做"咬牙-保持数秒-张口"的动作。每次穿戴 30～40 min，每天穿戴 4～5 次，逐渐延长穿戴时间，睡觉时不建议使用。

（6）替代方法：压舌板或口部静态矫形器。

六、下颌关节矫形器

1. 常用名称　下颌托、颞下颌关节矫形器、下颌骨固定矫形器。

2. 治疗作用

（1）基本作用：调整颞下颌关节的咬合功能，使牙齿适应颞下颌关节的变化，减轻面部肌肉的疼痛。调整或协助维持关节的正常运动模式，恢复关节的正常功能。固定下颌骨的骨折处，促进骨折愈合。

（2）附加作用：让受损的颞下颌关节恢复正常或接近正常的运动、舒适和稳定功能，进行进食、交流等活动。

3. 作用原理　通过矫形器保持或调整下颌骨

的位置,使颞下颌关节的关节窝对位更吻合,平衡关节腔的压力,缓解疼痛,改善颞下颌关节的功能,最大限度地恢复颞下颌关节的正常生理结构及功能。

4. 材料 厚度为 2.0～2.4 mm 的无孔低温热塑板材,防滑带、橡皮筋、魔术带。

5. 制作方法

(1) 取样:患者取坐位或仰卧位;治疗师用透明塑料薄膜平整地包裹下颌区,用记号笔在薄膜上描摹出矫形器所需覆盖部位的轮廓图;沿笔迹剪除多余的薄膜部分;依据薄膜图样,裁剪出所需的低温热塑板材。

(2) 成型:将软化的板材贴敷于患者下颌区相应部位;双手分别抓住低温热塑板材两侧,并沿脸颊向颞下颌关节方向牵拉,然后用手掌均匀抚按板材,略施压力,使其与下颌表面软组织贴合,直至板材变硬。

(3) 后期加工:取下塑形后的低温热塑板材,进行边缘修剪;检查确保矫形器覆盖全下颌,使用防滑带或橡皮筋或魔术带等固定,固定带需要达到充分固定的效果(图 3-2-12A),避免影响患者正常呼吸、进食、咀嚼、吞咽等功能。

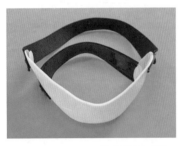 

图 3-2-12A　下颌关节矫形器　　图 3-2-12B　穿戴下颌关节矫形器

6. 适应证

(1) 颞下颌关节紊乱综合征

1) 特征:颞下颌关节紊乱综合征(temporomandibular joint disorder syndrome)是口腔颌面部最常见的疾病,临床表现复杂多变,治疗方法也各异。主要表现为颞下颌关节区疼痛、运动时关节处弹响、下颌运动障碍等。

2) 矫形器的特殊要求:颞下颌关节紊乱综合征矫形器两侧端的长度应达颞下颌关节下约

2 cm,确保口部张闭时可有效地维持颞下颌关节的正确位置;矫形器两侧通过两条防滑带分别固定于颈部和头顶处(图 3-2-12B),方便进食和说话时下颌关节的正常活动。

3) 适配检查要点:确保矫形器能缓解颞下颌关节紊乱综合征的症状,不影响患者正常呼吸、进食、咀嚼、吞咽等功能。

4) 容易出现的问题:下颌部和颈部受压。

5) 穿戴方法:建议固定 2～3 周以限制下颌关节运动,口部开口活动不宜超过 3 cm,特别是进餐和打哈欠时。每次穿戴 3～4 h 后脱下清洗矫形器及分泌物,结束后马上穿上,建议每天穿戴 22～23 h,直至颞下颌关节稳定。

6) 替代方法:成品下颌固定带。

(2) 下颌骨骨折术后

1) 特点:因下颌骨解剖位置的关系,位于面下 1/3,其骨折发生率占颌面骨折的首位。因此,其治疗原则是重建其解剖形态和恢复正常的咬合关系,治疗方法是根据患者的年龄、骨折类型、全身情况等选择不同手术入路与固定方式。下颌骨骨折的治疗具有重要的意义,其不但严重影响患者的功能,而且影响患者的面部外形,对患者的生存质量影响较大。

2) 矫形器的特殊要求:下颌骨骨折使用的下颌固定型矫形器要求完全覆盖下颌骨骨折处,确保下颌骨骨折处被固定,口部张闭时可有效固定下颌骨在正确位置;矫形器两侧通过两条防滑带分别固定于颈部和头顶处,方便进食和说话时下颌关节的适当活动。

3) 适配检查要点:确保矫形器能固定下颌骨骨折,不影响患者正常呼吸、进食、咀嚼、吞咽功能。

4) 容易出现的问题:下颌部和颈部受压。

5) 穿戴方法:建议固定 4～6 周以限制下颌关节运动,口部开口不宜超过 3 cm,特别是进餐和打哈欠时。每次穿戴 3～4 h 后脱下清洗矫形器及分泌物,结束后马上穿上,建议每天穿戴 22～23 h,直至下颌骨骨折稳定。

6) 替代方法:成品下颌固定带。

(3) 颞下颌关节脱位

1) 特征:颞下颌关节脱位是一种常见的脱位

类型,很多因素均可导致,脱位的类型比较多,主要包括上脱位、后脱位、前脱位和内外侧脱位,颞下颌关节前脱位是常见的颞下颌关节脱位类型。颞下颌关节前脱位在临床上很常见,主要是患者受到外力的作用、用力咀嚼、外科拔牙等导致的,也有一些患者大笑和打哈欠也会导致颞下颌关节前脱位,患者一旦发生颞下颌关节前脱位,将会导致患者的下颌关节不能正常运动,进而出现语言障碍和咀嚼障碍等,影响患者进食,如果没有及时采取有效的治疗,甚至会影响患者的咀嚼肌,导致关节水肿。

2)矫形器的特殊要求:颞下颌关节脱位矫形器的两侧端长度应达颞下颌关节下方约 2 cm 处,确保口部张闭时可有效维持颞下颌关节的正确位置;矫形器两侧通过两条防滑带分别固定于颈部和头顶处,方便进食和说话时下颌关节的正常活动。

3)适配检查要点:确保矫形器能有效避免颞下颌关节再次出现脱位,不影响患者正常呼吸、进食、咀嚼、吞咽功能。

4)容易出现的问题:下颌部和颈部受压。

5)穿戴方法:复位成功后,建议患者使用下颌关节矫形器固定 2～3 周以限制下颌运动,开口不宜超过 1 cm,4～6 周限制开口不宜超过 3 cm,特别是进餐和打哈欠时。每次穿戴 3～4 h 后脱下清洗矫形器及分泌物,结束后马上穿上,建议每天穿戴 22～23 h,直至颞下颌关节稳定。

6)替代方法:成品下颌固定带。

(4)睡眠呼吸暂停综合征

1)特征:睡眠呼吸暂停综合征(sleep apnea syndrome,SAS)是指在 7 h 夜间睡眠中反复呼吸暂停在 30 次以上或睡眠呼吸紊乱指数在 5 次以上,每次呼吸暂停持续 10 s 以上。呼吸暂停分为阻塞型、中枢型和混合型。阻塞型睡眠呼吸暂停综合征以睡眠时上气道反复阻塞为特征,其阻塞部位多发生于口咽部。患者常常因下颌平面陡、下颌后缩或

小下颌的倾向导致舌骨向后向下移位,舌体也相应后移变厚,直接使舌后气道更为狭窄,这为运用下颌矫形器改变下颌位置、改善并阻断阻塞型睡眠呼吸暂停综合征的发生提供了治疗依据。

2)矫形器的特殊要求:穿戴下颌关节矫形器和下颌前移矫形器是治疗睡眠呼吸暂停综合征的常见方法。下颌前移矫形器由 3 条 2.5 cm 宽的防滑带缝合制作而成(图 3-2-13A),应注意调整防滑带的松紧,使其既能有效使下颌前移,又不影响患者的正常呼吸功能。

3)适配检查要点:确保矫形器既能有效使下颌前移,缓解睡眠呼吸暂停综合征的症状,又不影响正常呼吸功能(图 3-2-13B)。

4)容易出现的问题:下颌部和颈部受压。

5)穿戴方法:建议患者仅在睡眠时穿戴,治疗操作简单、无创,治疗依从性高。

6)替代方法:成品下颌固定带。

 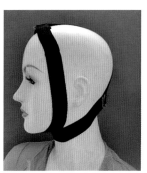

图 3-2-13A　下颌前移矫形器　　图 3-2-13B　穿戴下颌前移矫形器

鼻孔支撑矫形器　　鼻部保护矫形器　　压力面罩

(黎景波　杨颖平)

第四章

脊柱矫形器

脊柱矫形器的主要治疗目的是维持脊柱正常生理曲度、稳定脊柱病变关节、减少或免除脊柱承重、支持躯干麻痹肌肉、限制脊柱畸形发展和矫正躯干畸形。脊柱矫形器多为静止型矫形器，根据脊柱不同病损部位分别作用于颈部、颈胸部、胸腰部、腰骶部、胸腰骶部乃至整个脊柱。

在配制脊柱矫形器前应仔细阅读X线片和CT等影像学资料，并结合视、触、扣、动等功能评估方法，包括对脊柱生理曲度的改变、侧凸、椎体旋转及脊柱前屈、后伸、左右侧弯、旋转的活动度和各椎体是否存在压痛、叩击痛等情况进行相关评估。

第一节
颈部矫形器

颈部矫形器主要有支撑、固定、保护和提醒姿势保持的作用。其主要材料有硬质、半硬质和软性的，治疗师应根据治疗目的的不同加以选择。

一、单片式颈部固定型矫形器

1. 常用名称　围领或颈托。

2. 治疗作用

（1）基本作用：①维持颈部正常生理曲度，避免颈部过度屈曲；②减轻椎体间压力；③控制颈椎在允许的范围内活动；④固定颈椎，促进骨折及相关软组织愈合。

（2）附加作用：无。

3. 作用原理　向软组织适当加压，提供固定和保护作用。

4. 材料　拉伸性和服帖性较好的厚度为

3.2mm的低温热塑板材，魔术贴。

5. 制作方法

（1）取样：测量下颌部水平位的围长、颈部中间位的围长、两锁骨中点间的距离和颈部固定高度，按尺寸画出纸样（图4-1-1A）；根据图纸裁剪板材，板材料的两端一般需加长2cm左右。

（2）成型：患者最好取坐位，颈部套上棉质保护套。助手协助固定患者的头部。治疗师站在患者身后，把加热软化的板材从下颌及颈前部向后塑形，稍用力向后牵拉，使板材尽可能与体表贴合，并留出喉结活动的空间，在锁骨处适当进行免荷处理。在塑形过程中尽可能让板材表面保持光滑平整，待冷却后取下。

（3）后期加工：修剪多余边缘，在矫形器后面开口处安装魔术贴（图4-1-1B）。

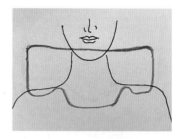 

图4-1-1A　纸样　　图4-1-1B　单片式颈部固定型矫形器

6. 临床适应证

（1）颈椎骨折、颈椎脱位及颈部术后

1）特征：颈椎骨折后主要表现为颈部疼痛，活动受限或异常。如伴有脊髓损伤，引起四肢瘫痪，出现四肢运动和感觉功能的减退或丧失、大小便失禁等功能障碍，一般需进行切开复位内固定术。

2）矫形器的特殊要求：前面下缘达胸骨体上

缘、上缘达枕骨粗隆以上,后面下缘达 T_2 下缘、上缘达下颌前。上颈椎骨骨折和脱位者,前面应包住下颌前面一半左右。颈部保持中立位。

3) 适配检查要点:①矫形器边缘要光滑,以免磨损皮肤;②矫形器不能对骨折部位造成压迫;③矫形器要有足够的支撑度和稳定性,以免造成颈椎的二次损伤。

4) 容易出现的问题:局部产生压迫、擦伤或刮伤。

5) 穿戴方法:穿戴时由他人协助,用手掰开矫形器后面开口,从前往后穿戴,早期最好每天 24 h 持续穿戴约 6 周,或与手术医师沟通决定。

6) 替代方法:市售的由聚氨酯泡沫材料制成的两片式颈托(图 4-1-2)或市售的具有良好支撑性、与生理曲度相吻合的。

 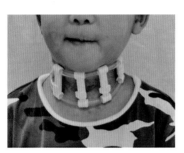

图 4-1-2　泡沫颈托　　图 4-1-3　可调节高度的防瘢痕颈托

(2) 颈部瘢痕挛缩

1) 特征:由烧伤等引起的颈部瘢痕挛缩常导致颈部姿势异常、活动受限,如颈部前方瘢痕常导致颈部屈曲畸形、抬头困难,甚至牵拉面部皮肤导致唇外翻;颈部侧边的瘢痕可导致斜颈,甚至口角歪斜。应早期加以预防和矫正。

2) 矫形器的特殊要求:成型时尽量拉紧板材,使板材与瘢痕完全接触,如果瘢痕在颈侧,应在矫形器的同侧增加高度,以预防矫正颈部向瘢痕侧侧屈。矫形器后部可以适当剪掉部分板材,使颈后部有一个开口,这样可以用魔术贴调节整个颈托的松紧度。

3) 适配检查要点:对瘢痕形成合适的压力,不影响吞咽和呼吸功能。

4) 容易出现的问题:压迫喉结或对瘢痕未形成合适的压力。

5) 穿戴方法:尽可能地持续穿戴,间歇取下,活动颈部。

6) 替代方法:市售可调节高度的防瘢痕颈托(图 4-1-3)。

二、两片式颈部固定型矫形器

1. 常用名称　两片式固定型颈托。

2. 治疗作用

(1) 基本作用:固定颈椎,促进骨折及相关软组织愈合;减轻椎体间压力。

(2) 附加作用:无。

3. 作用原理　支撑软组织,适当加压,提供固定和保护作用。

4. 材料　拉伸性和服帖性较好的、厚度为 3.2 mm 的低温热塑板材,魔术贴。

5. 制作方法

(1) 取样:测量下颌部水平位的围长、颈部中间位的围长,两锁骨中外 1/3 交界点的距离和唇下缘到胸骨柄的距离(前片高度),枕骨粗隆到 T_2 棘突的距离(后片高度)。取各围长的 1/2 加 2 cm 为宽度,按尺寸画出纸样,并剪出板材(图 4-1-4A)。

(2) 成型:患者最好取坐位,颈部套上棉质保护套。助手协助固定患者的头部。治疗师站在患者身后,把加热软化的板材从下颌及颈前部向后塑形,稍用力向后牵拉,使板材尽可能与体表贴合,并留出喉结活动的空间,在锁骨处适当进行免荷处理。在塑形过程中尽可能地让板材表面保持光滑平整,待冷却后取下。先成型前片,后成型后片。

(3) 后期加工:修剪多余边缘,在矫形器后面开口处安装魔术贴(图 4-1-4B)

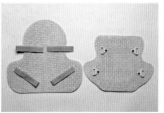 

图 4-1-4A　半成品板材　　图 4-1-4B　两片式固定型颈托

6. 临床适应证

(1) 高位颈椎骨折术后或脱位整复后

1) 特征:高位颈椎骨折术后,根据手术入路及损伤的软组织不同,虽然椎骨有内固定,仍需外固定加以稳固。脱位整复后软组织愈合也需要一定时间固定和保护。

2) 矫形器的特殊要求:给头部足够的支撑,前屈、后伸、侧屈、旋转等功能都必须受到限制。

3) 适配检查要点:固定要牢固,不影响呼吸、进食和说话。

4) 容易出现的问题:穿戴不应当影响固定保护的效果,长时间穿戴会代偿颈部肌肉的力量。

5) 穿戴方法:骨折和错位者需24 h持续穿戴,骨折固定6周后复查,错位固定3~4周。

6) 替代方法:无。

(2) 运动神经元病

1) 特征:运动神经元病是一类进行性发展的神经系统疾病,后期会影响颈部肌肉和呼吸肌。颈部肌肉受影响时,颈部肌肉萎缩无力,头部无法得到支撑,常呈低垂状态,严重影响患者全身姿势、步态平衡和日常生活活动。

2) 矫形器的特殊要求:矫形器能有效地支撑头部重量,使其保持正确姿势,最好允许颈部旋转,以利于步行时观察环境。因此,根据患者颈部无力的程度,颈后肌还有残存肌力者颈托上缘只需到下颌下即可,给头部适当的支撑,但允许头部旋转,可以使用海绵颈围。如颈部肌肉无力比较严重,完全无法支撑头部者,颈托前面上缘必须包住整个下颌,后方上缘要达枕骨粗隆,最好用低温热塑板材制作。

3) 适配检查要点:同上。

4) 容易出现的问题:同上。

5) 穿戴方法:白天穿戴,间歇取下进行颈部运动,洗漱时可取下。

6) 替代方法:市售泡沫颈托。

三、限制型颈部矫形器

1. 常用名称　提示型颈托、青少年上肢远端肌萎缩(平山病)颈托。

2. 治疗作用

(1) 基本作用:防止颈部过度屈曲,提示使用者主动调整颈部姿势。

(2) 附加作用:缓解颈部疼痛。

3. 作用原理　通过提示达到主动调整姿势的目的。

4. 材料　低温热塑板材、魔术贴、海绵垫。

5. 制作方法

(1) 取样:测量颈部宽度、颌颈交界处到锁骨头和胸骨柄的距离,画出纸样(图4-1-5A),并按纸样剪出板材,加热软化。

(2) 成型:患者取去枕平卧位;治疗师把软化的板材放在颈前及胸前区,使板材的上缘对准颈颌交界处,板材下半部贴紧胸前区;在板材的锁骨处做免荷处理,板材的上半部分不要贴紧颈部,整体离开颈部皮肤约1指厚,板材上缘适当向外翻卷,待其冷却。

(3) 后期加工:患者坐起,把成型好的矫形器放在颈前相应的位置,用卷尺从矫形器下缘对应胸骨旁的位置开始向上绕过颈后再回到另一侧胸骨旁下缘处,此为魔术贴毛面的长度。按尺寸剪出毛面魔术贴,同法绕过矫形器颈后部,并调整位置使魔术贴与颈部矫形器之间平顺服帖,用圆珠笔描出毛面魔术贴在矫形器上对应的最佳位置,按此位置粘贴钩面魔术贴。完成后如图4-1-5B。

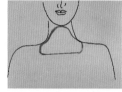 

图4-1-5A　纸样　　　图4-1-5B　提示型颈托

6. 临床适应证　平山病等。

(1) 特征:平山病主要临床表现为手内肌萎缩无力,发病机制与下颈段硬脊膜结构异常有关,低头屈颈时硬脊膜会挤压下颈段脊髓向前,导致脊髓受到椎体后缘的压迫。戴颈托是防止疾病进一步发展的重要手段。

(2) 矫形器的特殊要求:限制颈前屈范围,使其最大屈曲角度不超过30°,但不限制颈部的其他运动,包括旋转和后仰。

(3) 适配检查要点:颈部屈曲最大角度不超过30°,不影响呼吸和吞咽,不影响颈部旋转。

（4）容易出现的问题：颈部屈曲范围过大或过小、上缘摩擦皮肤。

（5）穿戴方法：白天持续穿戴，夜间可取下，但是必须在起床前先穿戴好才起床，睡觉前躺到床上后再取下。

（6）替代方法：手术治疗。

四、颈部可调节型矫形器

1. 常用名称　成品颈胸可调节型矫形器。

2. 治疗作用

（1）基本作用：固定、保护颈椎和上胸椎；矫正颈部和颈胸交界段脊柱畸形。

（2）附加作用：颈椎牵引。

3. 作用原理　通过连接于下颌托和肩胸片中间的金属杆调节肩胸片与下颌托之间的距离和两侧金属杆的长短比，以控制侧屈方向，矫正颈部侧屈（斜颈）。

4. 材料　可调节高度的金属杆、硬塑材料及固定螺丝、固定带等。

5. 制作方法　此类矫形器一般成品使用较广泛，金属部件较多，与身体接触面积较少，需要高温板材才能达到所需强度，制作比较复杂，成品矫形器完全能满足临床需求（图4-1-6）。

图 4-1-6　颈部可调节型矫形器

6. 临床适应证

（1）斜颈畸形和颈胸段脊柱畸形

1）特征：包括肌性斜颈和特发性脊柱侧弯引起的颈部或颈胸段脊柱侧弯畸形。肌性斜颈表现为头部侧屈、头部旋转等姿势异常和头颅不对称等问题。胸段的特发性脊柱侧弯通常同时出现颈段脊柱的侧弯，形成S形，常伴有两肩不等高。严重者不但影响美观，还出现有头、颈、肩、背、手臂酸痛，颈脖子僵硬，活动受限等。

2）矫形器的特殊要求：3个可调节金属杆，能控制颈部屈伸、侧屈、旋转所处的位置或限制颈部运动。根据患者颈部生理曲度的改变，调整矫形器使颈椎的生理曲度恢复至正常范围。例如，矫正先天性斜颈者，甚至可以考虑通过调整矫形器向患者提供过度的矫正，效果会更好。

3）适配检查要点：①颈部骨突部位不能造成压迫或压伤；②矫形器所调节的角度是否符合矫正的需要；③如提供过度矫正的矫形器，需密切观察矫正的效果，以免导致损伤或引发新的畸形。

4）容易出现的问题：①穿戴过程中容易对骨突部位造成压迫；②矫形器的提示部分要光滑，以免对皮肤造成损伤；③注意调整矫形器的角度，保证矫正效果；④谨遵医嘱，保证足够的穿戴时间。

5）穿戴方法：患者取端坐位或站立位，头部中立位，根据治疗需要调节金属杆，以确保颈部固定或达到矫正的位置，然后再扣紧固定带。白天穿戴，睡觉时脱下。

6）替代方法：成品可调节颈胸矫形器（图4-1-7）或数字智能提示型矫形器。

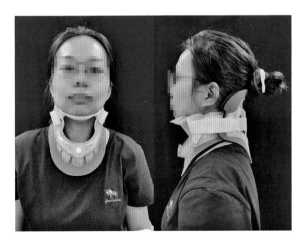

图 4-1-7　成品可调节颈胸矫形器

（2）颈部烧伤瘢痕挛缩

1）特征：颈前和颈侧面烧伤在创面愈合后可能逐渐出现瘢痕增生、挛缩，导致颈部前屈、颏颈角消失或颈部侧屈。

2）矫形器的特殊要求：如为颈前瘢痕，颈托部分尽可能接触颏颈交界处，并适当加压，使颏胸距离拉开;如为颈侧瘢痕,则瘢痕侧金属杆尽量上抬,使颈部向对侧侧倾。

3)适配检查要点:下颌托不能压迫气管,以免影响呼吸。其余要点同上。

4)容易出现的问题:下颌托压迫气管、牵伸引起瘢痕疼痛。

5)穿戴方法:如上。

6)替代方法:市售成品,如图4-1-7。

五、头颈胸矫正型矫形器

1. 常用名称　头颈胸矫形器、斜颈矫形器。

2. 治疗作用

(1)基本作用:矫正一侧胸锁乳突肌缩短或挛缩导致的颈部畸形。

(2)附加作用:维持和固定术后结果。

3. 作用原理　采用三点力和水平旋转力的矫正原理。

4. 材料　材质较厚、强度较高的低温热塑板材或高温聚丙烯材料,固定带。

5. 制作方法

(1)取样:一般从腋下开始缠绕石膏绷带到头部,待石膏绷带硬化后,割开(图4-1-8A),取得石膏阴模;石膏阴型矫正,按照颈部畸形相反方向调整到中立位或大于中立位的角度(过度矫正);灌石膏阳型和修整石膏阳型(图4-1-8B)。

(2)成型:用选择好的低温热塑板材或高温热塑板材加热后裹在石膏阳模上成型。

(3)后期加工:按矫形器的轮廓用震动锯锯开已经塑形的板材,取下,打磨,装上固定带(图4-1-8C)。

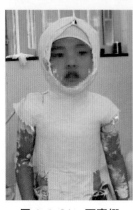
图4-1-8A　石膏绷带取阴模

图4-1-8B　阳模

图4-1-8C　高温热塑斜颈矫形器

6. 临床适应证

先天性斜颈

1)特征:颈部肿块,斜颈,面部不对称和其他并发症等。

2)矫形器的特殊要求:矫形器侧方开口,要求一般根据患者颈部畸形的软硬度来确定矫形器矫正的角度,胸锁乳突肌挛缩较重者,先矫正到中立位(待矫正1个月后再调整矫正的角度);胸锁乳突肌挛缩较轻者(检查时,徒手就可以矫正到中立位或大于中立位),矫形器的矫正角度可大于中立位的角度;如果接受胸锁乳突肌松解手术者,待伤口完全愈合后,矫形器可实施大于中立位的矫正角度(图4-1-9A、B)。

图4-1-9A　患者存在先天性斜颈

图4-1-9B　穿戴斜颈矫形器后

3)适配检查要点:①矫形器设计、制作、大小应符合患者的实际要求。②骨突部位及矫形器边缘部位不对患者造成压伤或刮伤。③提供过度矫正的患者在穿戴过程中需随时检查穿戴情况,以免因为矫正力过大而造成颈部肌肉拉伤。④需定期复查,一般每1～2个月复查一次。

4)容易出现的问题:①矫形器每次穿脱需要家长帮忙,家长需要有耐心。②矫正型矫形器在穿戴的初期,患儿会感到不舒服,家长需监督。③穿戴矫形器前,患儿需穿一件轻薄的棉质内衣打底,防止皮肤出现皮疹,在炎热的夏天需特别注意。④长时间穿戴矫形器,容易造成颈部肌肉挛缩或僵硬,因此每天需保持适当的颈部活动。

5)穿戴方法:患儿取坐位或站立位,然后掰开矫形器,患者侧身穿过一侧胳膊,然后转动身体,再穿过另一侧胳膊,固定好腰部的固定带。接着调整头部的矫正角度,固定好头部的固定带。白天穿戴,每天取下3~4次进行颈部活动。每隔1个月复查一次,必要时进行调整。

6)替代方法:用头胸矫正带(软性矫形器)进行矫正(图4-1-10A~D)。可以通过手法按摩和徒手牵引的方法,对挛缩的胸锁乳突肌进行牵引,达到矫正目的。每天5~6次,每次持续30 s~1 min,多数轻症患儿可在3~4个月以内见效。对于胸锁乳突肌挛缩严重者,可考虑手术治疗。但临床上对于按摩、牵引或手术治疗的患者,治疗后再穿戴矫形器进行持续性的矫正治疗,效果会更好。

图4-1-10A 头围

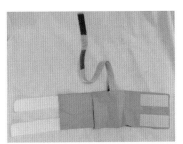
图4-1-10B 胸围

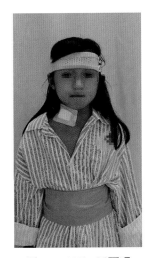
图4-1-10C 正面观

图4-1-10D 背面观

第二节
胸腰骶部矫形器

一、低温热塑胸腰骶矫形器

1. 常用名称 躯干矫形器、脊柱矫形器。

2. 治疗作用

(1)基本作用:固定和保护脊柱及相关软组织,促进愈合;椎体减压等。

(2)附加作用:无。

3. 作用原理 通过软组织液压固定和免荷,欠状面、额状面和水平面上的三点力矫正。

4. 材料 低温热塑板材、魔术贴、D形扣等。

5. 制作方法

(1)取样:选择厚度为3.2 mm的低温热塑板材制作,绘制图纸。

(2)成型:患者取仰卧位,把板材前片放在躯干前面相应部位,先制作矫形器的前片,髂前上棘处做免荷处理,腹部适当加压,冷却后连同已成型的前片翻身俯卧;制作后片,棘突处和肩胛骨边缘做免荷处理,并与前片在体侧重叠。

(3)后期加工:前后两片通过魔术贴固定在一起(图4-2-1A~D)。

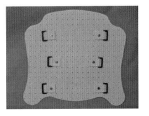
图4-2-1A 胸腰骶矫形器板材前片

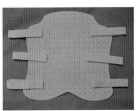
图4-2-1B 胸腰骶矫形器板材后片

图4-2-1C 胸腰骶矫形器

图4-2-1D 穿戴低温热塑胸腰骶矫形器

6. 临床适应证　胸腰椎骨折。

(1) 特征:胸腰椎骨折包括单纯性楔形压缩性骨折、稳定性爆裂性骨折、不稳定性爆裂性骨折等。胸腰椎骨折后主要表现为胸腰椎的疼痛、活动受限,如伴有脊髓损伤,则可能引起截瘫,出现下肢运动和感觉功能丧失或减退,大小便失禁等。

(2) 矫形器的特殊要求:脊柱骨折类矫形器多采用低温热塑板材制作,为了穿脱方便,一般分为前后两片。对于矫形器上端固定位的选择,原则上需超过损伤椎体相邻的2~3个椎体进行固定,矫形器下端应固定到骨盆部位,但不能影响髋关节的屈伸。

(3) 适配检查要点:①配制的矫形器能达到与之相应的固定效果;②矫形器的下缘不能影响髋关节的屈伸,尤其不能影响患者保持端坐位。

(4) 容易出现的问题:髂棘受压,腹部加压不足,下缘压迫大腿前方,腋下受压。

(5) 穿戴方法:根据骨折程度或术后情况,患者可选择在端坐位、立位、平躺位下穿戴矫形器。端坐位、立位下穿戴矫形器比较容易,一般先穿戴矫形器的后片,再扣上矫形器的前片,拉紧两侧的魔术贴;如果是卧位,病情较重者,穿戴矫形器要小心,并且动作要缓慢,第1次穿戴最好在主管医师的指导下进行。穿戴时,首先在帮扶下缓慢地让患者先侧身,固定好矫形器的后片部分,然后在帮扶下缓慢地让患者躺平,再扣上矫形器的前片部分,拉紧左右两侧的魔术贴。除了卧位以外,其他体位情况下均需穿戴,直到复查X线片证实骨折基本愈合。

(6) 替代方法:目前,市场上也有不少的成品矫形器,在医务人员评估下,根据骨折情况可选择合适的矫形器穿戴(图4-2-1E、F)。

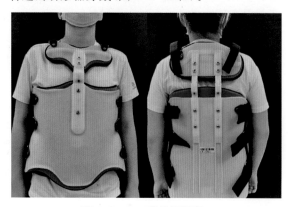

图 4-2-1E　成品矫形器 1

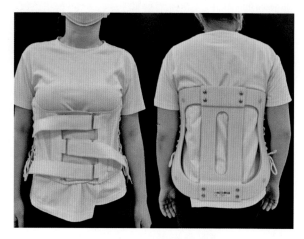

图 4-2-1F　成品矫形器 2

二、高温板材胸腰骶矫形器

1. 常用名称　高温热塑躯干矫形器。

2. 治疗作用

(1) 基本作用:固定和保护脊柱及相关软组织,促进愈合,矫正脊柱侧弯、驼背等畸形,椎体减压等。

(2) 附加作用:预防脊柱渐进性或退行性变形。

3. 作用原理　通过软组织液压固定和免荷,矢状面、额状面及水平面上的三点力进行矫正。

4. 材料　高温热塑板材、尼龙搭扣等。

5. 制作方法

(1) 取型:首先标记出躯干所有的体表标记及特殊区域;取型体位:借助姿势取型架或特有的固定装置,让脊柱尽可能地处于最大矫正位,然后用石膏绷带取型。制作过程:把已调整好的石膏阴型,用石膏浆浇注成石膏阳型,然后利用三点力原理,在矢状面矫正脊柱的前凸和后凸角度、额状面矫正脊柱的侧弯、水平面矫正脊柱的旋转(图4-2-2A)。

(2) 成型:选用4 mm的PE或3 mm的PP材料,在修整好的石膏阳型上加热塑形,抽真空使板材完全贴合石膏阳模,待完全冷却。

(3) 后期加工:切割、打磨、装尼龙搭扣(图4-2-2B)。

6. 临床适应证　脊柱侧凸。

(1) 特征:双肩高低不平,脊柱偏离中线,肩胛骨一高一低,一侧胸部出现皱褶皮纹,身体前屈时双侧背部不对称,剃刀背,步行时姿势异常。常见的脊柱侧凸畸形额状面上有C形和S形,水平面上常伴有椎体间的旋转,矢状面上椎体生理弯曲异常(图4-2-2C、D)。

图4-2-2A 石膏 图4-2-2B 高温胸腰骶部矫形器
绷带取型

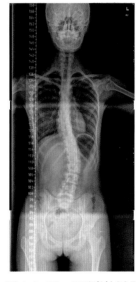 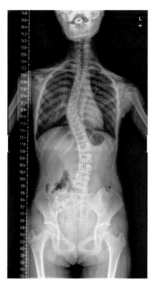

图4-2-2C C形脊柱侧凸 图4-2-2D S形脊柱侧凸

(2)矫形器的特殊要求:如果患者的下胸段侧凸位于额状面上,一般可根据患者侧凸的程度、类型及矫形师的建议,选择装配色努矫形器、里昂脊柱侧凸矫形器及波士顿式脊柱侧凸矫形器、大阪医大式脊柱侧凸矫形器等,不管哪种类型的脊柱侧凸矫形器,适配完毕后都必须穿戴矫形器拍X线片确认效果(图4-2-2E),临床上要求所治疗的侧凸角度一般至少达到50%左右的矫正率。

用于下胸段侧凸的矫形器结构特点如下。

1)色努矫形器:由法国色努博士开发,近三十年来在临床上得到广泛应用。近年来,国内使用此类脊柱侧凸矫形器最多。该矫形器为全塑料制成,前侧开口,轻便、简洁,具有系统的针对脊柱侧凸和

脊柱扭转的三维压力垫和较大的释放空间。适用于顶椎在T_6以下,Cobb角为20°~50°,处于发育期的特发性脊柱侧凸的患者(图4-2-2F)。随着制作技术的发展和患者舒适度的需求,在色努矫形器的基础上演化出了很多种简化改进款,改进款减少了包裹面积,采用非对称式设计,在保证效果的前提下也增加了舒适性(图4-2-2G)。

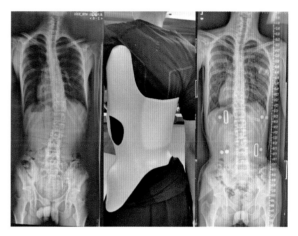

图4-2-2E 穿戴矫形器前后X线片

 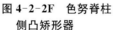 

图4-2-2F 色努脊柱 图4-2-2G 色努改进款
侧凸矫形器 脊柱侧凸矫形器

2)波士顿式(Boston)脊柱侧凸矫形器:由波士顿哈巴德大学的教授开发。该矫形器的结构特点为具有较大的腹部压力、斜位压垫矫正脊柱扭转、侧方三点压力矫正侧凸。适用于脊柱顶椎在T_9以下,Cobb角为20°~45°,处于发育期的特发性脊柱侧凸的患者(图4-2-2H)。

3)大阪医大式(Osaka Medical College,OMC)脊柱侧凸矫形器:由大阪医科大学矫形器技术人员开发,结构特点为基于波士顿式脊柱侧凸矫形器形式,在胸椎弯曲凹侧的上部安装胸椎压垫、拉带和金属支条,矫正上段胸椎侧凸。适用于顶椎在T_8以下,Cobb角为20°~50°,处于发育期的特发性脊

柱侧凸的患者(图4-2-2I)。

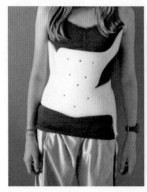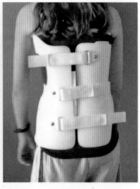

图4-2-2H 波士顿式脊柱侧凸矫形器

图4-2-2I 大阪医大式脊柱侧凸矫形器

4)里昂脊柱侧凸矫形器:由法国的一名骨科医师在1947年开发。该矫形器是在已修整好的石膏阳模上由整块的热塑材料一次成型,组装时在模型前后加装两根铝支条(支条上带有可上下调节的孔),矫形器侧面提供相应压力面,可开合,并且有可上下调节的铰链,因此该矫形器可在一定范围内上下、前后调节力点。另外,矫形器还去除了所有多余的包裹部分,患者穿戴透气性更好(图4-2-2J)。

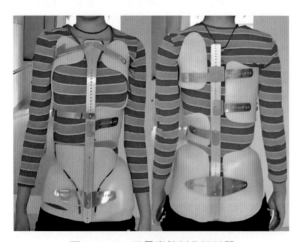

图4-2-2J 里昂脊柱侧凸矫形器

5)密尔沃基式矫形器:上胸段侧凸患者一般配制密尔沃基式(Milwaukee)脊柱侧凸矫形器。该矫形器是由美国密尔沃基市的Blount和Meo开发的,属于一种颈胸腰骶矫形器,它是由颈环、骨盆托、前后金属支条与侧方压力垫等构成。站立位患者用力伸直脊柱,保持喉托位于下颌下方1横指部位,这样会促使患者加强腰背肌的主动收缩来改善脊柱畸形,另外利用枕托和侧方压力垫为患者提供矫正力,特别是当患者穿戴矫形器仰卧时,可以得到较好的被动牵引矫形效果,适用于顶椎在T_6以上,Cobb角为$20°\sim50°$,处于发育期的特发性脊柱侧凸的患者(图4-2-2K)。

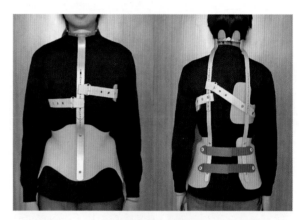

图4-2-2K 密尔沃基式脊柱侧凸矫形器

对于矢状面上的胸椎后凸和腰椎前凸,配制矫形器的原理和结构相对简单,临床上多选择三点力原理的成品矫形器。例如,腰椎前凸,配制贝克(becker)矫形器等(图4-2-2L);胸椎后凸,配制脊柱过伸矫形器(如朱厄特过伸矫形器、泰勒型过伸矫形器等)(图4-2-2M、N)。

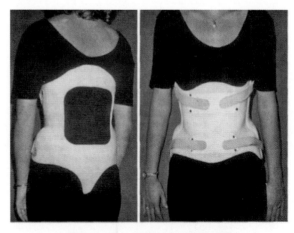

图4-2-2L 贝克(becker)矫形器

近年来,随着3D设计技术的发展,3D设计脊

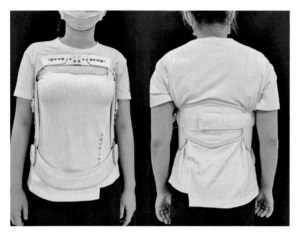

图 4-2-2M　朱厄特过伸矫形器

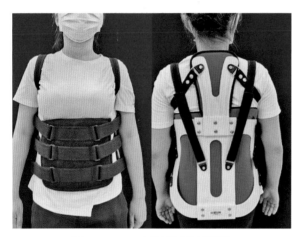

图 4-2-2N　泰勒型过伸矫形器

柱侧凸矫形器已在临床广泛应用,极大地提高了制作的工作效率。大概的制作流程是:3D扫描建模(图4-2-2O)、3D设计软件修模(图4-2-2P)、雕刻出阳模,再按传统方法吸塑成型或者直接3D打印

图 4-2-2O　3D 扫描建模

矫形器(图4-2-2Q)。目前3D打印的材料还不能达到传统高温板材的性能,有无法热塑修改等缺点,不能完全满足临床需求,所以3D打印脊柱侧凸矫形器的临床应用不广泛。

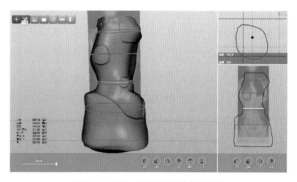

图 4-2-2P　3D 设计软件修模

图 4-2-2Q　3D 打印矫形器

(3)适配检查要点:①矫形器的设计合理,大小合适,边缘圆润光滑,压力点的位置正确(通过拍摄X线片检查)。②穿戴矫形器的第1周注意检查,矫形器不能压伤或压迫皮肤,尤其注意检查压力点部位和骨突部位。

(4)容易出现的问题:①皮肤容易擦伤和压伤。②抬高侧的胳膊发麻、发胀。③皮肤存在过敏反应。④天气过热,穿戴矫形器有可能引起中暑。⑤患者在早期穿戴矫形器时可能存在严重的不适应。⑥有些患者由于穿戴的不适应和穿戴后影响美观,故穿戴依从性较差。

(5)穿戴方法:首先患者穿一件贴身无缝纯棉T恤衫。衣服的长度应该超过矫形器的长度。穿戴矫形器时可选站立位或卧位,先将矫形器置于身体侧面,将其掰开,患者以旋转腰的姿势进入。调整好位置后(支具的主要压力点置于正确的位置),将搭扣穿过扣环,一只手固定住矫形器的压力侧,另一只手将与之对应的尼龙带拉紧。一般先系好最下面的搭扣,再系最上面的,重复拉紧每个搭扣,直到矫形器穿到矫形师要求的位置。确保矫形器的位置合适,无上下移动或左右转动。

(6)替代方法:长时间穿戴矫形器对于一个青少年患者来说,可能会造成一定的心理负担和压力,因此目前在物理治疗师、作业治疗师、矫形师的配合下,除了提供矫形器治疗外,还为不同类型的患者提供了一整套特定性运动控制训练,患者在不穿戴矫形器的情况下,配合特定性运动控制训练,这样既利于缩短矫形器穿戴的时间,也提高了脊柱侧弯的矫正疗效。

3D扫描及 雕刻阳模 适配调整及
3D设计 及热塑成型 拍片确认效果

3D脊柱侧弯矫形器制作视频

第三节

腰骶部矫形器

1. 常用名称 腰围。

2. 治疗作用

(1)基本作用:固定、保护、支撑、增加腹压、减轻腰椎负荷等。

(2)附加作用:限制腰部屈伸活动,长时间穿戴对腰部肌肉力量会造成一定的影响。

3. 作用原理 通过对软组织液压制动来稳定和固定脊柱,同时增加腹部压力,对腰椎提供免荷作用。

4. 材料 低温热塑板材、魔术贴。

5. 制作方法

(1)取样:根据腰部的尺寸,制作图纸,并根据图纸裁剪材料(图4-3-1A)。

(2)成型:患者取适当体位,先塑形矫形器的后片(塑形前患者先穿上一件贴身棉质内衣,以免成型时烫伤),待冷却后适当修去边缘,再塑形矫形器的前片。

(3)后期加工:把塑形好的矫形器前后片两部分,根据尺寸大小减去多余的部分(修剪边缘时,把矫形器边缘用温水或热风枪适当加热,然后再用剪刀修剪,这样修剪出来的矫形器边缘比较圆润光滑)。修剪矫形器边缘时,尤其注意矫形器上下边缘的处理。矫形器的前片下边缘左右两侧的髂前上棘部位一般裁剪到髂前上棘的中点部位,中间部位裁剪到耻骨联合的上缘(检查矫形器前片下边缘的处理是否影响患者坐位和蹲位);矫形器后片边缘裁剪到不影响患者的端坐位为止;矫形器的前片上端裁剪到剑突下缘;矫形器前后片的上端需平齐。把修剪好的矫形器前后片两部分用魔术贴固定(图4-3-1B)。

6. 临床适应证 腰椎间盘突出、腰部椎间关节病、脊柱分离滑脱、腰部扭伤等。

(1)特征:腰痛、下肢放射痛、马尾神经症状等。例如,向正后方突出的髓核或脱垂、游离椎间盘组织,压迫马尾神经,其主要表现为大小便障碍,会阴和肛周感觉异常。严重者可出现大小便失禁及双下肢不完全性瘫痪等症状。

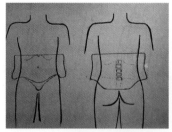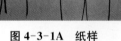

图4-3-1A 纸样 图4-3-1B 穿戴腰围
(侧后面观)

(2)矫形器的特殊要求:分为前后两片、髂前上棘部位需做免荷处理,上缘超过被作用椎体的两个椎体以上,腹部适当加压。

(3)适配检查要点:①矫形器的尺寸大小、穿戴的松紧要适当,尤其是在需要提供腰椎椎体间减压的情况下,矫形器要能够提供足够的腹部压力。②矫形器的前后片下缘不会对患者的蹲位或端坐位造成影响。

（4）容易出现的问题：①在患者蹲位或端坐位时，矫形器的下端容易卡压或磨伤皮肤。②患者穿戴矫形器过松，无法提供腰部的支撑和腰椎的免荷。③长时间穿戴容易造成腰部的力量减弱等。

（5）穿戴方法：患者一般取站立位或端坐位，先穿矫形器的后片部分，然后再穿戴矫形器的前片部分，再根据需要固定的程度，调节或拉紧左右两侧的魔术贴。如果是装配成品类型的腰围，则穿戴更为方便，只需根据固定要求和舒适度调节或拉紧腰围最前方的魔术贴即可。患者早期穿戴硬性的腰部矫形器，随着病情的好转可过渡到柔性的腰部矫形器；病情稳定后，为加强腰部功能和力量的恢复，可减少腰部矫形器穿戴的时间。

（6）替代方法：成品矫形器或腰围（图4-3-2、图4-3-3）。成品类型的腰围由带有弹性的布料制成，分为柔性和半柔性两种类型。无论是哪种类型的矫形器，都要能够提供足够的支撑和保护，需要对腰椎提供足够的腹压以达到免荷作用。

图4-3-2　带加强　　图4-3-3　带拉线加强型腰围
支条型腰围

（解　益　加国庆）

第五章

肩、肘、前臂矫形器

　　肩、肘、前臂矫形器是指用于肩关节、上臂、肘关节与前臂等部位的一系列矫形器的统称，包括肩矫形器、肘关节矫形器、前臂矫形器与肩肘腕矫形器、肘腕矫形器等类型。其主要作用包括保护肢体，预防损伤或减轻疼痛；固定关节或骨折部位，促进组织愈合；抑制较高的肌张力，预防和矫正畸形；关节的制动或限制关节的运动；牵伸挛缩的软组织，改善关节的主动、被动活动范围等，从而改善、恢复或代偿性增强上肢功能性活动能力。它既是上肢损伤后保守治疗和术后康复治疗的重要用具，也是神经肌肉功能障碍和功能管理与发展的有效措施之一。

　　在配制矫形器之前，应充分了解病史，并详细评估患者的相关情况。①皮肤方面：观察皮肤表面有无创面及感染、伤口的位置、缝合方式、愈合程度、是否累及关节结构等，这有助于选择和决定合适的矫形器与身体的接触面。②骨折部位与手术方式：根据骨折部位与邻近肌肉附着点的生物力学关系进行判断，确定需要制动的关节，并判断某个关节的活动是否会对骨折端产生剪力和造成移位。③神经损伤部位：神经损伤平面以下的肢体宜处于神经减张的位置。④关节活动范围：评估关节活动是否受限、可拉伸度如何、受限的可能原因等。制动、水肿、疼痛、挛缩瘢痕及骨性结构改变等都可以导致关节活动受限。对于肘关节活动受限者，需要特别注意有无异位骨化的情形。⑤肢体围度：视矫形器需要覆盖的肢体部位与范围，对肢体有明确解剖标志和轮廓变化的部位，如上肢肱二头肌的最膨隆处、肘窝、前臂最粗处及腕横纹等，进行围度的测量。如果矫形器主要供患者在卧床时使用，建议肢体围度的测量在卧位下进行。⑥查看医学影像学检查资料：以确定对矫形器所需提供的力量与安全性方面的要求。

　　肩、肘、前臂矫形器的设计，既要考虑到治疗目标的实现，又要尽量使患者在作业表现方面实现最佳化。如前臂骨间膜，其在前臂的旋前位时最松弛，从而容易出现前臂旋前挛缩的现象，因此，除非有特殊的临床要求，通常应把前臂固定在部分旋后位或中立位。由于肘关节伸直位时，前臂旋转障碍容易通过肩关节的旋转以达到代偿的目的，故以改善前臂旋转功能为主要目的的矫形器，必须把肘关节固定在屈曲90°的位置。

第一节
肩矫形器

　　肩矫形器主要作用的关节是肩关节，但有的矫形器为了使用舒适或穿戴方便等原因，不得不把上肢其他关节也包含进来。临床上常见的肩矫形器有：肩外展静态矫形器、肩外展可调节型矫形器、肩关节半脱位矫形器、肩关节制动性吊带、单片式肱骨筒状矫形器、双片式肱骨固定型矫形器、肩关节半脱位吊带和锁骨骨折矫形器等。

一、肩外展静态矫形器

　　1. 常用名称　肩外展矫形器（shoulder abduction orthoses），又称为肩外展支具、飞机夹板、托肩架。

　　2. 治疗作用

　　（1）基本作用：将肩关节置于肩胛平面的外展位，以减轻肩关节周围肌肉、韧带的负荷，改善损伤组织的愈合环境,从而达到促进受损组织的消肿、消炎、愈合和减轻患者疼痛的目的。

(2)附加作用:①预防或改善腋部瘢痕组织的挛缩。②将肩关节置于肩胛平面外展位的同时,也将肘关节与腕关节置于功能位,以利于患者从事离床性活动,并确保其安全。

3. 作用原理 利用杠杆原理,通过骨盆支座的形式,将上肢的重量承托于髂嵴的上方,并将肩关节稳定地固定在所需的位置。

4. 材料 厚度为 3.2 mm 的低温热塑板材、帆布扣带、尼龙搭扣和铆钉等。对于强度要求比较高的病例,可以选择聚丙烯材料(高温热塑板材)。

5. 制作方法

(1)取样:患者取患侧上肢靠近工作台的侧身坐位,治疗师用双手分别托住患肢的上臂与前臂部位,并使上肢呈肩关节在肩胛平面的外展 70°~90°、肘关节屈曲 90°、前臂旋前的位置放在台面上;在助手的帮助下,治疗师采用透明塑料薄膜,从躯干的侧方平整地包裹患者患侧腹部、背部、腋部、整个上肢及手部,然后,用记号笔在薄膜上描摹出矫形器所需覆盖的身体部位(上肢部分需覆盖一半的肢体围度、远端达掌横纹;骨盆支座部分的前缘达对侧腋前线、后缘过脊柱中线、上缘平肋骨下缘、下缘至股骨大转子上方)的轮廓图;沿笔迹剪除多余的薄膜部分,剪成的图样如图 5-1-1A、B 所示。依据薄膜图样,裁剪出所需的低温热塑板材。

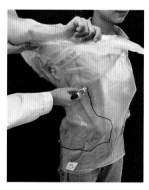 

图 5-1-1A 用薄膜取样 　　图 5-1-1B 纸样

(2)成型:加热板材,待其软化后取出,用干毛巾吸附表面的水分并稍加冷却,将其贴敷于患者身体的相应部位;边对热塑板材略施加牵伸力(特别是腋窝前、后部分)进行塑形,边用弹力绷带缠绕相

应的身体部位;用手掌在绷带外面均匀地抚按板材,并在髂嵴上方到肋骨下方处稍微加压,以确保板材与身体部位充分贴合;双手托住手掌部分,使其成 10°~30° 伸腕,并完成腕部及掌横弓的塑形,直至板材变硬(图 5-1-1C)。

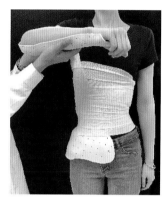

图 5-1-1C 塑形

(3)后期加工:修剪边缘,并使其稍向外翻卷;检查矫形器与身体的贴合程度,必要时,进行局部的重新塑形;在腰部、上臂与前臂部位,分别安装帆布扣带和尼龙搭扣;在矫形器的髂嵴上方与手掌根部之间,安装两根铝制撑条,或利用低温热塑板材卷成的圆柱状支撑条,以利于矫形器自身结构的稳固,并能够安全地承托整个上肢的重量,如图 5-1-1D、E。

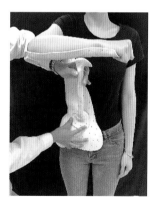 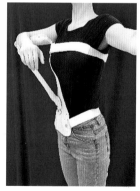

图 5-1-1D 安装支撑条 　　图 5-1-1E 穿戴后

6. 临床适应证

(1)肩袖部分撕裂或完全断裂术后

1)特征:是指外伤、过度使用、反复撞击肩峰的动作等所导致的肩袖肌腱的部分撕裂或完全断裂。其主要临床表现为:肩部疼痛、肩关节活动受限,以及涉及该侧肢体参与的作业活动表现障碍

等。完全断裂者,必须接受手术修复。

2) 矫形器的特殊要求:①一般要求肩关节在肩胛平面上外展70°~90°、略外旋。②肘关节屈曲约90°。③前臂部分无须包裹太深、太紧,以允许前臂在松开固定带,并保持上臂部固定的情况下,可以进行旋转活动;肘关节可以脱离前臂托,进行屈伸活动。④腕关节呈中立位,掌部可不装固定带,以方便腕关节的活动。对于接受手术修复的患者,治疗师最好能够与手术医师进行面对面的沟通,以获取有关修复术的方式、关节活动限制的角度以及特别注意事项等信息,并达成相关的共识,以确保矫形器治疗的安全、有效。

3) 适配检查要点:①矫形器所提供的肩外展角度必须符合临床要求。②矫形器的肩部及上臂部分必须足够宽大,以确保患者的肩部及上臂能够轻松、妥帖地落入矫形器内。③患者在穿戴矫形器后,能够安心、彻底地放松肩部肌肉。④前臂部分足够宽松,可允许前臂旋转和脱离板材限制进行肘关节的屈伸活动。⑤尺骨鹰嘴和肱骨内上髁不能受压。⑥矫形器不能影响患者舒适地坐下。

4) 容易出现的问题:在步行过程中,患者的肋下缘及髂嵴处容易出现不适,或有明显的压迫点。

5) 穿戴方法:患者取站立位,一人协助其保持上述肢体位,另一人将矫形器从患者的身体侧方穿入。先使矫形器承托并固定住患侧上肢,然后,再调整矫形器在患者躯干上的位置,并扣上固定带。要求持续穿戴,腕手部保持自由活动,并每天松开前臂部分的固定带4~5次,进行前臂旋转与肘关节屈伸活动。夜间可更换为成品海绵肩外展枕。穿戴时间须根据专科医师的要求,通常为3~6周。

6) 替代方法:成品肩外展矫形器或成品海绵肩外展枕。穿戴时需注意调节成品海绵肩外展枕的位置,以避免肩关节过度水平外展(图5-1-1F)。

(2) 肩关节脱位整复后

1) 特征:肩关节脱位是指肩部受到直接或间接的外力冲击而导致的盂肱关节面的完全分离。其中,以肩关节前脱位最为常见。

2) 矫形器的特殊要求:如果为肩关节前脱位,应注意将患者的肩关节置于外展60°、水平外展

图 5-1-1F 肩外展枕

55°,而非水平外展90°的位置,以利于被破坏的关节囊和其他损伤组织的愈合。

3) 适配检查要点:穿戴该矫形器后,复查X线片,提示肩关节在位。

4) 容易出现的问题:同上。

5) 穿戴方法:穿戴方法同上,持续穿戴3周。

6) 替代方法:肩外展枕或肩脱位吊带。

(3) 腋部烧伤后瘢痕

1) 特征:腋部皮肤的烧伤,特别容易产生瘢痕与关节周围软组织的挛缩现象,从而限制了肩关节的功能,并对患者整个上肢的活动能力产生不利的影响。

2) 矫形器的特殊要求:如果是预防腋窝瘢痕的挛缩,矫形器的外展角度应>90°;对于已发生挛缩的腋部瘢痕患者,矫形器的外展角度应视其挛缩情况而定,通常以大于主动关节活动范围5°~10°为宜,并通过定期重新塑形的方式进行角度的调整。如仅需要在夜间穿戴的矫形器,可以考虑去除其前臂及手掌部分。

3) 适配检查要点:①矫形器的上臂部分必须足够宽大,且长度至少超过肘关节,达前臂近端,以确保矫形器的强度和舒适性,并能够对腋部瘢痕产生足够大的牵拉力量。②嘱咐患者尽量放松肩部与上臂部的肌肉,检查胸廓、腋部及上臂部分是否与矫形器完美贴合。③在穿戴矫形器期间,患者需要且能够保持相应肢体主动放松的状态,且远端肢体血液循环良好,无肿胀和麻木。④穿戴矫形器所

引起的牵拉不适感,应以不影响患者的睡眠为度。⑤尽量避免瘢痕皮肤发生可见的撕裂与明显的出血等情形。

4)容易出现的问题:如果矫形器对瘢痕组织所提供的牵拉力量过大,容易产生难以忍受的疼痛或造成瘢痕组织明显的撕裂或对臂丛神经造成损害。

5)穿戴方法:患者可以自行穿戴或由一人辅助。须确保矫形器能够对腋部瘢痕产生一定的牵拉感。起初,仅在患者卧床休息时穿戴,随后渐进性地增加穿戴时间,直到全天穿戴(除了运动时间以外)。

6)替代方法:可用成品可调节型肩外展矫形器;在无矫形器的情形下,可以利用楔形垫或枕头,将卧床患者的肩关节摆放在其能够承受的外展位,或用市售的枕式肩外展护具替代。

二、肩外展可调节型矫形器

1. 常用名称　肩外展可调节型矫形器(adjustable shoulder abduction orthoses),又称为可调式肩外展矫形器、动态肩外展支具。

2. 治疗作用

(1)基本作用:将上肢置于不同肩外展的角度,以促进组织愈合、牵伸腋部软组织。

(2)附加作用:允许患者在肩外展状态下,进行肘与腕关节的活动,或将患者的肩关节置于外展位的同时,将其肘与腕关节置于功能位。

3. 作用原理　利用金属关节和金属支条,将矫形器的各个部件连接成一体,使其能够在充分承托整个上肢重量的基础上,再通过调整金属关节的角度,而将患者上肢的肩、肘、腕关节置于不同的位置,以达到特定的治疗作用。

4. 选择方法　在临床上,倾向于选择成品替代定制。可以根据患者的身高、身形、肢体侧别、所需肩关节和肘关节可调节的范围,选择不同尺寸、材质、支撑强度与舒适度的矫形器产品类型及型号,如图5-1-2。

5. 穿戴方法

(1)选择合适的类型与型号。

(2)按照产品使用说明书所描述的步骤,安

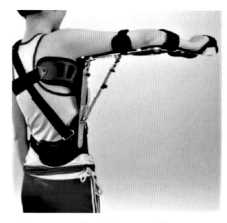

图 5-1-2　成品肩外展可调节型矫形器

装、连接矫形器的各个部件。

(3)按照患者的具体情况,调整各关节至所需的角度位置,并完成穿戴。

6. 临床适应证

(1)肩周炎急性期

1)特征:肩周炎是指肩关节囊及其周围韧带、肌腱、滑囊的慢性特发性炎症。其急性期的主要症状为疼痛,不同程度地影响患者正常地使用受累侧上肢。

2)矫形器的特殊要求:可以选择基础款,将受累侧上肢置于肩关节的休息位(前屈60°、水平外展60°、屈肘90°)或明显减痛,甚至无痛的位置。

3)适配检查要点:①在穿戴矫形器后,患者能够安心、彻底地放松肩部肌肉。②疼痛明显减轻或消失。③手部可以自由活动与使用。

4)容易出现的问题:干扰患者的重心分布,从而影响其姿势维持与身体平衡;患者可能会出现与矫形器直接接触部位的肋下缘及髂嵴处不适。

5)穿戴方法:患者取站立位,自行或由他人协助将矫形器穿戴至相应的身体部位;先承托与固定上肢及手,然后再调整矫形器在躯干上的位置,并扣上固定带。此矫形器仅供患者白天离床时使用。

(2)臂丛神经损伤或修复术后3周内

1)特征:臂丛神经由 $C_5 \sim C_8$ 神经与 T_1 神经组成,其分支主要分布于上肢,并支配上肢与手的运动与感觉功能。臂丛神经损伤通常由挤压、撞击或牵拉所致。损伤可分为完全性和不完全性,其典型的临床特征为上肢肌肉的弛缓性瘫痪、上肢与手的运动与感觉功能减退或完全丧失。

2) 矫形器的特殊要求:通常宜将患者的肩关节摆放在功能位,即肩关节外展 45°~50°、水平外展 35°~45°、外旋 25°~30°。肘关节可在 45°~110°活动。对于接受手术修复或神经移位者,治疗师最好能够与手术医师沟通,以获取有关修复术的方式、关节活动限制的角度以及特别的注意事项等信息,并达成相关的共识,以确保矫形器治疗的安全、有效。

3) 适配检查要点:①穿戴矫形器后,肩关节所处的位置能够满足临床要求;②矫形器的尺寸与患者的肢体尺寸相匹配,且能够充分承托其重量。

4) 容易出现的问题:在步行过程中,患者的肋下缘及髂嵴处容易出现不适,或有明显的压迫点。

5) 穿戴方法:患者取站立位,一人协助其保持所需的肢体位;另一人将矫形器从患者的身体侧方穿入;先使矫形器承托和固定患侧上肢,然后,再调整矫形器在躯干上的位置,并扣上固定带。此类患者,建议选择较高要求款,需要全天候穿戴。

三、肩关节脱位矫形器(骨盆片、腕托)

1. 常用名称　肩关节半脱位矫形器(shoulder subluxation orthoses),又称肩关节固定型矫形器。

2. 治疗作用

(1) 基本作用:将肩关节置于能够充分纠正其半脱位的位置。

(2) 附加作用:可以充分解除整个上肢对颈部和肩部所造成的牵拉力量。对于臂丛上干或上臂丛损伤的患者,可利用其把肩肘关节固定于功能位,从而方便患者发挥腕、手的功能。

3. 作用原理　通过腕托以及连接腕托和骨盆髂嵴上方的支撑结构,承托整个上肢的重量,以解除其对肩关节所产生的牵引力,并达到保持肩关节在位的目的。

4. 材料　厚度为 3.2 mm 的低温热塑板材,10 cm 长的铝制支撑条两根(也可以用长条形低温热塑板材所卷成的圆柱来代替),铆钉,固定带。对于强度要求比较高的病例,可以选择聚丙烯材料。

5. 制作方法

(1) 取样:患者取站立位,测量其从肋骨下缘至腹股沟外侧端之间距离为骨盆片板材的宽度,测量腰围,取 1/2 腰围为骨盆片板材的长度;患者取坐位,将其前臂旋前、掌心朝下放于纸上,用笔在采样纸上绘制出如本书中图 1-3-2 所示的纸样,此为腕托部分;依照纸样,裁剪下制作骨盆片、腕托所需要的低温热塑板材。

(2) 成型:先加热骨盆片,待其软化后取出,用干毛巾吸附其表面的水分,并稍冷却,再将其放在患者患侧的髂腰部进行塑形;在腰部侧方稍加挤压、在髂嵴处稍做免荷处理后,用弹力绷带缠绕腰部加以固定,等待其冷却硬化(图 5-1-3A);再加热腕托部分的板材,待其软化后取出,按腕功能位矫形器的要求进行塑形。

图 5-1-3A　骨盆片塑形

(3) 后期加工:取下塑形后的低温热塑板材,用剪刀修剪边缘,然后,对边缘进行翻边处理;将初步成型的矫形器穿在患者相应的身体部位,检查其与身体的贴合程度后,再分别用临时固定带加以固定;调整患者患侧的肩肘姿势到所要求的位置,并请助手固定和帮助患者保持该姿势;在矫形器骨盆片部分和腕托部分之间放置铝制支撑条,以承托整个上肢的重量和纠正肩关节的半脱位;分别在矫形器的骨盆片部分和腕托部分上标注出打铆钉孔所需对应的位置;按照在骨盆片部分和腕托部分上所标注的位置打上铆钉孔,并安装上支撑条。如无铝制支撑条,可采用长条形低温热塑板材,将其在恒温水箱中加热后卷成圆柱状,再将圆柱的两端板材略展开使之形成扇形,等待其冷却成型;重新加热圆柱两端的扇形部分,并将两端分别连接于矫形器骨盆片部分和腕托部分;通过塑形使扇形部分与相应连接部分充分贴合;待再次冷却后,用记号笔在矫形器的骨盆片部分与腕托部分上描画出连接处的扇形轮廓;取下打孔、用铆钉固定。最后,在骨盆片上安装两条固定带,可根据需要安装前臂固定带,如图 5-1-3B、C。

图 5-1-3B　用铆钉固定板材支撑条

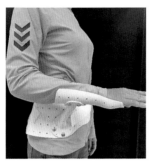

图 5-1-3C　腰部固定带

6. 临床适应证

(1)肱骨外科颈骨折合并肩关节半脱位术后

1)特征:多见于因直接暴力冲击肩部所造成的肱骨外科颈粉碎性骨折的患者,其 X 线片检查,可见肱骨头向关节盂下方移位。

2)矫形器的特殊要求:通常保持肩关节处于前屈 0°、旋转中立位、稍外展、肘关节屈曲 90°的位置,并使盂肱关节能完全在位;或取决于专科医师的具体建议与要求。

3)适配检查要点:复查 X 线片,显示骨折处对位对线良好、肩关节位置正常。

4)容易出现的问题:前臂托位置不恰当,肩部半脱位不能得到矫正,或因支撑条偏长而使肩部被动耸起。患者也可能因为手术部位疼痛或精神过度紧张等,不能够充分地放松肩、颈部,而引发肩、颈部的软组织疲劳与不适。

5)穿戴方法:患者用健侧手充分承托住患侧上肢的肘部,以保持肩关节处于适当的位置,然后,屈曲患肢的肘关节至 90°,并维持该姿势;在他人帮助下,先将矫形器的骨盆片部分放置于患侧髂腰部;调整其位置,使腕托能够顺利与正确地托住前臂与腕部;依次固定好位于腰腹部的固定带;微调矫形器与身体的部位关系以及固定带的松紧度,直至达到较为舒适的状态;最后,依次固定好前臂的固定带。患者需要全天候持续穿戴 6~8 周。

6)替代方法:成品肩关节制动性吊带。

(2)偏瘫导致的肩关节半脱位

1)特征:偏瘫患者常因肩关节周围软组织的张力失调、肌群的无力或肌力的不平衡,而出现肩关节半脱位,可伴有肩痛。

2)矫形器的特殊要求:肩关节前屈 10°~20°、旋转中立位,肘关节屈曲 70°~80°,前臂旋前,腕关节略背伸。

3)适配检查要点:肩关节半脱位被充分纠正,双侧肩峰处在同一水平线上。

4)容易出现的问题:不能够充分纠正肩关节半脱位或患者出现过度耸肩的情形。

5)穿戴方法:同上。主要供患者离床活动时穿戴,卧床与夜间睡眠时须脱下。

6)替代方法:肩肱悬吊式矫形器(肩吊带)。

(3)上臂丛损伤

1)特征:上臂丛损伤常表现为肩关节和肘关节功能受损,特别是不能主动屈曲,但腕手功能正常或接近正常。

2)矫形器的特殊要求:肩关节前屈的角度可达 30°,前臂托部分的远端可以不超过腕关节,以允许腕、手更好地发挥功能。

3)适配检查要点:同上。

4)容易出现的问题:同上。

5)穿戴方法:同上。主要供患者在离床活动时与工作中穿戴。如伴有肩关节半脱位,除了卧床休息和肩关节运动训练时间,其他时间都须穿戴,直到肩部肌肉恢复部分功能。

6)替代方法:无。

四、肩关节制动性吊带

1. 常用名称　肩关节制动性吊带(shoulder immobilizer sling),又称肩锁关节脱位矫形器、肩-臂吊带、肩关节制动性矫形器。其作用的目标关节是肩关节,但跨过肩和肘,属于肩肘矫形器。

2. 治疗作用

(1)基本作用:制动肩部。

(2)附加作用:通过帮助肩胛骨抬起、锁骨下降的方式,使肩锁关节保持对位的状态。

3. 作用原理　利用带有两根扣带的臂托,将上肢屈肘位固定于胸前,以达到制动肩部或保持肩锁关节对位的目的。

4. 材料　帆布、帆布带、方形扣环、尼龙搭扣。

5. 制作方法

（1）尺寸度量：患者取坐位或站立位，按图5-1-4A所示的方法获取臂托所需帆布的大致轮廓与尺寸，并注意预留缝边所致的损耗；两根帆布带的长度分别为：在屈肘90°的体位下，从肘关节的近端，经身体后方绕过对侧肩部、胸前，再至拇指的距离；另一根帆布带长度为胸围再加上15 cm。

（2）裁剪：分别裁剪出所需的帆布及帆布带。

（3）后期加工：先用Z字形针脚的缝纫机，将臂托缝制完毕，并在上臂开口处缝上尼龙搭扣，使其可以闭合成圆形；分别在臂托的肘部边缘及上臂开口处的前片上方边缘缝上两根帆布带的各一端；再分别在臂托手部开口处的后片及上方（将臂托的两片与帆布带一起缝合）缝上两根穿有方形扣环的帆布带；在患者试穿的情况下，在两根帆布带的末端确定缝制尼龙搭扣的合适位置，并完成缝制。横向固定带也可以是单独、游离的。成品如图5-1-4B。

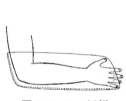

图5-1-4A　纸样　　图5-1-4B　肩关节制动性吊带

6. 临床适应证

（1）盂肱关节脱位

1）特征：盂肱关节是人体活动范围最大、最灵活，但结构最不稳固的关节。前下脱位是其最常见的脱位类型。典型的临床表现为患侧肩部塌陷，失去圆形隆起的轮廓，即形成所谓的"方肩"。

2）矫形器的特殊要求：制作肩关节制动性吊带的材料需厚实、牢固。必要时，在臂托内安放用低温热塑板材制作的臂槽。

3）适配检查点：①两侧的肩部要等高，以避免支持不充分或将受累侧肩部制动在过度上抬的状态。②保持手部稍高于肘关节的水平，以避免手部的肿胀。

4）容易出现的问题：耸肩姿势与手部肿胀。

5）穿戴方法：持续3～6周或视医师的具体建议而定。白天可以间歇性地解开，在承托前臂保持

盂肱关节在位的前提下进行肘部、前臂、腕与手部的活动，以避免不必要的关节僵硬的发生。夜间睡觉时，保持仰卧位，避免侧卧位。

6）替代方法：市售的成品肩关节制动性吊带。情形严重者，可以采用石膏外固定。

（2）肩锁关节脱位

1）特征：肩锁关节是由锁骨的肩峰端与肩胛骨的肩峰所构成，其关节囊较为松弛，周围有肩锁韧带、喙锁韧带、喙肩韧带加强。其脱位，多由于作用于肩峰处的直接或间接暴力所致。临床表现为肩部肿胀、疼痛，上肢活动受限，肩锁关节处隆起伴压痛。

2）矫形器的特殊要求：无。

3）适配检查要点：穿戴该吊带后，患者在主动放松肩部的情况下，患侧肩部须高于对侧水平，且肩锁关节处于平坦、复位的状态。

4）容易出现的问题：同上。

5）穿戴方法：同上。

6）替代方法：成品肩关节制动性吊带。

（3）肩袖断裂修复术后

1）特征：肩袖断裂是指外伤、过度使用、反复撞击肩峰的动作导致肩袖肌腱的部分撕裂或完全断裂。其主要临床表现为：肩部疼痛、肩关节活动受限及涉及该侧肢体参与的作业活动表现障碍等。

2）矫形器的特殊要求：治疗师最好能够与手术医师进行面对面的沟通，以获取有关修复术的方式、关节活动限制的角度以及特别的注意事项等信息，并达成相关的共识，以确保矫形器治疗的安全、有效。

3）适配检查要点：视手术医师的具体要求而定。

4）容易出现的问题：同上。

5）穿戴方法：穿戴3～6周，术后循序渐进地教会患者学会轻柔的肩胛骨后撤动作，由躯干发动并带动肩关节在不同平面做小幅度钟摆样运动练习，以及感知正确姿势的方法。

6）替代方法：成品肩关节制动性吊带。

（4）肩峰下撞击减压术后

1）特征：肩峰下关节又称第二肩关节，是指位于喙肩弓（由肩峰、喙突、喙肩韧带共同构成）和肱骨头上部、肱骨大结节之间的肩峰下间隙，内含肩

袖肌腱、肱二头肌长头腱、肩峰下及三角肌下滑囊和盂肱关节囊的上部。肩峰下撞击综合征,是指由各种原因所导致的肩峰下软组织被反复地挤压、撞击所引起的一系列临床症状。主要症状为肩峰周围疼痛和肩关节活动受限,多与过度使用肩部或有肩部外伤史有关。肩峰下撞击减压术的主要目的是去除肩峰下间隙引起撞击的结构。

2)矫形器的特殊要求:无。

3)适配检查要点:同上。

4)容易出现的问题:同上。

5)穿戴方法:同上。可以教会患者练习仰卧弓背和俯卧抬臂、动态拥抱的动作,以收缩前锯肌和促进肩关节周围的运动控制。

6)替代方法:成品肩关节制动性吊带。

五、单片式肱骨筒状矫形器

1. 常用名称　单片式肱骨筒状矫形器,也称单片式肱骨固定型矫形器(univalved humerus-stabilizing orthoses)。

2. 治疗作用

(1)基本作用:为肱骨干上段和中段骨折后10~15天非手术的患者提供可靠的固定,以取代夹板或石膏的固定。

(2)附加作用:在不影响骨折处固定的情况下,允许患者进行肩和/或肘关节的早期功能性活动。

3. 作用原理　利用低温热塑板材在上臂处绕行1周的方式,对上臂软组织施以一定的压力,以使骨折断端保持对位;在穿戴该矫形器的情况下,所允许的肘关节的主动屈伸活动,不仅有利于肱骨断端之间更好地对线,也有助于骨折更牢固地愈合。

4. 材料　厚度为2.4 mm的记忆型低温热塑板材,固定带。

5. 制作方法

(1)取样:患者取坐位或站立位,身体稍向患侧倾斜,以利于患侧上肢出现被动外展。如患者疼痛明显,可由助手轻轻托住患者前臂的远端(注意避免对肱骨产生向上的推力,以免造成骨折断端移位);治疗师采用透明塑料薄膜,自患者患侧的肩部起,尽可能平整地将薄膜绕行整个上臂1周,然后,用记号笔在薄膜上描摹出前部达锁骨中线、后部达

肩胛骨中线、上方超过肩峰3 cm以上、下方为腋下1 cm(如为肱骨中段比较稳定的骨折,肩部缘轮廓只到关节盂)、下缘与肱骨内、外上髁平齐的身体部位的轮廓图,并在上臂内侧沿着其长轴方向画一条直线;用剪刀沿笔迹剪除多余的薄膜部分,剪成的薄膜形状如图5-1-5A所示。将剪成的塑料薄膜覆盖于低温热塑板材上,并依据薄膜图样,裁剪出所需的部分。

(2)成型:用70 ℃的恒温水槽软化板材;患者保持与取样时相同的体位;取出软化的板材,用干毛巾吸干表面水分,稍冷却后将其贴敷于患者身体的相应部位;对热塑板材施加稍强的牵伸力量,使其水平绕行上臂1周以对软组织造成一定的压力,并使其边缘适当地重叠,然后,边对板材进行塑形,边用弹力绷带缠绕上臂部位;用手掌对肩部进行自下而上的牵伸与塑形,以保证板材与身体表面贴合;对多余的肩部外侧上方的板材(图5-1-5A所示的部位),需要依照肩的轮廓进行V形对捏与返折;趁热剪去多余材料。骨折部位较靠近肱骨头者,预留在肩周的板材应稍长一些,并在塑形时,在肩关节的前、后方同时略施加相对挤压的力量,以使得成型后的矫形器能够更好地固定肩部于不能活动的状态(图5-1-5B);如骨折部位靠近肱骨的中段,且骨折时间在2周以上者,预留在肩周的板材可以稍微短些,且在塑形时不使用加压的手法,以使得成型后的矫形器能够允许肩关节有小范围的前屈、后伸活动。

图5-1-5A　纸样　　　图5-1-5B　肩部塑形

(3)后期加工:取下塑形后的低温热塑板材,修剪边缘,并进行翻边处理;将初步成型的矫形器

穿在患者相应的身体部位,检查其与身体的贴合程度;在矫形器肩部上方的前、后位置安装可以斜跨到对侧腋下的肩胸固定带;在筒状部分安装 3 条不影响 X 线透过的塑料 D 形扣及扣带。肩胸固定带的安装位置如图 5-1-5C 所示。

图 5-1-5C 穿戴后

6. 临床适应证

(1) 肱骨干中段骨折

1) 特征:肱骨干是指肱骨外科颈以下 1~2 cm 至肱骨髁上 2 cm 之间的部位。肱骨干中段骨折最为常见,下段次之,上段最少,可由直接暴力、传导暴力或旋转暴力所致。

2) 矫形器的特殊要求:肩部边缘须略微超过关节盂,但允许肩关节有小范围的前屈、后伸活动;上臂部分与肢体均匀贴敷;扣带的松紧度可以调节,以满足随着上臂水肿的消退而进行调紧的需要。

3) 适配检查要点:矫形器与上臂牢固贴合,肩、肘关节活动时不会出现移位现象。

4) 容易出现的问题:可能会引发手部的肿胀。

5) 穿戴方法:患者取坐位或站立位,他人用双手掰开矫形器,并将其套入患侧上臂,然后,稍用力牵拉并束紧扣带。患者需要每天穿戴 24 h 该矫形器,但可以适当活动肘关节。在离床活动时,可加用三角巾吊带,将患侧上肢置于轻松的胸前屈肘位,以减少前臂和手部的重量对骨折断端可能产生的不利影响。

6) 替代方法:管状石膏。

(2) 肱骨干上段骨折

1) 特征:由于在肱骨干上段有许多肌肉附着和通过,所以,此处骨折极易受到不同肌肉与方向

的牵拉而发生骨折移位。严重移位者,通常需要接受切开复位+内固定手术。

2) 矫形器的特殊要求:矫形器的肩部边缘须充分限制肩关节向各个方向的活动。

3) 适配检查要点:在保持患肢肩关节充分制动的前提下,允许肘关节做自由的屈伸活动。

4) 容易出现的问题:可能会引发手部的肿胀。

5) 穿戴方法:同上。患者需要每天穿戴 24 h 该矫形器,且需要拉紧从患侧肩关节斜跨至对侧腋下的固定带,以保证患侧上肢始终处于躯干的侧方。

6) 替代方法:管状石膏。

六、双片式肱骨固定型矫形器

1. 常用名称 双片式肱骨固定型矫形器(bivalved humerus-stabilizing orthoses),又称双片式肩部固定型矫形器。

2. 治疗作用

(1) 基本作用:制动肩关节、促进肱骨骨折愈合。

(2) 附加作用:为受伤肢体尽早进行主动活动提供有利的条件与安全保障。

3. 作用原理 通过矫形器的内、外两片合拢时所形成的管状空间,对骨折部位提供必要的支撑与保护;矫形器对肩部的制动可以减少因肩部肌肉收缩对肱骨断端造成的剪力,有利于稳定骨折断端、促进愈合。

4. 材料 厚度为 3.2 mm 的低温热塑板材,固定带。

5. 制作方法

(1) 取样:患者取坐位或站立位,身体稍向患侧倾斜,以利于患侧上肢出现被动外展;治疗师采用透明塑料薄膜,尽可能平整地覆盖住患侧肩部与整个上臂,然后先用记号笔在薄膜上描摹出矫形器的外侧片部分:上缘自肩峰起,分别沿着肩部前方与后方的轮廓描摹至腋前线与腋后线,下缘与肱骨内、外上髁平齐,并在上臂的前方和后方的正中线各画一条直线,再用一小片透明的塑料薄膜,紧贴患侧上肢的腋窝下缘,尽可能平整地环形包裹住整个上臂;并用记号笔在薄膜上描摹出矫形器的内侧片部分:上方从腋窝下方 1 cm 处的中间点开始,分

别沿着肩关节盂的前轮、后轮廓画一条连续的弧线,在与外侧片上臂部分的前方和后方边缘线保持大约 2 cm 宽的重叠处,各画一条直线,下缘以不限制屈肘为界;用剪刀沿笔迹剪除多余的薄膜部分,剪成的薄膜形状为如图 5-1-6A 所示的两个部分;将剪成的塑料薄膜覆盖于低温热塑板材上,并依据薄膜图样,裁剪出所需的部分。

图 5-1-6A　纸样

(2)成型:加热剪好的低温热塑板材,待其软化;患者采取与取样时相同的体位与姿势;先取出软化的外侧片,用干毛巾吸干表面水分,等待其稍冷却后,将其贴敷于患侧上臂外侧,并使外侧板材的上面部分包裹住肩部的前方、后方;从肩部上方开始施加适当的压力,以使板材与肢体基本贴合,然后,再沿着肩外侧及上方的轮廓线对板材进行塑形,也使其与整个上臂部分充分贴合,如图 5-1-6B;取出内侧片,将其围绕上臂内侧,从中间向两侧缘稍施加拉伸的力量,以使其两侧缘覆盖在外侧片的两缘上,重叠宽度约为 2 cm;用手掌均匀抚按内侧片,使之与臂内侧充分地贴合。

图 5-1-6B　外侧片成型

(3)后期加工:取下塑形后的外侧片与内侧片,分别用剪刀修剪多余的部分;在修剪时,使内侧片的前、后缘与外侧片的前、后缘之间各留有大约 2.5 cm 宽的缝隙,以便于在肢体消肿后,能够通过调整固定带来确保矫形器的松紧度合适;对内、外侧片的边缘进行翻边处理;进行试穿,并检查其与身体的贴合程度,必要时,进行局部的重新塑形。如图 5-1-6C、D 所示,在内侧片相应的位置安装带有 D 形扣的扣带 2~3 条,在外侧片的肩部位置安装肩胸固定带。

图 5-1-6C　内侧片安装
3 条固定带

图 5-1-6D　先穿戴外
侧片,后穿戴内侧片

6. 临床适应证

(1)稳定型肱骨骨折

1)特征:骨折断端不容易发生移位,如肱骨干的斜形骨折。

2)矫形器的特殊要求:无。

3)适配检查要点:矫形器与上臂牢固贴合,肩、肘关节活动时不出现移位现象。

4)容易出现的问题:受骨折部位软组织肿胀程度的影响,容易出现矫形器过紧或松脱的情形;有可能会引发手部的肿胀。

5)穿戴方法:先把外侧片放在肩及上臂相应位置,稍微掰开内侧片,从上臂内侧向外扣在外侧片上,调整位置,使两片相互吻合,然后,稍用力牵拉并束紧扣带,拉紧肩胸固定带。患者需要 24 h 穿戴,肘部可自由活动。

6)替代方法:管状石膏、小夹板。

(2)肱骨骨折内固定术后

1) 特征:在内固定的支持下,骨折断端不容易发生移位。

2) 矫形器的特殊要求:无。

3) 适配检查要点:同上。

4) 容易出现的问题:同上。

5) 穿戴方法:同上。患者需要每天穿戴 24 h,持续 3～4 周。

6) 替代方法:对于能够对骨折部位提供稳固内固定的患者,可以改用三角巾悬吊带,将患侧上肢置于轻松的胸前屈肘位即可。

七、肩关节半脱位吊带

1. 常用名称 肩关节半脱位吊带(shoulder subluxation sling),又称为肩吊带、肩肱吊带。属于肩关节活动型矫形器。

2. 治疗作用

(1) 基本作用:保护肩部软组织,预防或纠正肩关节半脱位。

(2) 附加作用:减轻肩部疼痛。

3. 作用原理 利用臂套与肩片之间相连接的扣带对肩部所产生的上提与外旋的力,再加上由胸部扣带对肩部产生的轻度外展的力,有效对抗上肢重量对肩关节周围软组织所产生的牵拉力量,同时增加盂肱关节的稳定性;通过限制肩关节的活动范围,减轻由于肩关节退行性病变和周围软组织的急、慢性损伤所引起的疼痛。

4. 材料 优质弹性面料、魔术贴、人造套子、2 cm 和 4 cm 宽的帆布带、D 形扣 3～4 只。

5. 制作方法

(1) 尺寸度量:肩片的尺寸相对固定,通常为 12 cm×15 cm;臂套部分的宽度通常为 10 cm,长度的上缘为紧贴腋窝下缘的上臂水平围度＋1 cm,下缘为上缘水平下 10 cm 的上臂水平围度＋1 cm;帆布带的长度分别为:肱骨中点与肩峰之间距离的 2 倍,以及从患侧的肩胛冈斜行至健侧腋下再经胸前绕行至患侧锁骨上窝的距离再加上 20 cm。

(2) 裁剪:在优质弹性面料上裁剪出肩片与臂套部分;剪出肱骨中点与肩峰之间距离 2 倍长度的帆布带 2 根、另一长度的帆布带 1 根、大约 20 cm 长的帆布带 2 根、固定 D 形扣用的帆布带 5 根;再剪出供帆布带折返固定所需长度魔术贴的毛面与钩面。

(3) 后期加工:用 Z 字形针脚的缝纫机,在两根较短帆布带两端的同一面以及长帆布带的一端的同一面的邻近两处,分别缝上魔术贴的毛面与钩面;再按如图 5-1-7A 所示的臂套以及如图 5-1-7B 所示的肩片相应位置,依次缝上带有 D 形扣的帆布带、带有魔术贴的帆布带及与胸部 D 形扣相匹配的人造毛套子,并将人造毛套子套入胸部 D 形扣。注意肩片上的胸部 D 形扣的位置会因上肢左、右侧的不同而有所不同。

图 5-1-7A 臂套　　　图 5-1-7B 肩片

6. 临床适应证 偏瘫或臂丛神经损伤后的肩关节半脱位。

(1) 特征:稳定肩关节的周围肌肉处于软弱无力的状态,松弛的肩关节囊与韧带不能有效对抗上肢重力的牵拉,肩胛骨周围肌肉肌力或肌张力不平衡等因素,不同程度地影响了肩关节的稳定性,从而容易发生肩关节的半脱位与肩痛。

(2) 矫形器的特殊要求:无。

(3) 适配检查要点:矫形器穿戴完毕后,要确保肩部的关节盂与肱骨头上缘之间触摸不到空隙。

(4) 容易出现的问题:容易引发偏瘫上肢与手部的肿胀;伴有上肢淋巴回流障碍者,禁止使用。

(5) 穿戴方法:由治疗师或由治疗师教会的他人完成穿戴。穿戴步骤为:把肩片放置在患侧肩上,使其外侧缘位于肩峰内侧,扣好肩胸固定带;把臂套部分在患侧上臂处固定好,松紧度以臂套恰好不会发生转动为宜;上抬并稍外旋受累的上肢,同时调整、连接肩片与臂套之上相对应的前、后扣带,稍用力拉紧并扣牢。穿戴完毕后的效果如图 5-1-7C、D 所示。此吊带仅供患者在离床时穿戴,做上肢主、被动训练时应取下。

图 5-1-7C　前面观　　　图 5-1-7D　后面观

（6）替代方法：同类型设计的成品肩护具，最好选择带腋下气囊的。

八、锁骨骨折矫形器

1. 常用名称　锁骨骨折矫形器（clavicular fracture orthoses），又称锁骨骨折固定带、肩部"8"字形固定带。

2. 治疗作用

（1）基本作用：用于锁骨骨折的急性期制动、保守治疗或术后的外固定。

（2）附加作用：纠正驼背式姿势不良。

3. 作用原理　利用背部片上的扣带所提供的拉力，使双侧肩部处于对称性的后伸与外展的位置，以为锁骨骨折处提供有利的愈合和制动环境，或纠正驼背式姿势不良。

4. 类型选择　成品锁骨骨折矫形器有成人款与儿童款，且不同款均有不同的尺码以适应不同个体的需要。

5. 穿戴方法　选择合适的类型与型号，由治疗师按照产品使用说明书所描述的步骤为患者进行穿戴，并将扣带调整到松紧合适的状态。穿戴后的效果如图 5-1-8 所示。

图 5-1-8　锁骨骨折固定带

6. 临床适应证　主要适用于锁骨骨折。

（1）特征：锁骨骨折多发生在中、外 1/3 交界

处，摔伤是导致骨折的最主要原因。其发病人群以儿童和青壮年为多见，临床治疗措施包括外固定（稳定性骨折或无骨折移位者）、手法复位＋外固定（发生骨折移位的稳定性骨折）与手术内固定（无法复位或复位失败者）。主要临床表现为骨折处肿胀、隆起与疼痛，患者常采用头偏向患侧的姿势，以减轻胸锁乳突肌对伤处的牵拉所产生的疼痛。

（2）矫形器的特殊要求：无或以专科医师的具体要求而定。

（3）适配检查要点：双侧锁骨对称，患侧肩胛骨前伸得到纠正，肩胛骨充分后撤、姿势对称。

（4）容易出现的问题：因矫形器太紧，影响患者的呼吸运动，或压迫局部软组织造成血液循环障碍。

（5）穿戴方法：患者取坐位，将双侧手背贴于身体的腰背部，然后，向后下方用力做扩展胸部的动作，以使得双侧肩部均处于充分的后伸与外展的位置；维持该姿势，由他人按照先患侧、后健侧的顺序穿入并扣紧矫形器。患者需要每天穿戴 24 h，持续 3 周。

第二节
肘和肘腕矫形器

肘和肘腕矫形器主要用于肱骨远端、肘关节及前臂损伤，如肱骨髁上骨折、肱骨髁间骨折、桡尺骨近端骨折、肘关节脱位、肘关节及前臂的软组织损伤等，其主要作用包括：保护或制动肘关节，促进受损组织愈合，限制关节活动与矫正畸形等。其临床常用类型有肘关节伸直静态矫形器、肘关节屈曲静态矫形器、肘腕矫形器、网球肘护具、高尔夫球肘护具、铰链式肘关节矫形器、罗盘式肘关节矫形器、肘关节伸直可调节型矫形器及前臂旋转矫形器。

一、肘部静态矫形器

（一）肘关节伸直静态矫形器

肘关节伸直静态矫形器（elbow extension static orthoses），主要通过将肘关节置于伸直位而达到一定的治疗目的。其临床常用类型有肘关节管状伸直型矫形器、肘关节单片伸直型矫形器、肘关节双片伸直型矫形器。

1. 常用名称　肘关节伸直位矫形器。

2. 治疗作用

(1) 基本作用：①缓解由肘关节屈曲引起的尺神经张力增高；②固定和保护肘关节骨折部位；③维持屈肘肌群初始长度，预防或纠正肘关节屈曲挛缩。

(2) 附加作用：肘关节侧偏畸形的矫正。

3. 作用原理　利用机械力学的原理将肘关节制动于伸直位或牵拉肘部屈曲的组织。

4. 材料　厚度为3.2 mm的低温热塑板材、魔术贴。

5. 制作方法

(1) 肘关节管状伸直型矫形器制作方法

1) 取样：测量腋下5 cm至腕横纹上5 cm的距离为板材长度，相应水平臂围各增加3 cm为板材宽度；用笔在纸上画出轮廓并剪出纸样（图5-2-1A）；依照纸样描摹、剪下或切割板材。

2) 成型：软化板材，取出后用干毛巾吸干板材表面的水分，稍冷却后，将其贴敷于肘前相应部位；对热塑板材略施加牵伸的力量进行塑形；在低温热塑板材重叠位置涂抹滑石粉或洗手液防止粘连，用弹力绷带轻轻缠绕覆盖板材的肢体，确保热塑板材与身体部位充分贴合，直至热塑板材变硬。

3) 后期加工：取下塑形后的低温热塑板材，用剪刀修剪边缘，然后，将它的边缘部位再次浸在温水中，待其略变软后，再对其进行稍向外翻卷的处理；将初步成型的矫形器穿戴在患者相应的身体部位，检查其与身体的贴合程度，必要时，进行局部的重新塑形；将定型修剪好的矫形器置于患肢，如图5-2-1B所示，于上臂中部、肘关节上部及前臂中部分别标记位置；将矫形器取下，在标记处用魔术贴进行环形固定。

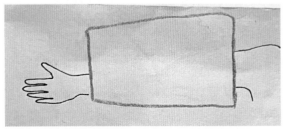

图5-2-1A　肘关节管状伸直型矫形器纸样

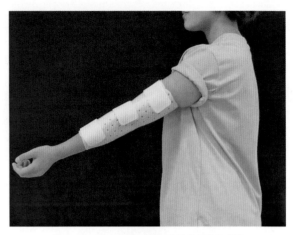

图5-2-1B　肘关节管状伸直型矫形器

(2) 肘关节单片伸直型矫形器制作方法

1) 取样：同上法，量取板材长度、宽度为对应臂围的2/3，画出纸样，如图5-2-2A。

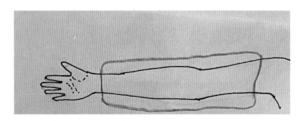

图5-2-2A　肘关节单片伸直型矫形器纸样

2) 成型：将剪下的低温热塑板材，置于大约70 ℃的恒温水槽中，待其软化后取出；用干毛巾吸干板材表面的水分，稍冷却，将其贴敷于患者手臂前侧相应部位；用弹力绷带缠绕固定并确保热塑板材与身体部位充分贴合，直至热塑板材变硬。

3) 后期加工：取下塑形后的板材，修剪边缘并做翻卷处理；将初步成型的矫形器穿戴在患者相应的身体部位，检查其与身体的贴合程度，必要时，进行局部的重新塑形；将定型修剪好的矫形器置于患肢，如图5-2-2B所示，于上臂中部、肘关节上部、肘关节下部及前臂中部分别标记位置；将矫形器取下，在标记处用魔术贴进行环形固定。

(3) 肘关节双片伸直型矫形器制作方法：

1) 取样：患者取仰卧位，肩关节轻度外展，肘关节置于伸直位，掌心向上；前片长度为上至腋下3 cm，下至腕横纹上3 cm、宽度为肢体围度的1/2，后片尺寸为以尺骨鹰嘴为中点的上下10 cm及该部位肢体围度的1/2；如图5-2-3A所示，剪出板材，并加热软化。

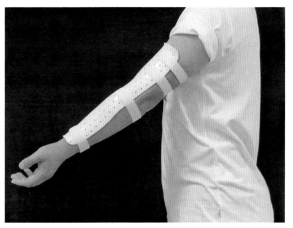

图 5-2-2B 肘关节单片伸直型矫形器

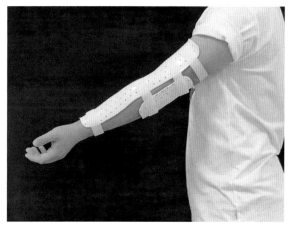

图 5-2-3B 肘关节双片伸直型矫形器

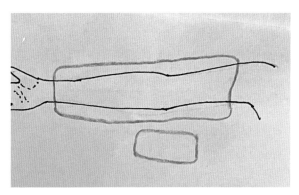

图 5-2-3A 肘关节双片伸直型矫形器纸样

2) 成型:将剪下的前、后片低温热塑板材,置于恒温水槽中软化后取出;拭干表面的水分,待其稍冷却后,将其贴敷于肘关节处;对热塑板材略施加牵伸的力量并将肘关节置于最大伸肘位;在前臂旋后位上进行塑形并用弹力绷带缠绕覆盖有低温板材的肢体部位,以短暂固定并确保热塑板材与身体部位充分贴合,直至热塑板材变硬。

3) 后期加工:取下塑形后的低温热塑板材,用剪刀修剪边缘,然后,将它的边缘部位再次浸在温水中,待其略变软后,再对其进行稍向外翻卷的处理;将初步成型的矫形器穿戴在患者相应的身体部位,检查其与身体的贴合程度,必要时,进行局部的重新塑形;将定型修剪好的矫形器置于患肢,如图 5-2-3B 所示,于上臂中部、肘关节上部、尺骨鹰嘴处、肘关节下部及前臂中部分别标记位置,将矫形器取下,在标记处用魔术贴进行环形固定。

6. 临床适应证

(1) 肘关节屈曲挛缩或僵硬

1) 特征:由各种原因引起的肘关节前方软组织挛缩所导致的肘关节屈伸受限。其主要临床表现为肘关节伸直受限,严重者需手术松解。

2) 矫形器的特殊要求:对于手术松解的患者,治疗师最好能够与手术医师沟通,达成共识,以确保矫形器治疗的安全、有效。肘关节管状伸直型矫形器适用于肘关节屈曲位僵硬中后期的辅助治疗,并要根据治疗效果逐渐调整伸直角度。肘关节单片伸直型矫形器适用于肘关节屈肘挛缩较轻或肘关节外伤早期的伸直位固定。肘关节双片伸直型矫形器适用于肘关节屈曲僵硬和肘关节屈曲痉挛严重的偏瘫等患者。

3) 适配检查要点:矫形器的服帖性和穿戴的舒适度,特别是鹰嘴处和矫形器上下缘处皮肤不能受压。

4) 容易出现的问题:矫形器边缘卡压、肘关节鹰嘴部位受压;束带过紧或过松导致患肢血运障碍或影响穿戴效果。对于肘关节屈曲角度较大的关节僵硬的患者,矫形器肘关节的角度不可完全伸直,否则局部难免受压,约比患者被动伸肘的角度增加 20°即可,然后再逐渐调直。

5) 穿戴方法:前臂旋后位进行穿戴。夜间持续穿戴,白天根据情况间歇性穿戴,总穿戴时间根据病情不同而定。

6) 替代方法:肘关节伸直动力型矫形器、肘关节伸直静态渐进型矫形器(参照本书第一章图 1-1-6)。

（2）肘管综合征

1）特征：尺神经在肘管处受到卡压，引起手掌尺侧和环指、小指麻木，严重者可出现手内肌无力和尺侧腕屈肌，第4、第5指深屈肌无力等；屈肘时症状加重。

2）矫形器的特殊要求：肘关节伸直或略微屈曲（小于15°）位固定。选用带密孔或薄型的低温热塑板材制作，且矫形器的上下缘分别到达上臂与前臂的中点即可；肘关节背面的固定带应添加海绵垫，避免对软组织产生压迫。

3）适配检查要点：肘部牵伸力应合适，边缘不压迫皮肤。

4）容易出现的问题：肘部固定带压迫皮肤，加重症状。

5）穿戴方法：主要为睡眠时穿戴；如果症状比较严重，白天也可以视情况间歇性穿戴。

6）替代方法：睡眠时用厚毛巾包裹在肘部，以限制肘关节屈曲。

（二）肘关节屈曲静态矫形器

1. 常用名称　肘关节屈曲静态矫形器。

2. 治疗作用　通过固定肘关节，以促进骨折和肘部及前臂软组织损伤的愈合；肘关节不稳的固定。

3. 作用原理　利用三点力原理，将肘关节固定于80°～90°屈曲、前臂旋后或中立位。

4. 材料　厚度为3.2 mm的低温热塑板材、魔术贴。

5. 制作方法

（1）取样：患者取面对着工作台的坐位，将患侧肢体摆放成肩关节轻度外展、肘关节屈曲80°～90°、前臂旋后的肢位；将腕背部及手置于工作台上；治疗师采用透明的塑料薄膜，尽可能平整地包裹患者的肘关节背侧，然后，用记号笔在薄膜上描摹出矫形器所需覆盖的身体部位的轮廓图（长度为上至腋下5 cm，下至腕横纹上10 cm；宽度为肢体围度的1/2）；用剪刀沿笔迹剪除多余的薄膜部分，剪成的薄膜形状如图5-2-4A所示；将剪成的塑料薄膜覆盖于低温热塑板材上，并依据薄膜图样，裁剪出所需的部分。

（2）成型：将剪下的低温热塑板材，置于大约

70 ℃的恒温水槽中，待其软化后取出；患者取坐位，助手协助患者保持患肢处于肩关节轻度外展、肘关节屈曲80°～90°、前臂旋后的位置；用干毛巾吸干低温热塑板材表面的水分，等待其稍冷却后，将其贴敷于患者身体的相应部位；边对热塑板材略施加牵伸的力量进行塑形，边用弹力绷带缠绕塑形后的身体部位，以短暂固定并确保热塑板材与身体部位充分贴合，直至热塑板材变硬。

（3）后期加工：取下塑形后的低温热塑板材，用剪刀修剪边缘，然后，将它的边缘部位再次浸在温水中，待其略变软后，再对其进行稍向外翻卷的处理；将初步成型的矫形器穿戴在患者相应的身体部位，检查其与身体的贴合程度，必要时，进行局部的重新塑形；如图5-2-4B所示，于上臂中部、肘关节上部、肘关节下部及前臂中部分别标记位置；将矫形器取下在标记处用魔术贴进行环形固定。

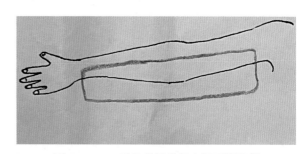

图 5-2-4A　肘关节屈曲静态矫形器取样

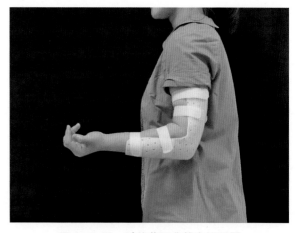

图 5-2-4B　肘关节屈曲静态矫形器

6. 临床适应证

（1）肘关节周围软组织损伤及其修复术后

1）特征：由于外伤或反向应力导致肘关节周围韧带或肌肉出现损伤，其主要临床表现为肘关节

肿胀,活动时疼痛剧烈伴稳定性降低。

2)矫形器的特殊要求:将肘关节固定于屈曲70°~90°、前臂旋后的位置;如伴有前臂旋转受限,矫形器的长度需要跨过腕关节,并固定手腕部位。

3)适配检查要点:肘部支持力应合适,边缘不压迫皮肤。

4)容易出现的问题:肘部固定带压迫皮肤与加重症状。

5)穿戴方法:术后每天穿戴24 h,持续4周,保守治疗者穿戴6周;后改为仅在夜间穿戴。

6)替代方法:成品肘关节铰链支具(屈肘位锁定)。

(2)肘关节骨折、肘关节恐怖三联征术后

1)特征:外伤致肘关节后脱位伴有桡骨头和尺骨冠状突骨折,其主要临床表现为肘关节肿胀、疼痛、活动受限及不稳定。

2)矫形器的特殊要求:肘关节恐怖三联征一般于术后7~10天,将肘关节固定在屈曲90°以上,前臂完全旋前、腕中立位。术后2周开始穿戴肘关节屈曲静态矫形器,具体穿戴时间和放置肘关节位置需与临床医师沟通。

3)适配检查要点:矫形器边缘修剪圆滑;矫形器的服帖性和穿戴的舒适度良好;矫形器穿戴效果的随访。

4)容易出现的问题:矫形器边缘卡压;束带过紧导致患肢血运障碍,或过松影响穿戴效果;骨突位置卡压;由于矫形器不能完全贴伏于患肢而出现的肘关节屈曲度数达不到要求。

5)穿戴方法:患者先取面对着工作台的坐位,将患肢肘关节屈曲、前臂旋前,手腕及手置于桌面上,然后再进行穿戴。24 h穿戴,持续4~6周,或与专科医师沟通取得共识。

6)替代方法:成品肘关节铰链支具(屈肘位锁定)。

(三)网球肘矫形器

1. 治疗作用

(1)基本作用:为炎症组织"制造"相对静止的休息环境,以利于炎症消退与减轻疼痛。

(2)附加作用:使用该矫形器,不会妨碍患者肘关节的正常活动,从而使其可以继续保持生活的独立性。

2. 作用原理　通过对前臂的伸肌群施加适当的压力,以降低其收缩强度,并减少或避免肌肉收缩活动对其炎症组织所造成的牵拉和对疼痛的激惹。

3. 材料　厚度为2.4 mm的低温热塑板材、魔术贴及内衬材料。

4. 制作方法

(1)取样:患者取坐位,面对着工作台,将肘关节以微屈、前臂中立位置于工作台上;治疗师采用透明的塑料薄膜,尽可能平整地包裹患者的肘关节,然后用记号笔在薄膜上描摹出矫形器所需覆盖的身体部位的轮廓图(上缘覆盖住前臂伸肌腱起点,下缘至前臂伸肌肌腹处);用剪刀沿笔迹剪除多余的薄膜部分,剪成的薄膜形状如图 5-2-5A 所示;将剪成的塑料薄膜覆盖于低温热塑板材上,并依据薄膜图样,裁剪出所需的部分。

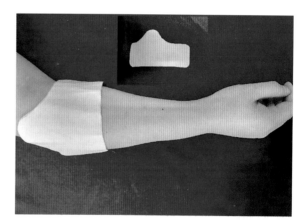

图 5-2-5A　网球肘矫形器薄膜取样

(2)成型:将剪下的低温热塑板材,置于大约70 ℃的恒温水槽中,待其软化后取出;患者取坐位,肘关节以微屈、前臂中立位置于工作台上;用干毛巾吸干低温热塑板材表面的水分,等待其稍冷却后,将其贴敷于患者身体的相应部位;对热塑板材略施加牵伸的力量进行塑形固定,并确保热塑板材与身体部位充分贴合,直至热塑板材变硬。

(3)后期加工:取下塑形后的低温热塑板材,将它的边缘部位再次浸在温水中,待其略变软后,再对其进行稍向外翻卷的处理;将初步成型的矫形器穿戴在患者相应的身体部位,检查其与身体的贴合程度,必要时,进行局部的重新塑形;在如图 5-2-5B 所示的位置,用魔术贴进行环形固定。

5. 临床适应证　肱骨外上髁炎(俗称网球肘)。

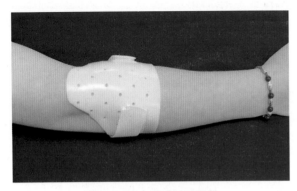

图 5-2-5B　网球肘矫形器

（1）特征：肱骨外上髁炎是由于前臂伸肌群重复用力所引起的肌肉或腱性结构出现的撕裂损伤。患者在用力抓握和提举物体时，出现肘部外侧部位的疼痛，休息时可减轻或缓解，运动后加重。

（2）矫形器的特殊要求：矫形器需施压于前臂伸肌腱起点下方的肌腹处，但不影响肘关节的屈伸活动。

（3）适配检查要点：矫形器制作完成后注意修剪边角，不能引起卡压及摩擦；在矫形器与肢体接触的皮肤处加以内衬材料。

（4）容易出现的问题：矫形器边缘卡压；束带过紧或过松导致患肢血运障碍或影响穿戴效果；矫形器穿戴后影响肘关节活动。

（5）穿戴方法：患者取坐位，患侧肘部穿戴保护性内衬，将患肢以肩关节轻度外展、肘关节屈曲、前臂旋前、手腕中立位置于桌面固定；矫形器穿戴于患肢前臂伸肌群肌腹位置；调整矫形器的位置，使其与患者的身体部位完全贴伏；收紧环形束带，以不引起卡压和患者舒适为准。

（6）替代方法：成品网球肘护具。

（四）高尔夫球肘矫形器

1. 常用名称　高尔夫球肘矫形器（Golfer's elbow orthoses），又称高尔夫球肘护具。

2. 治疗作用

（1）基本作用：为炎症组织"制造"相对静止的休息环境，以利于炎症消退与减轻疼痛。

（2）附加作用：使用该矫形器，不会妨碍患者肘关节的正常活动，从而使其可以继续保持生活的独立性。

3. 作用原理　通过对前臂的屈肌群施加适当的压力，以降低其收缩强度，并减少或避免肌肉收缩活动对其炎症组织所造成的牵拉和对疼痛的激惹。

4. 材料　厚度为 2.4 mm 的低温热塑板材、魔术贴（尼龙搭扣）、内衬材料。

5. 制作方法

（1）取样：如图 5-2-6A 所示，剪出板材，加热软化。

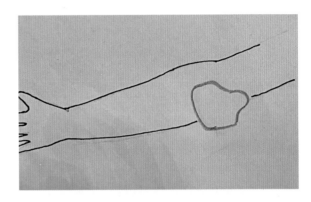

图 5-2-6A　高尔夫球肘矫形器纸样

（2）成型：软化后取出；患者取坐位，肘关节以微屈、前臂中立位置于工作台上；用干毛巾吸干低温热塑板材表面的水分，等待其稍冷却后，将其贴敷于患者身体的相应部位；对热塑板材略施加牵伸的力量进行塑形固定，并确保热塑板材与身体部位充分贴合，直至热塑板材变硬。

（3）后期加工：取下塑形后的低温热塑板材，将它的边缘部位再次浸在温水中，待其略变软后，再对其进行稍向外翻卷的处理；将初步成型的矫形器穿戴在患者相应的身体部位，检查其与身体的贴合程度，必要时，进行局部的重新塑形；在如图 5-2-6B 所示的位置安装魔术贴。

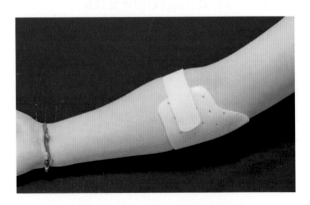

图 5-2-6B　高尔夫球肘矫形器

6. 临床适应证　肱骨内上髁炎(俗称高尔夫球肘)。

(1)特征:肱骨内上髁炎是指由于前臂屈肌群重复用力所引起的肌肉或腱性结构出现的撕裂损伤。患者在用力抓握和提举物体时,出现肘部内侧部位的疼痛,休息时可减轻或缓解,运动后加重。

(2)矫形器的特殊要求:矫形器需施压于前臂屈肌腱起点下方的肌腹处,但不影响肘关节的屈伸活动。

(3)适配检查要点:在矫形器制作完成后注意修剪边角,不能引起卡压及摩擦,并在矫形器与肢体接触的皮肤处加以内衬材料。

(4)容易出现的问题:矫形器边缘卡压;束带过紧或过松导致患肢血运障碍或影响穿戴效果;矫形器穿戴后影响肘关节活动。

(5)穿戴方法:患者取坐位,患侧肘部穿戴保护性内衬,将患肢以肩关节外展、肘关节屈曲、前臂旋前、手腕中立位置于桌面固定;将矫形器穿戴于患肢前臂屈肌群肌腹的位置;调整矫形器的位置,使其与患者的身体部位完全贴敷;收紧环形束带,以不引起卡压和患者舒适为准。

(6)替代方法:成品肱骨内上髁炎护具。

二、肘部活动型矫形器

(一)铰链式肘关节普通活动型/动力型矫形器

1. 常用名称　肘关节屈伸动力型矫形器。

2. 治疗作用

(1)基本作用:①肘关节周围骨折的早期固定;②肘关节周围软组织损伤的早期制动;③肘关节不稳的固定及辅助治疗;④肘关节损伤后的早期消肿、镇痛;⑤肘关节损伤后的康复训练。

(2)附加作用:肘关节内翻或外翻畸形的矫正,肘关节侧向不稳的保护。

3. 作用原理　利用矫形器的上臂和前臂部分分别对上臂和前臂进行固定,促进骨折愈合;利用上臂到前臂的铰链支架使肘关节避免受到内外翻的侧向剪力,对肘关节进行保护,并允许肘关节在一定范围内做屈伸活动。必要时可增加弹簧或其他拉力装置。

4. 材料　厚度为3.2 mm的低温热塑板材、金属铰链、魔术贴、铆钉。

5. 制作方法

(1)取样:患者取仰卧位,将患肢以肩关节轻度外展、肘关节伸直位、前臂旋后、掌心向上的位置置于工作台上;治疗师采用透明的塑料薄膜,尽可能平整地包裹患者的上臂及前臂屈侧,然后,用记号笔在薄膜上描摹出矫形器所需覆盖的身体部位的轮廓图(上臂及前臂长度的2/3);用剪刀沿笔迹剪除多余的薄膜部分,剪成的薄膜形状如图5-2-7A所示。

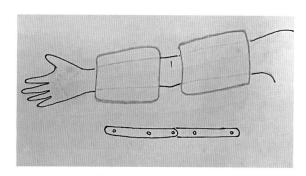

图5-2-7A　铰链式肘关节普通活动型矫形器纸样

(2)成型:将剪下的前臂、上臂片低温热塑板材置于大约70℃的恒温水槽中,待其软化后取出;用干毛巾吸干低温热塑板材表面的水分,等待其稍冷却后,将其贴敷于患者身体的相应部位;对热塑板材略施加牵伸的力量进行塑形,并用弹力绷带缠绕低温热塑板材所覆盖的肢体部位,以短暂固定和确保热塑板材与身体部位充分贴合,直至热塑板材变硬。

(3)后期加工:取下塑形后的低温热塑板材,用剪刀修剪边缘,然后,将它的边缘部位再次浸在温水中,待其略变软后,再对其进行稍向外翻卷的处理;将初步成型的矫形器穿戴在患者相应的身体部位,检查其与身体的贴合程度,必要时,进行局部的重新塑形;将定型修剪好的上臂托和前臂托置于患肢相应的部位,将预弯成型的铰链关节置于肘关节处,使铰链关节的活动轴与肱骨内外髁的连线一致;分别将铰链关节的两臂简单固定于上臂与前臂托上,并在臂托上标注好铆钉打孔的位置;标记完成后取下上臂托、前臂托和铰链关节,根据所标记的位置用铆钉将其固定,并于上臂中部、肘关节上部、肘关节下部及前臂中部分别用魔术贴进行环形固定。成品如图5-2-7B。

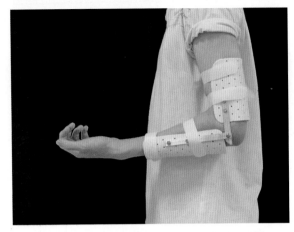

图5-2-7B　铰链式肘关节普通活动型矫形器

6. 临床适应证　肘关节不稳。

(1) 特征:肘关节不稳是指肘关节稳定所依赖的骨性结构和关节囊韧带提供的静力性稳定以及关节周围肌肉提供的动力性稳定,因各种原因的损伤遭到破坏。肘关节不稳是临床上较为常见的运动损伤类型。引起肘关节不稳的最常见原因是韧带损伤。主要临床表现为关节囊松弛、外翻应力试验阳性或后外侧轴移试验阳性,运动时伴有不稳、疼痛、弹响、绞索等。

(2) 矫形器的特殊要求:需与临床医师沟通,共同制订穿戴位置及时间。

(3) 适配检查要点:矫形器边缘要光滑;矫形器的服帖性和穿戴的舒适度要好;腕关节骨突位置无卡压情况等。

(4) 容易出现的问题:矫形器边缘卡压;束带过紧或过松导致患肢血运障碍或影响穿戴效果;尺神经卡压征等。

(5) 穿戴方法:患者取坐位,患侧肢体穿戴保护性内衬;将患肢的肩关节轻度外展、肘关节自然屈曲、前臂旋后;保持该姿势,将手腕与手摆放于桌面;矫形器由患肢的侧后方戴入;调整矫形器位置,使其与相应的身体部位完全贴伏;收紧环形束带,以不引起卡压和患者感觉舒适为准。

(6) 替代方法:成品肘关节铰链支具。

(二) 罗盘式肘关节矫形器

1. 常用名称　罗盘式可调节肘关节限制型矫形器。

2. 治疗作用

(1) 基本作用:①固定肘关节,促进肘关节周围骨折的早期固定与愈合;②保护肘关节周围软组织;③牵伸肘关节挛缩的组织。

(2) 附加作用:①肘关节不稳的固定及辅助治疗;②肘关节损伤后的早期消肿、镇痛;③根据临床或康复治疗需要对肘关节进行活动范围固定。

3. 作用原理　罗盘式肘关节矫形器采用带有刻度和可锁死装置的罗盘关节代替铰链关节,可以根据临床或康复治疗的需要,准确地进行关节角度的固定或限制肘关节的活动范围。如对于肘关节屈曲挛缩的情况,该矫形器不仅可以提供限制挛缩方向的主动运动,解放挛缩反方向的运动,还可在夜间对软组织进行持续的、抗挛缩方向的牵拉。

4. 材料　厚度为3.2 mm的低温热塑板材、罗盘关节、魔术贴、铆钉。

5. 制作方法

(1) 取样:患者取仰卧位,将患肢以肩关节轻度外展、肘关节伸直位、前臂旋后、掌心向上的位置置于工作台上;治疗师采用透明的塑料薄膜,尽可能平整地包裹患者的上臂及前臂背侧,然后用记号笔在薄膜上描摹出矫形器所需覆盖的身体部位的轮廓图(上臂及前臂长度的2/3);用剪刀沿笔迹剪除多余的薄膜部分,剪成的薄膜形状如图5-2-8A所示。

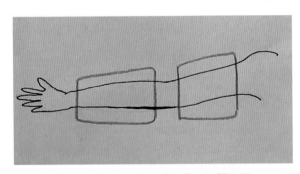

图5-2-8A　罗盘式肘关节矫形器纸样

(2) 成型:将剪下的上臂片、前臂片低温热塑板材,置于大约70 ℃的恒温水槽中,待其软化后取出;用干毛巾吸干低温热塑板材表面的水分,等待其稍冷却后,将其贴敷于患者身体的相应部位;对热塑板材略施加牵伸的力量进行塑形,用弹力绷带缠绕,以短暂固定并确保热塑板材与身体部位充分贴合,直至热塑板材变硬。

(3)后期加工:取下塑形后的低温热塑板材,用剪刀修剪边缘,然后,将它的边缘部位再次浸在温水中,待其略变软后,再对其进行稍向外翻卷的处理;将初步成型的矫形器穿戴在患者相应的身体部位,检查其与身体的贴合程度,必要时,进行局部的重新塑形;将定型修剪好的上臂托和前臂托置于患肢相应位置,将罗盘关节置于肘关节处;调整罗盘的轴与肱骨内外髁的连线一致;将罗盘关节的两臂简单固定于上臂与前臂托上,并在臂托上标注好铆钉打孔的位置;取下臂托,根据标记位置用铆钉将罗盘的两臂固定在臂托上;分别在上臂中部、肘关节上部、肘关节下部及前臂远端位置,用魔术贴进行环形固定。成品如图5-2-8B。

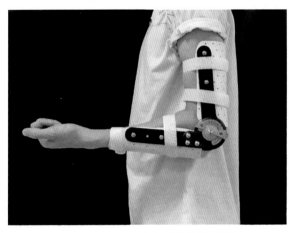

图 5-2-8B　罗盘式肘关节矫形器

6. 临床适应证　肘关节僵硬松解术后。

(1)特征:肘关节僵硬一般是指肘关节伸直受限>30°、屈肘角度<120°,伴有或不伴有前臂旋转功能受限。研究发现,当肘关节屈伸为100°(范围30°~130°),前臂旋前、旋后达90°时,即可满足日常生活90%的功能需要。一般可采取关节镜下松解术和开放性松解术。

(2)矫形器的特殊要求:患者术后,治疗师应与临床医师沟通了解手术方式及术中肘关节活动度情况,共同决定穿戴方式(夜间、白天穿戴位置)与穿戴时间。

(3)适配检查要点:矫形器边缘要光滑;矫形器的服帖性和穿戴的舒适性要好;罗盘关节运行应流畅,锁死装置应可以安全操作;腕关节骨突位置

无卡压情况等。

(4)容易出现的问题:矫形器边缘卡压;束带过紧或过松导致患肢血运障碍或影响穿戴效果。

(5)穿戴方法:患者取坐位,患侧肢体穿戴保护性内衬;将患肢的肩关节轻度外展、肘关节自然屈曲、前臂旋后;保持该姿势,将手腕与手摆放于桌面;矫形器由患肢的侧后方套入;调整矫形器位置,使其与相应的身体部位完全贴伏;收紧环形束带,以不引起卡压和患者感觉舒适为准;根据需要调整活动范围和固定位置。在白天运动时打开锁死扣,恢复正常活动;在运动结束后,需屈肘位、伸肘位交替固定,夜间固定于肘屈曲位。

(6)替代方法:成品肘关节铰链锁扣支具。

(三)肘关节伸直可调节型矫形器

1. 常用名称　肘关节伸直可调动型矫形器。

2. 治疗作用

(1)基本作用:渐进性地改善肘关节屈曲挛缩与肘关节伸直活动度。

(2)附加作用:矫正肘内翻或外翻。

3. 作用原理　通过作用于肘后(板材)、上臂近端(固定带)和前臂远端(固定带)的三点力,对肘部屈侧的软组织产生持续的牵伸力量,以达到改善肘关节伸直角度的目的。如果增加肘部板材的宽度,使其可以充分包裹住肘的后部与内侧,则该矫形器除了能矫正肘关节的屈曲挛缩外,还可以矫正肘外翻;同理,如果肘部板材的宽度可以充分包裹住肘的后部与外侧,则该矫形器可以同时矫正肘屈曲和肘内翻畸形。

4. 材料　厚度为3.2 mm的低温热塑板材、海绵垫片、魔术贴。

5. 制作方法

(1)取样:患者取坐位,面对着工作台;肩关节轻度外展、肘关节屈曲80°~90°、前臂旋后,将腕关节及手置于工作台上;治疗师采用透明的塑料薄膜,尽可能平整地包裹患者的肘关节背侧,然后,用记号笔在薄膜上描摹出矫形器所需覆盖的身体部位的轮廓图(长度为上至腋下5 cm,下至腕横纹上10 cm;宽度为肢体围度的1/2);用剪刀沿笔迹剪除多余的薄膜部分,剪成的薄膜形状如图5-2-9A;将剪成的塑料薄膜覆盖于低温热塑板材上,并依据

薄膜图样,裁剪出所需的部分。

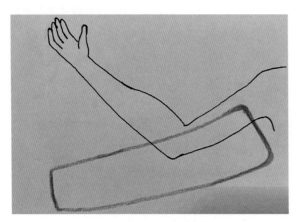

图 5-2-9A　肘关节伸直可调节型矫形器纸样

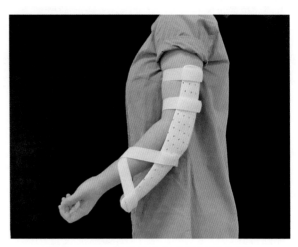

图 5-2-9B　肘关节伸直可调节型矫形器

(2)成型:患者取坐位,治疗师尽可能地牵伸患者的肘关节,并保持前臂旋后位;在患侧肘关节鹰嘴后方用双面胶贴上3层椭圆形海绵垫片,第一层海绵垫片面积最大,第二、三层海绵垫片依次缩小;在肱骨内上髁、肱骨外上髁连同桡骨小头处,用双面胶各贴上1层椭圆形海绵垫片,并在肢体上套上棉套加以保护;在低温热塑板材上依照纸样用铅笔描画出轮廓,在恒温水槽中稍微加热后取出裁剪;把裁好的板材放进水槽继续加热到软化;取出板材,用干毛巾吸附表面的水分;将板材上缘对齐腋下5 cm处,并使其平整地贴敷于上肢的伸侧,然后进行塑形;用绷带均匀缠裹带有板材的肢体部分;助手将双手置于上臂的内外侧,保护与固定板材的位置,治疗师一手轻握住有板材覆盖的前臂伸侧,一手抓住患者的手掌向肘关节施加持续牵伸的力量以适度增加肘关节伸直的角度(不超过30°),直到板材变硬。

(3)后期处理:在塑形后的板材上端、肘关节上方、前臂中点及远端贴上钩面魔术贴,上面两条钩面魔术贴必须处理成V形(尖角朝下);配上对应的毛面魔术贴(下方两条预留较大的长度)作为固定带,并在固定带上与患者皮肤接触的部位贴上海绵垫片,以增加矫形器与肢体的贴合度与舒适性;撕下患者肘后方鹰嘴处的海绵垫片,按照从小到大的次序,反向粘贴于矫形器相应的部位上。成品如图5-2-9B。

6.临床适应证　各种原因导致的肘关节屈曲挛缩较严重的患者。

(1)特征:由肘部骨折、关节脱位、韧带损伤、术后长时间固定等原因导致的肘关节屈曲挛缩,或由于异位骨化使肘关节活动范围几乎固定于屈曲90°±20°,经肘关节动力型矫形器进行牵伸而效果不佳。

(2)矫形器的特殊要求:无。

(3)适配检查要点:肘部免荷部分处理要充分;臂部两侧无夹挤现象;前臂钩面魔术贴应与毛面吻合;矫正力度要合适。

(4)容易出现的问题:肘后鹰嘴处有压力。

(5)穿戴方法:鹰嘴对着肘部免荷部分,上臂用魔术贴固定紧;拉住下方毛面魔术贴两端,把中间部分贴伏在前臂上并向对应钩面魔术贴拉紧并固定;调节下方两条魔术贴的松紧度,使肘关节达到痛阈前的牵伸;每持续数分钟后解开下方魔术贴数秒,再重新拉紧、固定;每维持30～60 min后,解开固定带,活动肘关节10～30 min;每天必须使用6 h以上,鼓励夜间也穿戴(下方固定带可以适当放松一点)。

(6)替代方法:非弹性肘关节伸直动力型矫形器。

三、前臂旋转矫形器

1.常用名称　前臂旋转动力型矫形器。

2.治疗作用　渐进性地改善前臂的旋转功能。

3.作用原理　将肘关节(屈肘90°)、腕关节(腕关节功能位)分别固定,然后通过渐进式的斜向牵拉力(皮筋、弹簧或齿轮样固定)完成对前臂旋转活动度的持续渐进性的改善。

4. **材料** 厚度为3.2 mm的低温热塑板材、金属条、魔术贴。

5. **制作方法**

(1)取样:患者取坐位,面对工作台;患肢肩关节轻度外展、肘关节屈曲80°～90°、前臂旋后,将腕关节及手置于工作台上;治疗师采用透明的塑料薄膜,尽可能平整地包裹患者的肘关节背侧及前臂掌侧,然后,用记号笔在薄膜上描摹出矫形器所需覆盖的身体部位的轮廓图(一片的长度为上至腋下5 cm,下至前臂中点,宽度为肢体围径的1/2;另一片的长度上至前臂的上1/3,下至掌横纹并充分解放拇指及其余4指,宽度为肢体围度减2～3 cm);用剪刀沿笔迹剪除多余的薄膜部分,剪成的薄膜形状如图5-2-10A所示;将剪成的塑料薄膜覆盖于低温热塑板材上,并依据薄膜图样,裁剪出所需的部分。

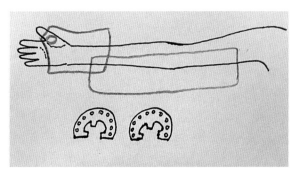

图5-2-10A 前臂旋转动力型矫形器纸样

(2)成型:将剪下的低温热塑板材,置于大约70 ℃的恒温水槽中,待其软化后取出;患者取坐位,助手协助患者保持患肢处于肩关节轻度外展、肘关节屈曲80°～90°、前臂旋后的位置;用干毛巾吸干低温热塑板材表面的水分,等待其稍冷却后,将其贴敷于患者身体的相应部位;边对热塑板材略施加牵伸的力量进行塑形,边用弹力绷带缠绕塑形后的身体部位,以短暂固定并确保热塑板材与身体部位充分贴合,直至热塑板材变硬。

(3)后期加工:取下塑形后的低温热塑板材,用剪刀修剪边缘,然后,将它的边缘部位再次浸在温水中,待其略变软后,再对其进行稍向外翻卷的处理;在腕关节功能位矫形器和肘关节屈曲矫形器

的前臂端安装金属配件和齿轮样圆盘;将初步成型的矫形器穿戴在患者相应的身体部位,检查其与身体的贴合程度,必要时,进行局部的重新塑形。前臂旋转动力型矫形器成品,如图5-2-10B。

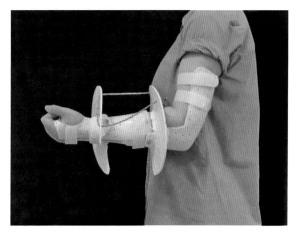

图5-2-10B 前臂旋转动力型矫形器

6. **临床适应证** 各种原因导致的前臂旋转功能受限患者。

(1)特征:尺桡骨骨折、前臂及腕关节周围的软组织损伤以及术后长时间固定等因素,易引起前臂旋转功能受限。基于前臂的解剖学结构和前臂完成旋转时特殊的运动模式,前臂在出现旋转功能障碍时,短时间的牵伸难以达到满意的效果。

(2)矫形器的特殊要求:此矫形器由肘关节功能位矫形器和腕关节功能位矫形器两部分组成,且前者包绕后者。

(3)适配检查要点:矫形器两部分重叠处无卡压;臂部两侧无夹挤情况;矫正力度合适。

(4)容易出现的问题:腕关节功能位矫形器对尺骨茎突造成卡压。

(5)穿戴方法:分别将肘关节功能位矫形器和腕关节功能位矫形器穿戴完毕(穿戴方法请参阅本书相关章节的内容);将前臂旋转至合适位置后,通过橡皮筋或齿轮样装置进行固定;根据临床需要调整旋转角度和牵拉力量。

(6)替代方法:非弹性肘关节伸直动力型矫形器。

四、肘腕固定型矫形器

1. **常用名称** 肘腕固定型矫形器。

2. 治疗作用

(1) 基本作用:通过对肘关节和腕关节的固定来限制前臂的旋转。

(2) 附加作用:无。

3. 作用原理　利用肘关节屈曲位固定为上支点,腕关节固定为下支点,从而控制和固定前臂旋前和旋后,以达到对前臂及腕关节损伤后的保护和固定的目的。如有手部固定的需要,可做成肘腕手矫形器。

4. 材料　厚度为 3.2 mm 的低温热塑板材、魔术贴。

5. 制作方法

(1) 取样:患者取坐位,面对工作台;患肢肩关节轻度外展、肘关节屈曲 80°～90°、前臂旋后或旋前(视固定的要求而定),将腕及手置于工作台上;治疗师采用透明的塑料薄膜,尽可能平整地包裹患者的肘关节背侧,然后用记号笔在薄膜上描摹出矫形器所需覆盖的身体部位的轮廓图(长度为上至腋下 5 cm,下至掌横纹,宽度为肢体围度的 1/2);用剪刀沿笔迹剪除多余的薄膜部分,剪成的薄膜形状如图 5-2-11A 所示;将剪成的塑料薄膜覆盖于低温热塑板材上,并依据薄膜图样,裁剪出所需的部分。

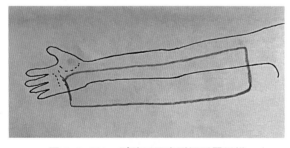

图 5-2-11A　肘腕手固定型矫形器纸样

(2) 成型:将剪下的低温热塑板材,置于大约 70 ℃ 的恒温水槽中,待其软化后取出;患者取坐位,助手协助患者保持患肢处于肩关节轻度外展、肘关节屈曲 80°～90°、前臂旋后或旋前的位置;用干毛巾吸干低温热塑板材表面的水分,等待其稍冷却后,将其贴敷于患者身体的相应部位;边对热塑板材略施加牵伸的力量进行塑形,边用弹力绷带缠绕塑形后的身体部位,以短暂固定并确保热塑板材与身体部位充分贴合,直至热塑板材变硬。

(3) 后期加工:取下塑形后的低温热塑板材,用剪刀修剪边缘,然后,将它的边缘部位再次浸在温水中,待其略变软后,再对其进行稍向外翻卷的处理;将初步成型的矫形器穿戴在患者相应的身体部位,检查其与身体的贴合程度,必要时进行局部的重新塑形。成品如图 5-2-11B。

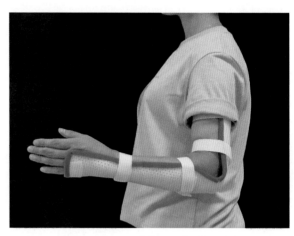

图 5-2-11B　肘腕手固定型矫形器

6. 临床适应证

(1) 三角纤维软骨复合体损伤

1) 特征:三角纤维软骨复合体(triangular fibrocartilage complex,TFCC)损伤是指腕关节尺侧的重要支撑结构,包括三角软骨盘及附属结构、掌侧及背侧下尺桡韧带、尺侧腕关节关节囊、尺侧伸腕肌腱鞘深面、尺月韧带和尺三角韧带,所发生的损伤。通常由较大的前臂旋转暴力或腕关节牵张暴力造成,患者常因腕关节尺侧疼痛和旋转时腕关节出现弹响而就诊。其症状通常包括腕关节尺侧弥漫性及深层次酸痛和不适,有时伴有烧灼感并向掌侧扩散;抓握时疼痛加重,握力下降;在腕关节尺偏、腕关节过伸位用力和前臂旋转时症状加重。

2) 矫形器的特殊要求:一般来说,掌侧下桡尺韧带深束损伤时应采用前臂旋后位固定;背侧下桡尺韧带深束损伤时应采用前臂旋前位固定;如下桡尺韧带没有损伤,只是尺侧副韧带损伤或只是软骨盘中央损伤,可采用腕关节功能位矫形器。须根据患者临床治疗的需要来决定穿戴时间,同时,需配合适当的早期康复训练。

3) 适配检查要点:矫形器边缘要光滑;矫形器

的服帖性和穿戴的舒适度要好;腕关节骨突位置无卡压情况;在制作肘腕手矫形器时,需将肘关节置于屈曲位;前臂板材塑形须呈 U 形;腕关节及手部放置于功能位或临床治疗所需要的位置;穿戴时注意固定带的松紧程度,以不影响肢体血运和患者感觉舒适为准。

4)容易出现的问题:矫形器边缘卡压;束带过紧或过松导致患肢血运障碍或影响穿戴效果;矫形器穿戴后影响肘关节活动,造成尺神经卡压征,或因矫形器手背部分过长影响掌指关节及指间关节活动。

5)穿戴方法:一般为术后穿戴 4 周,4 周后改为腕关节功能位矫形器继续固定 2 周,6 周后改为仅夜间穿戴;保守治疗者,需穿戴 6 周。

6)替代方法:方糖夹(sugar tong)矫形器(见下文)。

(2)肱骨髁上骨折

1)特点:肱骨髁上骨折分屈曲型和伸直型两种,一般需手术治疗。对于稳定性骨折,也可保守治疗。

2)矫型器的特殊要求:整复后或术后,屈曲型骨折要求肘关节固定在 90°～110°位,伸直型骨折则要将肘关节固定在屈曲 40°～60°位,2 周后再逐渐屈曲到 90°。如为保守治疗者,可在肘关节前方加一块厚度为 2.4 mm 的热塑板材,塑形后加盖在矫形器上,再用魔术贴把它与肘腕矫形器的主体连接起来以形成管状。不管是伸直型,还是屈曲型骨折,通常固定患者的肢体于前臂半旋前位、腕背伸 30°的位置。

3)适配检查要点:同上。

4)容易出现的问题:同上。

5)穿戴方法:保守治疗者,于穿戴 4～6 周后改为肘关节活动型矫形器;手术治疗者,于 2 周后改为肘关节活动型矫形器,继续穿戴 2 周。

6)替代方法:成品腕肘固定支具。

(3)盖氏骨折和孟氏骨折

1)特征:盖氏骨折(Guy's fracture)为桡骨中下 1/3 骨折合并下尺桡关节脱位,孟氏骨折(Monteggia fracture)为尺骨上 1/3 骨折合并桡骨头脱位,两者都需要手术治疗。

2)矫形器的特殊要求:通常固定患者的肢体于肘关节屈曲 90°、前臂中立位、腕背伸 30°的位置。

3)适配检查要点:同上。

4)容易出现的问题:同上。

5)穿戴方法:术后穿戴 3 周,3 周后改为肘关节活动型矫形器继续穿戴 3 周;白天可以间歇性取下矫形器,以进行肘、腕关节和前臂的活动。

(4)肘关节恐怖三联征

1)特征:由于肘关节后脱位、尺骨冠突和桡骨头骨折,常引起肘关节不稳,或因长时间固定导致肘关节僵硬和异位骨化。

2)矫形器的特殊要求:术后固定患者的肢体于肘关节屈曲 90°以上、前臂完全旋前、腕关节中立位的位置。

3)适配检查要点:各关节角度合适,局部不受压,肘关节固定牢固。

4)容易出现的问题:骨突部位或腋窝受压。

5)穿戴方法:持续穿戴 7～10 天后,改用肘关节伸直限制型矫形器(屈曲 30°以上);在 4 周内,避免在前臂旋后的情况下进行伸肘运动;继续穿戴 3～5 周。

6)替代方法:成品腕肘固定支具。

(5)肘关节成形术后

1)特征:肘关节成形术(elbow arthroplasty)包括利用自体组织进行修复的成形术和利用金属等假体的成形术。手术创伤较大。

2)矫形器的特殊要求:固定患者的肢体于肘关节屈曲 90°、前臂中立位,避免压迫肱骨内外上髁和尺骨鹰嘴。

3)适配检查要点:舒适性及对线正确。

4)容易出现的问题:骨突部位受压。

5)穿戴方法:术后穿戴,3 周后可定时取下(3 次/天,1～2 h/次),逐渐开始做肘关节的屈伸和前臂的旋转活动;进行物理因子治疗及睡眠时仍须穿戴;术后 8 周,如肢体活动较好、肌力较强,即可去掉。

6)替代方法:成品腕肘固定支具。

五、肘腕限制型矫形器

1. 常用名称　肘腕限制型矫形器(elbowwrist

restrictive orthoses）包括多种类型，本文介绍的是方糖夹（sugar tong）矫形器。

2. 治疗作用

（1）基本作用：通过适当范围的屈肘和腕关节的制动，并将前臂固定于中立位或旋后位，以促进TFCC损伤的愈合，缓解疼痛。

（2）附加作用：桡骨远端骨折固定。

3. 作用原理　通过腕和肘的联合固定或限动，达到控制前臂旋转的目的。

4. 材料　厚度为3.2 mm的低温热塑板材，魔术贴，海绵垫。

5. 制作方法

（1）取样：患者取坐位，面对工作台，肩关节轻度外展、肘关节屈曲80°～90°、前臂中立位，将腕及手置于工作台上；治疗师先取一张透明的塑料薄膜，在距离其边缘1～2 cm处的中间位置剪出一个拇指粗细的圆洞，然后将塑料薄膜上剪出的圆洞对准并穿过患者的拇指直至根部；尽可能平整地将塑料薄膜包裹于患者的整个前臂及肘关节背侧，用记号笔在薄膜上描摹出矫形器所需覆盖的身体部位的轮廓图（宽度为肢体围度的1/2），并标记出肘横纹所在的位置；用剪刀先沿笔迹剪除多余的薄膜部分，再在肘横纹所在的薄膜中间稍远的位置向薄膜的边缘竖直剪开；剪成的薄膜形状如图5-2-12A所示；将剪成的塑料薄膜覆盖于低温热塑板材上，并依据薄膜图样，裁剪出所需的部分。如需要将前臂固定于旋后位者，则供拇指穿过的圆孔的位置应稍偏向板材的外侧。

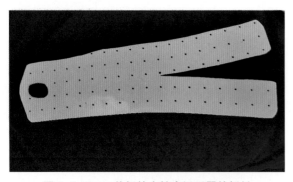

图5-2-12A　剪好的方糖夹矫形器的板材

（2）成型：患者取坐位，面对工作台；肩关节轻度外展、肘关节屈曲80°～90°、前臂中立位或旋后位，将腕及手置于工作台上；将板材上的圆孔对准并穿过患者的拇指直至根部，再整理板材使其平整地覆盖于前臂的桡侧（中立位者）或掌侧（旋后位者）；将板材近端的两个分叉部分，经肘横纹的前方分别从上臂远端的桡侧和尺侧水平绕行到肘关节的后方，并使之互相重叠；调整板材在前臂的位置，使得远端充分包裹并贴合包括掌部在内的桡侧（中立位者）或掌侧（旋后位者）部位；塑出掌横弓的形状，并保持腕关节背伸30°。

（3）后期加工：取下塑形后的低温热塑板材，用剪刀修剪边缘与肘关节后部多余的部分，然后，将它的边缘部位再次浸在温水中，待其略变软后，再对其进行稍向外翻卷的处理；将初步成型的矫形器穿戴在患者相应的身体部位，检查其与身体的贴合程度，必要时进行局部的重新塑形；在矫形器的腕关节处安装固定带（最好是柔软的材料），在肘关节后方重叠的部分粘贴上魔术贴。成品如图5-2-12B。

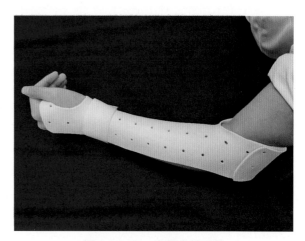

图5-2-12B　方糖夹矫形器

6. 临床适应证　三角纤维软骨复合体损伤。

（1）特征：三角纤维软骨复合体（triangular fibrocartilage complex，TFCC）是指腕关节尺侧的一组重要结构，由关节软骨盘、半月板同系物、掌侧和背侧的远侧桡尺韧带、尺侧腕伸肌腱鞘深层、尺侧腕关节囊、尺月韧带和尺三角韧带构成的一个三位立体结构。其中，掌侧和背侧的远侧桡尺韧带分为浅层和深层结构，浅层包绕关节盘，止于尺骨茎突，深层掌侧和背侧纤维在靠近尺侧止点附近汇聚相互交错形成联合腱，止于尺骨茎突前隐窝。根据

TFCC 损伤的性质,分为 I 型(创伤性)和 II 型(退行性)两大类。I 型根据损伤部位不同又可分为四个亚型。A 型损伤为 TFCC 中央部撕裂;B 型损伤为 TFCC 尺侧缘撕裂,可伴或不伴尺骨茎突骨折,是 TFCC 最常见的类型;C 型损伤为 TFCC 尺腕韧带远端损伤,即月骨或三角骨附着处撕裂;D 型损伤为 TFCC 桡骨附着缘乙状切迹处撕裂。TFCC 损伤的基本症状是腕尺侧痛,伴有腕关节无力、酸胀、活动受限疼痛、腕尺偏或前臂旋转时加重,部分患者伴有远侧桡尺关节不稳。方糖夹矫形器适应证为 I 型 TFCC 损伤不伴有明显的远侧桡尺关节不稳者,和 TFCC 损伤术后。

(2)矫形器特殊要求:一般为前臂中立位,根据疼痛出现的体位决定前臂是处于中立位还是半旋前位或旋后位,以避开疼痛体位为原则。

(3)适配检查要点:穿戴后前臂被固定、疼痛是否明显减轻或消失;肘关节可在小范围内屈伸。尺骨小头和臂后方等部位是否受压。

(4)容易出现的问题:尺骨小头和臂后方局部受压。

(5)穿戴方法:持续穿戴 4~6 周,白天可间歇打开肘环,进行肘关节屈伸活动。保守治疗者 6 周后改为尺侧腕关节固定矫形器或护腕到伤后 3 个月。

(6)替代方法:参照第十二章第五节。

(戴　玲　王海刚　董新春)

第六章

腕手矫形器

腕手矫形器主要包括静态矫形器、动态矫形器。静态矫形器主要用于固定、保护受伤部位及肢体，或支撑不可动或刻意制动的腕、手及前臂部位，如腕骨骨折、掌骨基底骨折、桡骨远端骨折等，以及脑损伤后高肌张力患者。动态矫形器主要是将铰链或弹性配件和低温热塑板材相结合，帮助患者进行腕、手及前臂早期活动，或利用穿戴时所产生的生物力学作用，抑制及矫正错误的运动模式，如 TFCC 损伤、正中神经损伤、尺神经损伤、桡神经损伤、肌腱损伤术后等。

第一节
腕手静态矫形器

腕手静态矫形器主要用于腕部或手部的骨折固定保护、韧带及软组织损伤后制动或限动、预防肌腱及关节挛缩，如腕骨骨折、Smith 骨折、Colles 骨折、腕管综合征、上肢痉挛模式等。

一、腕背伸静态矫形器

1. 常用名称 腕部支持矫形器（wrist cock-up orthoses）、腕部手套支具（wrist gauntlet brace）、手掌腕部支持支具（palmar wrist cock-up brace）、静态腕关节支具（static wrist brace）、垂腕支具（wrist drop brace）、腕背伸固定型矫形器。

2. 治疗作用

（1）基本作用：固定腕关节，促进组织愈合；休息，促进炎症吸收；保护相关组织。

（2）附加作用：静态下维持屈曲挛缩的腕关节处于最大牵伸位；代偿腕关节伸肌肌力；促进功能性抓握。

3. 作用原理 通过三点力原理将腕关节固定在适当的背伸位。

4. 材料 厚度为 3.2 mm 的低温热塑板材、魔术贴。

5. 制作方法

（1）取样：如图 6-1-1A，患者手部及前臂平放于图纸上，治疗师用笔描出患者手部和前臂轮廓，在纸上标记出掌横纹、腕横纹以及前臂中上 1/3 交界处。如第一章所述，画出纸样轮廓并剪下，把纸样放在患者前臂，检查纸样大小是否合适，如果不合适，则修改纸样，然后用纸样在板材上描出轮廓，加热到适当软化时进行裁剪。

（2）成型：患者取坐位，肘关节屈曲，前臂中立位竖起，肘支撑于桌上，腕关节中立位或略背伸。把软化的板材贴敷在手掌和前臂掌侧，注意板材的边缘不超过掌横纹和鱼际纹（除桡神经损伤垂腕和伸指困难的患者需要达到近端指横纹外），塑出手弓的形状；注意桡骨茎突和尺骨茎突处稍做免荷处理。矫形器两侧高度最好为手臂厚度的 2/3。

（3）后期加工：固定带（魔术贴）分别安装在 MCP 关节处、腕关节处及前臂近端处，如图 6-1-1B、C。

图 6-1-1A 腕手静态矫形器纸样

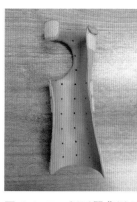

图 6-1-1B　矫形器背侧观　图 6-1-1C　矫形器掌侧观

6. 临床适应证

（1）腕部韧带损伤、腕关节扭伤、腕骨骨折克氏针固定术后（除了舟骨和大小多角骨）

1）特征：腕部韧带损伤和骨折多为外伤所致，表现为局部疼痛、肿胀、活动障碍、压痛。部分患者出现组织内出血、关节肿胀，检查韧带时可出现明显牵拉痛，如果韧带断裂，可出现关节稳定性下降、骨折可出现异常活动、骨擦音或局部畸形。如果为韧带断裂和不稳定性骨折，必须先做手术处理。

2）矫形器的特殊要求：腕关节背伸30°，防止过度牵拉腕部，不可阻碍拇指及第2～5指掌指关节活动，前臂中立位。

3）适配检查要点：避免尺骨茎突处过度受压；不能影响MCP关节屈曲和手的对指运动。

4）容易出现的问题：①板材硬化后可能出现回缩，塑形时应等板材完全冷却后方可取下。②掌弓处塑形不良。

5）穿戴方法：每天穿戴24 h直到症状消失，配合必要的功能训练。

6）替代方法：骨折时可用石膏或树脂石膏固定；韧带损伤时可用带支撑条的护腕。

（2）腕管综合征

1）特征：腕管综合征是由于腕管相对容积变小，使得其内正中神经受压，致使手掌桡侧3指半的感觉减退或出现神经性疼痛，严重时出现手指运动障碍、鱼际肌萎缩等症状。腕管在中立位时压力最小，有利于减轻压迫，缓解疼痛。症状严重者为了维持手部屈肌腱长度，夜间需使用腕手中立位矫形器。症状不严重者只需使用腕中立位矫形器。

2）矫形器的特殊要求：腕关节0°位，开放第2～5指的掌指关节和拇指的腕掌关节。

3）适配检查要点：腕关节角度、远侧缘不能限制MCP关节活动，无局部受压情况。

4）容易出现的问题：腕关节角度达不到要求。

5）穿戴方法：夜间必须穿戴，白天可以根据症状严重程度决定，一般休息时穿戴，活动时可以取下。

6）替代方法：市售的带铝板的护腕、腕手伸直位矫形器。

二、管状腕关节静态矫形器

1. 常用名称　腕掌部管状矫形器、管状腕关节固定型矫形器。

2. 治疗作用

（1）基本作用：制动腕关节，防止骨折移位，促进骨折愈合。

（2）附加作用：缓解疼痛。

3. 作用原理　通过管状矫形器对骨折的腕骨四围施加均匀的压力，并固定与之相邻的腕关节和腕掌关节，防止骨折发生位移，促进骨折愈合。

4. 材料　厚度为2.4 mm的低温热塑板材，魔术贴。

5. 制作方法

（1）取样：如图6-1-2A，画出纸样，剪好，把纸样放在肢体相应部位，检查是否合适。按照纸样描画板材，加热直到半软化、剪好，再次加热到完全软化。

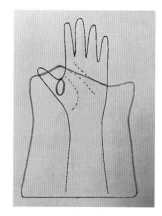

图 6-1-2A　腕掌部管状矫形器纸样

（2）成型：患者取坐位，肘关节屈曲、前臂中立、腕关节姿势根据疾病不同，采取不同角度。把软化的板材取出、擦干，把板材手部的圆孔穿过患者拇指,把板材裹住手掌及前臂,稍用力拉紧板材,并使之贴敷于患侧腕关节,在尺骨茎突处做免荷处理。

（3）后期加工:修剪边缘并稍向外翻卷,在手背、腕、前臂近端3个部位加上固定带;检查拇指是否可全范围对掌,其余4指MCP关节是否可自由屈伸,如图6-1-2B、C。

图 6-1-2B　背侧观

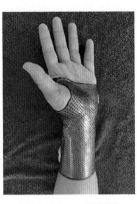
图 6-1-2C　掌侧观

6. 临床适应证

（1）第2~5掌骨基底部骨折

1）特征:多由直接暴力如打击或挤压伤所造成,可以为单一或多个掌骨骨折。骨折类型以横断和粉碎者多见,因扭转和间接暴力亦可发生斜形或螺旋形骨折。治疗上既要充分固定,又要适当早期活动,以利于手功能的恢复。掌骨基底部骨折合并有腕掌关节脱位的,需要行手术复位,而单纯掌骨基底部骨折无明显移位者只需做矫形器外固定4周即可。

2）矫形器的特殊要求:腕关节背伸30°。

3）适配检查要点:腕关节角度要合适,腕部裹紧并服帖,尺骨小头无局部受压,拇指对掌和手指屈伸不受限。

4）容易出现问题:卡压骨突部位,过紧则导致血流不通畅,过松则固定不牢固。

5）穿戴方法:必须24 h穿戴。

6）替代方法:石膏固定、夹板固定。

（2）Smith 骨折

1）特征:发生在桡骨远端3 cm范围内的桡骨远端骨折,其骨折端向掌侧移位,可合并下尺桡关节脱位,多发于中老年人。

2）矫形器的特殊要求:同第2~5掌骨基底部骨折。

3）穿戴方法:夜间必须穿戴,白天可以根据症状严重程度决定,一般休息时穿戴,活动时可以取下。

4）适配检查要点:不可对骨突部位施加压力,在维持腕关节稳定状态下,不影响手的抓握功能。

5）容易出现的问题:卡压骨突部位。

6）替代方法:石膏固定。

（3）Colles 骨折

1）特征:发生于桡骨远端的松质骨骨折,其骨折端向背侧移位,可合并尺桡茎突骨折。多发生于中年及老年,女性多于男性。

2）矫形器的特殊要求:腕关节屈曲30°~35°,尺偏10°~15°。

3）穿戴方法:夜间必须穿戴,白天可以根据症状严重程度决定,一般休息时穿戴,活动时可以取下。

4）适配检查要点:同Smith骨折。

5）容易出现的问题:同Smith骨折。

6）替代方法:同Smith骨折。

（4）TFCC损伤

1）特征:腕尺侧疼痛或弹响,此症状在腕尺偏和前臂用力旋转时加重;TFCC挤压试验阳性(腕尺偏时施加轴向应力出现疼痛)。

2）矫形器的特殊要求:该支具需将腕关节固定在功能位,TFCC损伤急性期固定4~6周。Ⅰ型创伤性损伤,如远端桡尺关节明显不稳或合并尺骨茎突骨折则应限制前臂旋转,一般固定于旋后位;如无远端桡尺关节不稳或不伴有骨折则无须限制前臂旋转。Ⅱ型退变性损伤,无须限制旋转。

3）穿戴方法:日间佩戴,夜间如无疼痛可不配戴。

4）适配检查要点:不可对骨突部位施加压力,可在骨突部位留出空间;在能够有效地维持腕关节功能位情况下,不影响手的抓握功能。

5）容易出现的问题:同Smith骨折。

6）替代方法:如需限制前臂旋转,则可用前臂中立位或旋后位肘腕固定型或限制型矫形器。

三、舟骨骨折矫形器

1. 常用名称　舟骨骨折矫形器(scaphoid fracture orthoses)又称为长手套式矫形器、腕拇管状矫形器,属于腕手矫形器,桡骨茎突狭窄性腱鞘炎静态矫形器、拇指手套样夹板(thumb gauntlet splint)、桡侧沟形夹板(radial gutter splint)。

2. 治疗作用

(1)基本作用:固定以促进舟骨愈合;促进炎症吸收,缓解肌腱与腱鞘间的粘连;让局部组织得到休息,促进机体自愈。

(2)附加作用:通过将腕关节和拇指固定在理想的位置来提升功能性抓握。

3. 作用原理　由于舟骨周围的韧带如桡侧副韧带、舟大多角韧带,在拇指做对掌、屈曲、内收等运动时会牵拉到这些韧带继而对舟骨的固定产生影响。舟骨周围的肌肉,如拇对掌肌和拇短屈肌,在拇指做对掌、屈曲、内收等运动时收缩也会牵扯或摩擦舟骨。这些因素都会影响舟骨的对位和愈合速度,因为拇对掌肌和拇短屈肌收缩时都会牵扯或摩擦舟骨。为了避免手腕尺偏或桡偏,支具要设计成腕部筒状矫形器以固定腕关节,并且在拇指处添加拇指管状部分以固定拇指掌指关节。

4. 材料　厚度为2.4 mm的低温热塑板材,魔术贴。

5. 制作方法

(1)取样:如图6-1-3A,画出纸样,并按纸外缘轮廓样剪出板材,加热软化后再剪出鱼际孔。

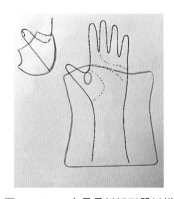

图6-1-3A　舟骨骨折矫形器纸样

(2)成型:如上法先塑形腕掌部管状矫形器,然后塑形拇指管状矫形器(图6-1-3B),用热风枪加热已塑形的拇指片的根部和手掌片鱼际孔周缘,再把矫形器拇指部粘到手掌片的鱼际孔处,捏紧。

(3)后期加工:待完全硬化成型后,即拇掌指关节、腕掌关节被完全固定,拇指指间关节略有活动时,安装魔术贴(图6-1-3C)。

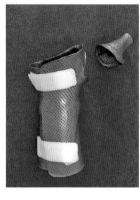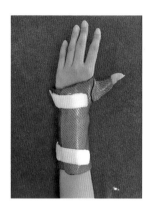

图6-1-3B　矫形器前臂部分与拇指分离　　**图6-1-3C　矫形器成品俯视图**

6. 临床适应证

(1)舟骨骨折

1)特征:腕背侧疼痛肿胀,尤以隐窝(鼻烟壶)处明显,腕关节活动功能障碍。

2)矫形器的特殊要求:注意骨突部位不可受压;腕关节0°~20°背伸,桡偏0°~5°;该支具将拇指放置于拇指桡侧外展与掌侧外展的中间位置;拇指掌指关节屈曲10°,指间关节活动自由。

3)适配检查要点:检查与体表的贴合度,开放第2~5指掌指关节,拇指指间关节活动不受限制。

4)容易出现的问题:矫形器过紧导致血流不畅,过松无法固定舟骨。

5)穿戴方法:全天穿戴。

6)替代方法:石膏固定,硅胶材料矫形器,拉链设计的腕手矫形器。

(2)第1掌骨干骨折

1)特征:拇指活动受限、疼痛。

2)矫形器的特殊要求:腕关节背伸25°~30°,固定拇指为对掌位,固定腕关节,开放第2~5指掌指关节。

3)适配检查要点:患者穿戴矫形器时,第2~5指不做限制,可自由活动,拇指掌指关节及腕关节需绝对固定。

4)容易出现的问题:矫形器过紧导致血流不

畅,过松无法固定拇指。

5)穿戴方法:必须全天24 h穿戴。

6)替代方法:石膏固定,夹板固定。

(3)桡骨茎突狭窄性腱鞘炎

1)特征:在桡骨茎突处,拇长展肌与拇短伸肌腱的鞘管部位发生疼痛、肿胀,尤以伸拇及腕尺偏时疼痛加剧为主要症状。

2)矫形器的特殊要求:腕关节背伸20°,拇指掌指关节轻微屈曲,指间关节是否固定取决于严重程度。

3)穿戴方法:日间佩戴。

4)适配检查要点:不可对骨突部位施加压力,可在骨突部位留出空间;能够有效地限制拇指掌指关节屈曲及腕尺偏动作。

5)容易出现的问题:卡压骨突部位过紧会影响血液循环。

6)替代方法:热敷,减少局部活动,类固醇鞘管内注射。

四、尺侧槽状腕关节静态矫形器

1. 常用名称　尺侧槽状腕关节固定型矫形器(ulnar wrist immobilization orthoses)、尺骨固定夹板。

2. 治疗作用

(1)基本作用:固定腕关节,促进损伤组织愈合。

(2)附加作用:固定手部尺侧的同时,最大限度地发挥手部功能。

3. 作用原理　矫形器以槽状形态承托固定腕关节及前臂尺侧,有效地固定尺腕关节。

4. 材料　厚度为3.2 mm的低温热塑板材,魔术贴。

5. 制作方法

(1)取样:按图6-1-4A,画出纸样,长为掌横纹到前臂2/3的长度,宽为前臂最宽距离的1.8～2倍。按照纸样剪出板材,加热软化。

(2)成型:将板材贴敷于腕手尺侧,使腕关节呈中立位或略背伸,开放拇指及第2～5指,前臂侧面宽度为手臂厚度的1/2。

(3)后期加工:取下塑形后的低温热塑板材,修剪边缘,于矫形器虎口处、腕关节处及前臂近端处安装魔术贴(图6-1-4B、C)。

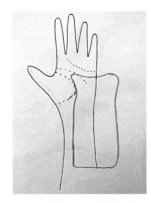

图6-1-4A　尺侧槽状腕关节静态矫形器纸样

 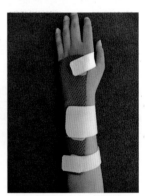

图6-1-4B　矫形器成品　　图6-1-4C　穿戴矫形器成品

6. 临床适应证

(1)月骨、三角骨或钩骨不稳定或骨折:矫形器的特殊要求为腕关节背伸0°～20°,尺桡偏0°。

(2)TFCC损伤:腕关节0°,尺桡偏0°。

(3)尺侧腕伸肌腱鞘炎:腕关节背伸0°～20°,轻度尺偏。

(4)尺侧腕屈肌腱鞘炎及瞿荣氏管综合征(尺神经卡压):腕关节0°,轻度尺偏。

五、腕手伸直位矫形器

1. 常用名称　腕手伸直位矫形器(wrist hand extension orthoses),又称腕手功能位矫形器(wrist hand functional position orthoses)、腕手休息位支具(wrist hand rest position brace);也包括腕手安全位矫形器(wrist hand safety position orthoses)。

2. 治疗作用

(1)基本作用:保护腕掌和手指受伤或病变的骨骼和韧带,促进修复;牵伸痉挛或挛缩的腕指屈肌和肌腱;休息,促进腱鞘和关节炎症吸收;缓解腕管压力;减轻疼痛。

（2）附加作用：矫正或改善生理对线关系，预防矫正畸形；矫正腕关节桡尺偏、掌指关节尺偏。

3. 作用原理　通过三点力作用把腕和手固定在适当姿势，以促进组织修复和炎症吸收，防止肌肉及韧带挛缩，缓解腕管压力，减轻疼痛。

4. 材料　厚度为 3.2 mm 的低温热塑板材，魔术贴。

5. 制作方法

（1）取样：按图 6-1-5A，画出纸样；按纸样剪出板材，板材手掌桡侧部按纸样沿着鱼际纹底部和掌中线剪开到掌横纹处，为拇指片；加热软化。

（2）成型：患者腕关节呈中立位或略背伸，拇指对掌位，第 2～5 指略屈曲；把板材贴敷于腕手和前臂掌侧，塑出手弓形状；板材拇指片向远端翻卷，并包裹于拇指尺侧（图 6-1-5B）。

（3）后期加工：取下塑形后的低温热塑板材，修剪边缘，安装 3 条魔术贴在 MCP 关节处、腕关节处及前臂近端处（图 6-1-5C）。

图 6-1-5A　腕手伸直位矫形器纸样

图 6-1-5B　制作过程

图 6-1-5C　成品侧视

6. 临床适应证

（1）类风湿关节炎

1）特征：类风湿关节炎容易出现腕、掌指、指间

关节肿痛，关节僵硬及关节功能障碍，主要累及关节滑膜，可波及关节软骨、骨组织、关节韧带和肌腱；腕部韧带损伤包括伸肌支持带和屈肌支持带的损伤，可致关节韧带挛缩，腕关节活动受限；在炎症急性发作期，需要穿戴矫形器缓解疼痛，防止腕手部韧带受损、肌腱挛缩，维持关节正常活动所需的范围。

2）矫形器的特殊要求：腕手休息位，即腕关节背伸 20°～30°，MCP 关节屈曲 20°，第 2～5 指指关节略屈曲，拇指对掌位。

3）适配检查要点：大鱼际处支具边缘是否卡压皮肤，佩戴是否舒适。

4）容易出现的问题：拇指片略短于拇指，虎口贴合度不足，拇指固定不牢固。

5）穿戴方法：整天穿戴，每天脱下数次进行轻柔的被动活动。

6）替代方法：市售成品腕手矫形器。

（2）腕手部软瘫患者

1）特征：周围神经损伤和中枢神经系统损害早期患侧肢体处在软瘫期，腕手肌肉张力下降，不能完成自主活动。

2）矫形器的特殊要求：腕手功能位，即腕背伸约 30°；MCP 关节屈曲 25°～35°、PIP 关节屈曲 30°、DIP 关节屈曲 20°；拇指对指位。

3）适配检查要点：大鱼际处支具边缘是否卡压皮肤，佩戴是否舒适。

4）容易出现的问题：拇指片略短于拇指，虎口贴合度不足，拇指固定不牢固。

5）穿戴方法：卧床时穿戴。

6）替代方法：附有腕和指固定带的海绵球。

（3）腕管综合征

1）特征：腕管综合征是腕管内正中神经受压，致使手掌桡侧 3 指半的感觉异常，出现神经性疼痛，严重时出现手指运动障碍、鱼际肌萎缩等症状。腕管在中立位时压力最小，有利于减轻压迫，缓解疼痛。症状严重者为了维持手部屈肌腱长度，夜间需使用腕手中立位矫形器。症状不严重者只需日间使用腕中立位矫形器。

2）矫形器的特殊要求：腕关节 0° 位，第 2～5 指自然屈曲，拇指对掌位。

3）适配检查要点：腕关节处于 0° 位，无局部卡压。

4) 容易出现的问题:腕关节角度达不到要求。

5) 穿戴方法:夜间必须穿戴,白天可以根据症状严重程度决定,一般休息时穿戴,活动时可以取下。

6) 替代方法:腕中立位矫形器或市售带铝板的护腕,注意调节铝板使腕关节处于 0°位。

(4) 前臂水平桡神经损伤或分支修复术后

1) 前臂水平桡神经损伤后出现垂腕和垂指畸形及手背桡侧半及桡侧 2 个半手指近节感觉减退或消失。修复术后桡神经应固定或限制在低张力姿势下,直到术后 3 周。

2) 矫形器的特殊要求:腕关节背伸 35°～45°,MCP 关节和 IP 关节呈伸直位。拇指掌侧外展。

3) 适配检查要点:腕背伸角度,手指应伸直,局部不受压,特别是尺骨小头处。

4) 容易出现的问题:腕背伸角度不足。

5) 穿戴方法:术后 3 周内持续穿戴,间歇取下进行腕和手指的单关节屈伸活动。

6) 替代方法:石膏固定持续穿戴;或夜间用固定型腕手伸直位矫形器、日间用动力型伸腕伸指矫形器。

(5) 掌、指骨骨折

1) 特征:不太稳定的掌骨骨折和多发的掌骨、指骨骨折。为了增强固定的牢固性,必须固定腕关节和手指。MCP 关节侧副韧带在 MCP 关节屈曲 70°～90°位时最长最紧、MCP 关节也最稳定;IP 关节伸直位时其侧副韧带和掌板处在最长状态;拇指掌侧外展;有防止挛缩的作用。

2) 矫形器的特殊要求:腕手安全位矫形器,使腕背伸 30°;MCP 关节屈曲 70°～90°、IP 关节呈伸直位;拇指掌侧外展、MCP 关节和 IP 关节伸直。

3) 适配检查要点:各关节角度要合适,局部无受压,拇指固定要牢固。

4) 容易出现的问题:腕关节在成型后背伸角度变小。

5) 穿戴方法:24 h 持续穿戴,保守治疗和克氏针固定者应穿戴 4～6 周,切开内固定者应穿戴 2～3 周。

6) 替代方法:无。

(6) 全臂丛神经损伤、下臂丛神经损伤、四肢瘫、前臂缺血性肌挛缩、手背和瘢痕挛缩等导致的爪形手患者

1) 特征:这几类患者都可表现为第 2～5 指 MCP 关节过伸、PIP 关节屈曲和拇指内收、虎口挛缩畸形。神经系统问题导致的爪形手早期关节被动活动度尚可,后期逐渐出现关节挛缩和僵硬;烧伤瘢痕后期挛缩可导致严重的 MCP 关节过伸;这些均严重影响手功能。如果为非僵硬型爪形手,重点在于矫正 MCP 关节,并进行屈指肌腱牵伸。

2) 矫形器的特殊要求:尽可能地做到手安全位。但常由于 MCP 关节过伸、挛缩程度太严重,无法完全屈曲,或 PIP 关节屈曲、挛缩太严重无法伸直。可根据患者的情况适当减小 MCP 关节屈曲角度,为增加伸指矫正力,可将矫形器手指片的 PIP 关节掌侧对应部位塑成向掌侧拱起的拱桥形。

3) 适配检查要点:矫形器不限制 MCP 关节屈曲,掌横纹处皮肤不受压,虎口可以充分打开。

4) 容易出现的问题:IP 关节矫正力度不足,固定带难以固定 IP 关节。虎口打开不充分。神经损伤常导致手部感觉障碍,使皮肤容易受压产生压疮,如手指末端、掌横纹处(特别是尺侧端)。

5) 穿戴方法:夜间持续穿戴,白天间歇穿戴,配合运动。2～3 周复查、修改矫形器。

6) 替代方法:MCP 关节屈曲可调节型矫形器或 MCP 关节屈曲动力型矫形器。

六、抗痉挛腕手矫形器 1——腕手背伸分指矫形器

1. 常用名称 抗痉挛腕手矫形器(anti-spasticity wrist hand orthoses),又称为抗痉挛支具、分指支具。

2. 治疗作用

(1) 基本作用:为重度痉挛的患者提供和缓的手腕、手指和拇指的牵伸作用。

(2) 附加作用:有助于降低关节和软组织挛缩的风险。

3. 作用原理 通过长时间持续牵伸使肌腱肌肉组织产生塑性形变,以达到矫正和预防肌肉挛缩的目的。

4. 材料 厚度为 3.2 mm 的有孔低温热塑板

材,建议用可拉伸性较好的材料,魔术贴或弹力带。

5. 制作方法

(1)取样:如图6-1-6A将患者手部掌心向下平放于纸上,近端边界为可以包裹前臂远端2/3,宽度为包裹前臂1/2或2/3;远端长度为从中指远端指节径向长度超过拇指大概5 cm;远端宽度必须保证能够将患手5指于外展位下分开。

(2)成型:先对患者腕手屈肌进行牵伸,使其张力降低后,再塑形。将板材放置于手及前臂掌侧,前臂侧面宽度为手臂厚度的1/2,并维持腕关节背伸20°～35°,第2～5指微屈并张开,拇指充分打开。趁板材未冷却塑出指蹼形状,把手指分割开来。

(3)后期加工:修整边缘,在矫形器两侧及各指背侧安装魔术贴或弹力带,包裹前臂不要过紧(图6-1-6B、C)。

**图6-1-6A　腕手背伸
分指矫形器纸样**

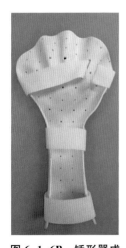 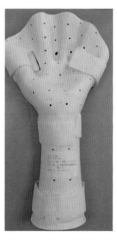

**图6-1-6B　矫形器成
品俯视观**　**图6-1-6C　矫形器成
品掌侧观**

6. 临床适应证

(1)颅脑损伤、脑血管意外偏瘫患者和小儿脑瘫患者痉挛较轻者

1)特征:肌肉瘫痪或肌肉痉挛和运动功能障碍。如患肢肌张力为3级以下(改良Ashworth分级)或肌腱挛缩不明显者可使用腕手伸直位矫形器。

2)矫形器的特殊要求:必须要将各指分开,软性材料包裹固定时,需要固定住拇指及腕部和前臂。

3)适配检查要点:各指必须要分开。

4)容易出现的问题:尺骨茎突位置卡压、关节僵硬、肌腱出现牵拉痛、肌张力升高。

5)穿戴方法:整天穿戴。

6)替代方法:腕手伸直位矫形器。

(2)全腕和手部烧伤创面未愈合

1)特征:创面未愈合时需适当制动以促进愈合,同时防止瘢痕挛缩和指蹼粘连。

2)矫形器的特殊要求:创面敷料应尽量薄并分开5指。矫形器应选用腕手功能位,指蹼分开。

3)适配检查要点:应达到要求体位。

4)容易出现的问题:敷料太厚或创面需要负压吸引影响矫形器塑形。

5)穿戴方法:可与负压吸引相结合。除了必要的关节活动外,要持续穿戴,直到创面愈合。

6)替代方法:石膏固定。

(3)腕部及手部掌面烧伤创面愈合,瘢痕增生挛缩

1)特征:腕关节掌面和手掌、手指的掌面有创面的烧伤患者在创面愈合后可逐渐出现瘢痕挛缩,导致MCP关节和IP关节屈曲畸形。

2)矫形器的特殊要求:腕关节背伸约30°、MCP关节0°位、手指伸直外展位、指蹼分开、伸拇、虎口充分打开。

3)适配检查要点:穿戴后腕手部瘢痕能得到有效牵伸。

4)容易出现的问题:牵伸不充分或局部受压。

5)穿戴方法:夜间持续穿戴,白天不运动时穿戴,每月复查,直到瘢痕成熟。

6)替代方法:无。

七、抗痉挛腕手矫形器2——锥形矫形器

1. 常用名称　前臂尺骨承托腕手锥形矫形器。

2. 治疗作用

（1）基本作用：为重度痉挛的患者提供和缓的手腕、手指和拇指牵伸作用；有助于降低关节和软组织挛缩的风险；腕手矫形器将腕、手固定在一定的功能位，改善脑瘫、脑卒中和颅脑损伤患者的痉挛问题，防止肌肉挛缩，降低肌张力。

（2）附加作用：辅助前臂摆放在中立位或半旋前位。

3. 作用原理　通过长时间低强度持续牵伸，使肌腱肌肉组织产生塑性形变以达到矫正和预防肌肉挛缩的目的。

4. 材料　厚度为 3.2 mm 的有孔低温热塑板材，建议用可拉伸性较好的材料。

5. 制作方法

（1）取样：如图 6-1-7A 所示，近端边界为可以包裹前臂远端 2/3，宽度为包裹前臂 1/2 或 2/3；远端长度为从中指远端指节径向长度超过拇指大概 5 cm。拇指 MCP 关节处可留出 2 cm 的宽度空间。

图 6-1-7A　锥形矫形器纸样

（2）成型：制作矫形器前先对患者痉挛的上肢进行牵伸，并尽量让患者将患肢以肩关节屈曲、肘关节屈曲、前臂中立位放置在桌面上。在尺骨茎突处放置软性材料防止压迫，板材包裹前臂尺侧上中 1/3 交界处到前臂远端，用绷带均匀缠绕，一手把患者腕关节摆在背伸位，另一手托住板材从尺侧包裹手掌，并把余下的板材卷成尺侧大、桡侧小的圆锥形，以支撑所有手指的掌侧和小指尺背侧，圆锥的大小刚好可以使手指尽量伸直又不引起疼痛（图 6-1-7B）。

（3）后期加工：修整边缘，在矫形器两侧安装魔术贴，包裹前臂不要过紧（图 6-1-7C）。

图 6-1-7B　矫形器制作过程　　图 6-1-7C　矫形器成品俯视观

6. 临床适应证　颅脑损伤、脑血管意外偏瘫患者和小儿脑瘫痉挛较严重或明显挛缩者。

（1）特征：同腕手背伸位固定型矫形器。

（2）矫形器的特殊要求：同腕手背伸位固定型矫形器。

（3）适配检查要点：各指必须要分开。

（4）容易出现的问题：尺骨茎突位置卡压，关节僵硬，肌腱出现牵拉痛，肌张力升高。

（5）穿戴方法：不运动时穿戴，张力下降后可修改矫形器，增大伸指角度或更换为抗痉挛腕手矫形器 1。

（6）替代方法：毛巾卷、纸卷等。

八、筒状腕拇固定型矫形器

1. 常用名称　桡侧腕关节矫形器、长对掌肌夹板、拇指人字形矫形器、腕关节拇指固定型矫形器、舟骨骨折固定支具。

2. 治疗作用

（1）基本作用：腕关节及拇指关节固定以促进愈合；休息和/或保护有关组织。

（2）附加作用：复位腕关节及拇指，提升对指功能。

3. 作用原理　通过关节保持和固定，使腕关节及拇指关节复位及恢复一定的功能。

4. 材料　厚度为 2.4 mm 的低温热塑板材。

5. 制作方法

（1）取样：如图 6-1-8A 所示，取腕伸展位于白纸上绘图,按绘图裁剪低温热塑板材,长度到前臂的 2/3,宽为包裹前臂 1/2。

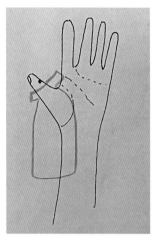

图 6-1-8A　筒状腕拇固定型
矫形器纸样

(2)成型:患者取坐位,屈肘,前臂中立位,拇指对掌位;用中性水笔记录修改线,侧面预留宽度为手臂厚度的 1/2。

(3)后期加工:前臂端放置 4 片魔术贴钩面,用两根带子分别在腕关节处及前臂近端处固定(图6-1-8B、C)。

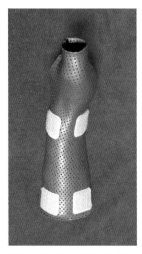
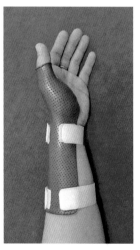

图 6-1-8B　矫形器成品   图 6-1-8C　穿戴矫形器
　　　　　俯视观   成品

6. 临床适应证

(1)Bennett 骨折

1)特征:第 1 掌骨基底部骨折,一般拇指呈现轻度屈曲和内收畸形,拇指内收、外展及对掌功能受限。

2)矫形器的特殊要求:腕背伸位 0°～20°,桡偏 5°,掌指关节屈曲 5°～10°。

3)穿戴方法:一般要求固定 5～6 周。

(2)桡骨茎突狭窄性腱鞘炎

1)特征:桡骨茎突狭窄性腱鞘炎为拇长展肌腱和拇短伸肌腱在桡骨茎突骨纤维隧道处反复摩擦导致的累积性炎症,表现为局部疼痛、水肿、卡压和弹响。在腕关节被动尺偏屈拇或腕关节抗阻桡偏伸拇时疼痛加剧。

2)矫形器的特殊要求:腕背伸位 20°,腕关节中立位,拇指掌指关节轻度屈曲,指间关节固定或灵活(取决于病情)。

3)穿戴方法:在需要拇指参与活动时穿戴,休息时取下。

(3)舟骨、大/小多角骨或拇指腕掌关节炎

1)特征:此为退行性变,多表现为活动时疼痛,可引起拇指无力。

2)矫形器的特殊要求:腕背伸位 0°～20°,拇指指间关节中立位,MCP 关节屈曲 5°～10°。

3)穿戴方法:在腕部需要用力或手部有较大活动量时穿戴。

(4)舟骨、大/小多角骨或拇指腕掌关节成形术

1)特征:此种关节成形术即为腕关节融合术,适用于拇指腕掌关节炎引起的疼痛。

2)矫形器的特殊要求:腕背伸位 20°,无桡尺偏,拇指指间关节中立位,掌指关节屈曲 5°～10°。

(5)舟骨、大/小多角骨松弛

1)特征:腕部活动时出现疼痛,无力,手法检查会出现舟骨、大/小多角骨活动异常增大伴疼痛。

2)矫形器的特殊要求:腕背伸位 0°～20°,无桡尺偏,拇指指间关节中立位,掌关节屈曲 5°～10°。

(6)拇长伸肌重建

1)特征:拇长伸肌断裂会导致拇指关节不能伸直,伴疼痛和肿胀。

2)矫形器的特殊要求:腕背伸位 20°～40°,掌指关节 0°,指间关节屈曲 0°～5°,矫形器固定 4～6 周。

(7)拇短伸肌或拇长展肌重建

1)特征:此肌腱损伤后会影响拇指伸展。

2)矫形器的特殊要求:腕背伸位 20°～40°,拇指轻度外展,掌指关节 0°。

(8)肌腱转移(对掌成形术)

1)特征:重建患者拇指对掌及对指功能。

2)矫形器的特殊要求:腕背伸位 0°,拇指指间关节中度掌偏外展,掌指关节屈曲 5°～10°。

3)穿戴方法:术后穿戴 4～6 周。

(9)尺侧副韧带重建

1)特征:此种损伤会造成拇指对指和精细指捏能力丧失。

2)矫形器的特殊要求:腕背伸位 20°,拇指间关节掌偏外展,MCP 关节屈曲 5°伴轻度尺偏。

3)穿戴方法:术后穿戴 4～6 周。

(10)桡侧副韧带手掌重建

1)特征:此种损伤会造成拇指掌指关节失稳,向尺侧偏移。

2)矫形器的特殊要求:腕背伸位 20°,拇指外展,掌指关节屈曲 5°,伴轻度桡偏。

3)穿戴方法:术后穿戴 4～6 周。

第二节
腕手动态矫形器

腕手动态矫形器(dynamic wrist hand orthoses)采用的主要材料是低温热塑板材,为了满足治疗需要,要增加动力辅助装置和零部件,如弹簧圈、钢丝、橡皮筋、牵引索及支架等。常见类型有腕伸展动态矫形器、第 1 腕掌关节外展矫形器、拇指对掌动态矫形器、桡神经麻痹矫形器等。

腕手动态矫形器的主要作用有:①增加关节活动度;②矫正畸形、维持韧带长度;③牵伸瘢痕组织;④延展挛缩、粘连的软组织;⑤代替瘫痪或无力的肌肉完成丧失的动作;⑥维持关节内骨折的复位并同时确保关节活动度;⑦提供运动训练的阻力等。

一、腕关节动态矫形器

(一)腕关节活动型矫形器

1. 常用名词 腕关节活动型矫形器(wrist mobilization orthoses),也称为活动型腕支具。

2. 治疗作用

(1)基本作用:维持腕关节处于既不桡偏也不尺偏的姿势,并允许腕关节全范围屈伸;保护腕部侧副韧带,缓解疼痛、促进愈合;矫正腕关节桡偏和尺偏畸形。

(2)附加作用:维持近侧列腕骨与前臂远端关节面的对位对线,矫正桡尺远侧关节半脱位。

3. 作用原理 腕关节铰链,允许腕关节全范围屈伸,并在各种活动中始终保持腕部与前臂的对位关系,增加侧向稳定。对于腕关节侧偏的患者,该矫形器通过长时间低强度的持续牵伸改善腕关节桡侧或尺侧软组织,以达到矫正目的,并通过长时间持续的塑形活动,矫正异常运动姿势。

4. 材料 厚度为 3.2 mm 的低温热塑板材、铆钉、魔术贴;备用材料:铝制铰链。

5. 制作方法

(1)取样:描出手部和前臂轮廓,然后在手臂部轮廓图上分别画出前臂片和手掌片纸样,如图 6-2-1A,B,矫形器前臂片纸样的宽度略大于臂围的 2/3,长度为前臂的 2/3。手掌片近侧与前臂片远侧各有两个舌状突起,是用来制作铰链的(也可以用金属铰链,但不容易找到适合腕关节使用的小铰链);剪下纸样,分别覆盖在手掌部和前臂部,重点检查前臂片远侧的两个舌状突起中心点是否刚好对准腕关节额状面运动轴,并能与手掌片近侧的舌状突起互相交叠。按纸样剪下板材,加热软化。

图 6-2-1A　前臂片纸样　　图 6-2-1B　手掌片纸样

(2)成型:患者取前臂旋后位,取出前臂片,擦干水分,贴敷在前臂掌侧,并使两个舌状突起稍离开皮肤约 0.5 mm,其中心点对准桡骨茎突和尺骨茎突侧面。等其变冷、硬化,取出手掌片贴敷于手掌部,使拇指穿出板材的鱼际孔,塑出手弓形状,并使其近端两个舌状突起覆盖于前臂片舌状突起上面,等其冷却硬化后,在前臂片的舌状突起上用铅笔沿着手掌片的舌状突起描出其边缘。取下硬化后的板材,按照铅笔画线重新对合矫形器的前臂片和手掌片,在重叠的舌状突起的中间打孔,用铆钉轻轻铆合,形成活动铰链,如图 6-2-1C。

(3)后期处理:把铆合好的矫形器戴到患者手上,检查两铆钉连线是否与腕关节活动轴重合。在矫形器的近端和远端及前臂片远端分别安装固定带,如图 6-2-1D。

6. 临床适应证

(1)腕关节桡偏或尺偏畸形

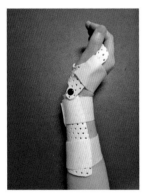

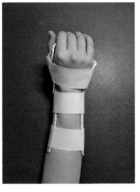

图 6-2-1C　成品侧视观　　图 6-2-1D　成品俯视观

1)特征:腕关节桡偏和尺偏可由许多病因引起,如腕关节侧面烧伤后瘢痕挛缩常导致腕关节桡偏或尺偏,应尽早预防,如已经挛缩,应使用矫形器进行较长期的牵伸。先天性桡骨缺如引起腕关节桡偏或脱位,先天性尺骨缺如引起腕关节尺偏或脱位,程度较轻者可用矫形器治疗,程度较严重者常需要手术,但术前可用矫形器预治疗,以减轻手术负担。

2)矫形器的特殊要求:腕关节处铆钉安装的位置要与腕关节屈伸运动轴重叠。

3)适配检查要点:铆钉连线(矫形器活动轴)与桡腕关节运动轴应重叠,边缘处皮肤不受压。

4)容易出现的问题:铆钉连线(矫形器活动轴)与桡腕关节运动轴成角,导致腕关节活动不顺

畅或受到扭力;前臂远端魔术贴压迫皮肤。

5)穿戴方法:白天和夜间均可穿戴,清洗时脱下。

6)替代方法:可用腕关节功能位静止型矫形器。

(2)桡尺远侧关节半脱位(尺骨小头背侧半脱位)

1)特征:桡尺远侧韧带损伤、尺骨小头向背面突起,桡尺远侧关节半脱位、不稳。

2)矫形器的特殊要求:前臂塑形前在尺骨远端掌面先贴上一块厚度为 3～5 mm、长约 3 mm、宽为 2～2.5 mm 的海绵垫,塑形后矫形器前臂远端与尺骨远端相对应的位置形成凹陷空间,把成型时贴在手臂的那块海绵垫粘贴到腕部固定带尺骨对应的位置上,以形成向掌侧的压力,有助于把尺骨远端推压并固定在正常位置上。

3)适配检查要点:同上。

4)容易出现的问题:尺骨小头受压。

5)穿戴方法:白天和夜间均可穿戴,清洗时脱下。

6)替代方法:无。

(二)动力型伸腕矫形器

1. 常用名称　动力型伸腕矫形器(dynamic wrist extension orthoses),又称动态腕伸展夹板(dynamic wrist extension splint)。

2. 治疗作用

(1)基本作用:向腕关节提供低负荷、长时间的伸展动力,以促进掌侧软组织的延长,改善腕关节背伸角度;避免腕部背侧软组织过度拉伸;促进伸腕肌腱愈合。

(2)附加作用:维持近侧列腕骨与桡尺远端及 TFCC 的对位,矫正腕关节半脱位;通过铰链装置限制运动的特定程度(限制型矫正器)。

3. 作用原理　通过腕关节处的铰链、手掌部远端和前臂近端突起形成的支架,再通过橡皮筋连接,构成一个动力型伸腕矫形器,对挛缩的软组织进行持续牵伸,以改善腕关节被动伸展的角度。通过橡皮筋提供伸腕动力,使伸腕肌减少做功,促进其愈合。

4. 材料　厚度为 3.2 mm 的低温热塑板材、铆钉、橡皮筋、魔术贴。备用材料:铝制铰链。

5. 制作方法

（1）取样：描出手部和前臂轮廓，然后在手臂部轮廓图上分别画出手掌片和前臂片纸样，手掌片纸样如图6-2-2A，前臂片纸样参考6-2-1A。前臂片近侧缘中间向远侧剪出两个深切口，用于制作牵引支架。手掌片沿着掌横纹处在板材上划开口子，用于手指穿出。其余的与上文"腕关节活动型矫形器"类同。

（2）成型：前臂旋后，板材加热后，前臂片覆盖在前臂背侧冷却成型，手掌片加热覆盖于手背，4指从开口处向上穿出，冷却成型。两片的铆合参照"腕关节活动型矫形器"。

（3）后期处理：前臂片与手掌片的铆合同"腕关节活动型矫形器"，只是在手掌片背部打孔，并穿上橡皮筋；将前臂片近端中间部分的深切口制作成弯向近侧端的钩子，用来钩住橡皮筋。使用橡皮筋将手掌部分固定在支架上，形成腕关节伸展位，如图6-2-2B、C。

图 6-2-2A　手掌片纸样

 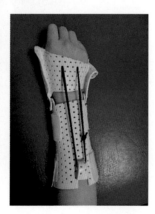

图 6-2-2B　成品侧视观　　图 6-2-2C　成品俯视观

6. 临床适应证

（1）各种原因引起的腕关节背伸受限或腕关节侧偏并背伸受限

1）特征：腕骨骨折、掌骨基底部骨折、桡尺骨远端骨折、TFCC损伤、腕管综合征等因固定时间太长，造成腕关节活动受限，特别是背伸受限；腕关节掌面烧伤瘢痕挛缩也常导致腕关节背伸受限；腕关节桡尺偏常伴有腕关节背伸受限。

2）矫形器的特殊要求：根据腕关节活动受限的程度决定牵引支架的长度，腕关节背伸被动活动范围（PROM）越小，牵引支架长度要求越长，以增加牵引的力臂。橡皮筋长度可调整，根据腕关节角度变化进行相应调整，给予腕关节低负荷、长时间的伸展位牵伸，并渐进性地调整角度。

3）适配检查要点：铆钉连线（矫形器活动轴）与桡腕关节运动轴应一致，橡皮筋强度应足够使腕关节保持持续背伸，以扩大腕关节背伸角度。

4）容易出现的问题：铆钉连线（矫形器活动轴）与桡腕关节运动轴成角，导致腕关节活动不顺畅或受到扭力；橡皮筋强度不够，导致腕背伸角度不能持续改进；夜间可用胶布贴住牵引支架钩橡皮筋的部位，防止橡皮筋脱出。

5）穿戴方法：白天和夜间均可穿戴，间歇脱下进行腕关节功能训练。

6）替代方法：如有条件，矫形器的活动轴可以用铝制铰链代替。如无条件使用矫形器，可使用轻薄木板，在前端垫上毛巾卷，可根据腕关节需要的角度加大毛巾卷的厚度以提供足够的支撑强度。

（2）腕关节掌侧半脱位或尺骨远端背侧半脱位伴腕关节背伸受限

1）特征：因各种原因（多数为创伤）引起的腕关节掌侧半脱位或尺骨远端背侧半脱位常伴有腕关节背伸受限。

2）矫形器的特殊要求：成型时如同腕关节活动型矫形器的方法，尺骨远端掌面对应的板材位置上应做免荷处理。取下手掌片和前臂片之前，治疗师先用手法把桡腕关节正确对位，描画出舌状突起重叠位置的边缘线，然后再取下、打孔、铆合，以确保矫形器的手掌片与前臂片正确对合。前臂远端背面的固定带(毛面魔术贴)尺侧半近皮肤面贴上加厚海绵垫,以对尺骨远端施加向掌侧的推压力。选择合适的橡皮筋。

3) 适配检查要点:腕关节对位应正常或比未穿戴时更接近正常;前臂远端背面固定带不对尺骨小头造成局部压迫;腕关节能顺利背伸。

4) 容易出现的问题:尺骨小头处受压;牵伸力臂不足;夜间可用胶布贴住牵引支架钩橡皮筋的部位,防止橡皮筋脱落。

5) 穿戴方法:持续穿戴,洗手时取下。

6) 替代方法:腕关节固定型矫形器。

二、动力型伸指伸腕矫形器

1. 常用名称 动力型伸指伸腕矫形器(dynamic finger and wrist extension orthoses),又称为桡神经损伤矫形器、伸肌腱修复术后支具。

2. 治疗作用

(1) 基本作用:提供被动的腕关节、掌指关节、手指伸展动力,可允许腕关节及手指屈曲运动;为屈肌训练提供阻力。

(2) 附加作用:桡神经损伤早期穿戴可避免因长时间的垂腕畸形导致伸肌腱的过度拉长。指伸肌腱损伤修复术后穿戴可减低伸肌腱张力,为伸肌腱提供保护,避免再次拉断。伸肌腱术后提供伸肌助力,协助肌腱滑动,避免肌腱粘连。

3. 作用原理 通过矫形器在前臂固定部分提供固定端力点,钢丝于手背侧形成牵引架,通过橡皮筋的弹力辅助伸肌的运动。手部放松状态下腕关节呈伸展位,各手指伸直,达到被动伸腕伸指作用。

4. 材料 厚度为 3.2 mm 的记忆型或黏性较高的普通型低温热塑板材,橡皮筋、钢丝、皮指套。

5. 制作方法

(1) 取样:描出前臂及掌部轮廓,如图 6-6-3A,取腕横纹到前臂中上 1/3 交界处为长度,长度足够长有利于减轻前臂压力,但不能限制肘关节活动。宽度为前臂对应位置周长的 2/3。画出纸样,裁出板材,加热。

(2) 成型:患者前臂旋前放桌上,把加热软化的板材擦干,贴敷在前臂背侧,板材远侧缘稍微覆

图 6-2-3A 纸样

盖腕关节,并略背伸。待冷却,取直径为 2.0 mm 的钢丝用闭口圆嘴钳弯卷成如图 6-2-3B 左边形状的牵引架。将两块椭圆形板材用热风枪加热软化后把钢丝两端固定到已成型的手臂片两侧,调整钢丝,使牵引架横梁位于手指中间指节上方约 4 cm。在钢丝横梁上包上一片宽 1.5 cm 的低温热塑板材(上方固定在横梁上),在每个手指对应的位置上打孔。

(3) 后期处理:取下矫形器,将橡皮筋分别穿过牵引架横梁小孔,系上皮指套,调整松紧度,近端用铆钉固定,使放松时腕关节可以背伸且手指刚好伸直,用力时可以完全抓握,如图 6-2-3C。

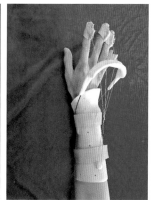

图 6-2-3B 附件　　图 6-2-3C 放松、伸腕伸指

6. 临床适应证

(1) 桡神经麻痹

1) 特征:桡神经麻痹后的伸腕肌、伸指肌无力导致垂腕畸形。

2) 矫形器的特殊要求:无。

3) 适配检查要点:矫形器在腕部的长度应合

适,避免腕关节运动时受到限制。尺骨茎突处不出现压力点,不造成局部压迫。橡皮筋的长度应合适,MCP关节的位置应舒适,橡皮筋过短可能造成MCP关节过度后伸引发不适,橡皮筋过长则达不到伸指要求。

4)容易出现的问题:矫形器在腕部的长度不合适,限制腕关节运动或造成腕关节活动时不顺畅;边缘不光滑,摩擦皮肤。橡皮筋的长度不合适,MCP关节的位置不舒适。

5)穿戴方法:为达到预防伸肌被过度拉长,在手部处于抗重力状态均可穿戴。为避免长时间穿戴的疲劳不适,晚上可以不穿戴。

6)替代方法:用弹簧伸指矫形器,如图6-2-3D。

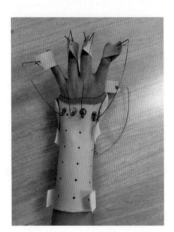

图6-2-3D　弹簧伸指矫形器

(2)伸肌腱断裂修复术后

1)特征:伸肌腱断裂修复术后,保持伸肌腱处于非张力状态,使手指在有保护下进行运动,在术后4周内穿戴可以增加肌腱滑动,避免肌腱粘连。

2)矫形器的特殊要求:对于第2～5指伸肌腱损伤修复术后0～3周,要求腕关节背伸45°,掌指关节屈曲0°～30°,指间关节完全伸直。术后3～4周可将腕关节调至背伸30°位,掌指关节0°位,指间关节可自由活动。

3)适配检查要点:手指的着力点需要在肌腱修复处远端,在第3、第4、第5区损伤时,皮指套受力点可调至近节指骨,MCP关节处于伸展位,指间关节可处于自然屈曲位。

4)容易出现的问题:前臂部分出现压力点,造成局部压迫,尤其在靠近腕关节的位置。

5)穿戴方法:术后4周内需全天24 h穿戴,在治疗师指导下可取下进行治疗性活动,术后4周根据肌腱张力情况调整角度,可穿戴至术后6周。

6)替代方法:参照第十二章第二节相关内容。

三、拇指腕掌关节外展动力型矫形器

1.常用名称　拇指腕掌关节外展动力型矫形器(thumb carpometacarpal palmar/radial abduction mobilization orthoses),其他常用名称有腕掌关节外展夹板(carpometacarpal abduction splint);掌侧外展夹板(palmar abduction splint);拇指外展夹板(thumb abduction splint)。

2.治疗作用

(1)基本作用:对拇指掌指关节施加低负荷、长时间的外展动力,以促进虎口软组织的延长,使拇指保持外展位;提供拇指外展动力。

(2)附加作用:无。

3.作用原理　前臂片将腕关节固定,提供着力点,将塑形纤维管塑形固定于前臂片上,通过塑形纤维管形成力臂,用无弹性皮指套作用于拇指,利用弹性绳将拇指固定在外展位。

4.材料　厚度为3.2 mm的低温热塑板材,固定铝条或塑形纤维管、橡皮筋、皮指套、塑料钉。

5.制作方法

(1)取样:长度为前臂中点到掌横纹之间的距离,远侧缘宽度为手掌两侧各增加2 cm,近侧缘宽度为相应前臂围的2/3,板材上的拇指部位开孔,如图6-2-4A。

(2)成型:前臂旋后位,屈肘支撑在台面上,把软化的板材贴敷到手掌,让拇指从孔中穿过,远侧缘对准掌横纹稍近处,允许其余4指自由活动。前臂部分顺着重力包裹在前臂掌面,延伸到前臂侧方,将腕关节固定,如图6-2-4B。

(3)后期处理:需要附件包括塑形纤维管,皮指套,橡皮筋等,如图6-2-4C。加热塑形纤维管,弯折出合适的形状,并固定在矫形器桡侧相应的表面,将橡皮筋穿过塑形纤维管,远端系上皮指套,调整到合适的长度后把近端固定在矫形器上,如图6-2-4D。或用远端带有微定滑轮的铝条弯折成合适形状的支架,固定在前臂矫形器桡侧,把系有皮指套的橡皮筋绕过微定滑轮拉到矫形器近端,调节橡皮筋长度,并把橡皮筋近端固定于矫形器近端桡侧。

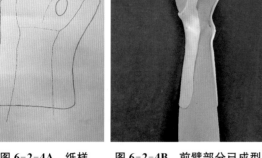

图 6-2-4A　纸样　　图 6-2-4B　前臂部分已成型

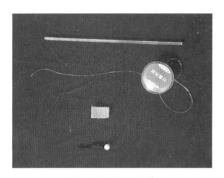

图 6-2-4C　附件

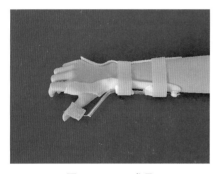

图 6-2-4D　成品

6. 临床适应证

（1）拇短伸肌腱损伤或拇长展肌腱修复术后 4 周内

1）特征:拇短伸肌腱损伤或拇长展肌腱修复术后 4 周内,拇指主动桡侧外展有再次断裂的风险,为了保护肌腱,采用橡皮筋做动力。

2）矫形器的特殊要求:拇短伸肌腱损伤或拇长展肌腱修复术后者,塑形纤维管或铝条支架放置

在拇指和前臂桡侧对应的位置上,牵引力与手掌平面约成 45°角。

3）适配检查要点:拇指穿出的孔边缘要光滑,以防止摩擦皮肤。掌横纹处的光滑程度及长度,不要限制其余 4 指的运动。牵引力方向要与拇指运动方向一致,勿造成力线偏移,牵引力大小适当,牵引力过大易造成虎口牵拉过度,牵引力过小则不能起到良好的牵拉作用。

4）容易出现的问题:牵引力方向偏离,牵引力过大或太小,局部受压。

5）穿戴方法:白天穿戴,夜间换为腕手休息位静止型矫形器。

6）替代方法:如图 6-2-4E,组合式日夜两用动力型矫形器。

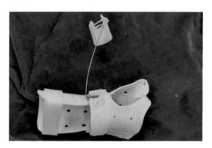

图 6-2-4E　组合式动力型矫形器

（2）拇指内收挛缩

1）特征:拇指屈肌修复后期出现拇指掌指关节和指间关节屈曲及腕掌关节内收挛缩畸形。

2）矫形器的特殊要求:腕关节固定在中立位,拇指矫正力点在整个拇指,皮指套长度以包住拇指为宜,避免力量集中于拇指远节指骨,造成拇指指间关节侧偏。

3）适配检查要点:拇指穿出的孔边缘要光滑,以防止摩擦皮肤。掌横纹处的光滑程度及长度,不要限制其余 4 指的运动。牵引力方向要与拇指运动方向一致,勿造成力线偏移。不造成局部压迫。

4）容易出现的问题:桡骨、尺骨茎突部位受压,掌横纹处摩擦及限制其余 4 指的运动,拇指处挤压,牵引力线偏移。

5）穿戴方法:提供低强度长时间的矫正,尽量在不需要运动的时间进行长时间穿戴以进行矫正,也可在不影响活动的情况下穿戴。

6）替代方法:虎口处放置卫生卷纸的筒芯或

小手枕等,防止其内收畸形。

（3）虎口挛缩

1）特征:第1掌骨骨折好发部位为掌骨基底节,复位固定后容易出现内收畸形。腕掌关节脱位进行复位后出现的内收畸形。

2）矫形器的特殊要求:将腕关节固定在背伸10°～20°,拇指矫形器力点在第1掌骨远端。

3）适配检查要点:牵引力线与第1掌骨纵轴成90°。

4）容易出现的问题:腕部出现局部压迫,限制腕关节运动。

5）穿戴方法:穿戴6周以上,白天晚上尽量穿戴。

6）替代方法:可用渐进式拇指外展静态矫形器或虎口扩张矫形器替代。

四、拇指 MCP、IP 关节伸展动力型矫形器

1. 常用名称 拇指 MCP、IP 关节伸展动力型矫形器(thumb MCP and IP joint extension mobilization orthoses),又称为拇指动态伸展矫形器(dynamic thumb extension orthoses)、拇长伸肌支具〔extensor pollicis longus (EPL) brace〕。

2. 治疗作用

（1）基本作用:为拇指提供低负荷、长时间的伸展动力,使拇指 MCP 和 IP 关节软组织长度得到延长。

（2）附加作用:预定范围内限制拇指的屈曲。拇长伸肌修复术后可减轻其张力,促进肌腱的愈合,为拇指伸展运动提供助力,帮助肌腱滑动,防止肌腱粘连。

3. 作用原理 前臂片为 U 形,将腕关节固定于背伸 20°～30°位,前臂片提供支撑力点,将塑形纤维管弯成合适的角度,形成牵引力臂,用无弹性皮指套作用于拇指,利用橡皮筋将拇指固定在伸展位上。

4. 材料 低温热塑板材、固定铝条或塑形纤维管、橡皮筋、皮指套、塑料钉。

5. 制作方法

（1）取样:长度为前臂中点到掌横纹近端之间的距离,远侧缘宽度为手掌两侧各增加 2 cm,近侧缘宽度为相应前臂围的 2/3。板材纸样如图 6-2-5A 所示。

（2）成型:前臂旋前位,腕关节背伸 20°～30°

位,把软化的板材贴敷到前臂及手背,远侧缘露出掌指关节,允许 4 指自由活动。前臂部分顺着重力将前臂包住,不限制腕关节屈曲运动,板材可稍做裁剪,将拇指背侧露出,以免限制其伸展,如图 6-2-5B。

 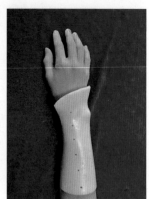

图 6-2-5A 纸样　　图 6-2-5B 前臂支撑部分

（3）后期处理:需要附件有塑形纤维管,橡皮筋,皮指套等,如图 6-2-5C。加热塑形纤维管,弯折出合适的形状,并固定在矫形器背侧相应的表面,将橡皮筋穿过塑形纤维管,远端系上皮指套,调整到合适的长度后把近端用塑料钉固定在矫形器上,如图 6-2-5D。也可以用远端带有微定滑轮的铝条弯折成合适形状的支架,固定在前臂矫形器背侧,把系有皮指套的橡皮筋绕过微定滑轮拉到矫形器近端,调节橡皮筋长度,并把橡皮筋近端固定于矫形器近端背侧。

 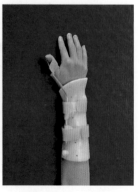

图 6-2-5C 附件　　图 6-2-5D 成品

6. 临床适应证

（1）拇指 MCP、IP 关节挛缩

1）特征:拇指屈肌腱断裂修复术后 7 周以后屈肌腱挛缩。

2）矫形器的特殊要求:软组织损伤导致拇指

MCP、IP 关节挛缩,拇指矫形器力点在拇指末节。

3) 适配检查要点:前臂部分的长度要合适,不要限制其余 4 指 MCP 关节运动。边缘光滑,避免摩擦皮肤。牵引皮指套的橡皮筋要垂直于拇指长轴,垂直于拇指指甲平面并位于其根部中点上方,牵引的力度要合适,力线无偏移。

4) 容易出现的问题:前臂远端过长,限制其余 4 指 MCP 关节运动,拇指根部出现局部压迫,牵引力线偏移。

5) 穿戴方法:尽量长时间穿戴以达到长时间牵拉的效果,白天活动时可取下。

6) 替代方法:可用渐进式拇指伸展静态矫形器替代,如无条件使用矫形器,也可以将雪糕棒剪短后在其一端垫上棉花,然后用胶布缠住拇指,使其处于伸展位,雪糕棒近端要超过 MCP 关节才能达到矫正力度要求,如图 6-2-5E。

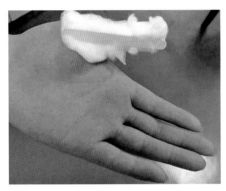

图 6-2-5E 雪糕棒替代

(2) 拇长伸肌腱断裂术后 4 周内

1) 特征:拇长伸肌腱断裂修复术后 4 周内,拇指主动伸展用力过大可能造成再次断裂风险。该矫形器将拇指置于伸展位,减轻拇长伸肌腱张力,并为其伸展提供助力,辅助拇指的伸展运动。早期进行肌腱滑动,防止肌腱粘连。

2) 矫形器的特殊要求:拇长伸肌腱断裂修复术后 4 周内,矫形器可作为辅助拇指伸展的动力工具。拇长伸肌损伤修复术后 4 周内,支架应安装在拇指背面和前臂背面桡侧。牵引力与手背平面约成 120°。

3) 适配检查要点:前臂部分的长度要合适,不要限制其余 4 指的 MP 关节运动。边缘光滑,避免摩擦皮肤。牵引力大小要合适,力线无偏移,勿造成拇指的不适。

4) 容易出现的问题:前臂远端过长,限制手指运动,拇指根部出现卡压。

5) 穿戴方法:运动时也可穿戴,在治疗师指导下进行运动,注意拇指屈曲范围的控制,逐渐增加运动范围,勿造成肌腱过大的张力。

6) 替代方法:拇长伸肌腱修复术后 4 周内,可以采用拇指伸展位静态矫形器,保护修复后的肌腱。

五、手指屈肌腱损伤修复术后早期动力型矫形器

1. 常用名称 屈肌腱修复术后保护支具。

2. 治疗作用

(1) 基本作用:限制腕关节、手指的伸展运动,防止修复的屈肌腱过度拉伸;为手指的屈曲运动提供助力;促进屈肌腱的滑动,防止肌腱粘连。

(2) 附加作用:无。

3. 作用原理 通过前臂提供固定端力点,橡皮筋的弹力辅助手指屈曲运动,腕手背侧片限制腕关节及手指的伸展,防止屈肌腱拉伸造成再次损伤。

4. 材料 低温热塑板材,橡皮筋,别针,小号曲形针,魔术贴。

5. 制作方法

(1) 取样:描出手部和前臂轮廓,远侧缘宽度为手掌两侧及手指远端以手部轮廓为界稍微拓宽即可,近侧缘宽度为相应前臂围的 2/3,近侧缘长度到前臂中上 1/3 处,不限制肘关节屈曲活动,如图 6-3-6A。

(2) 成型:前臂旋前,腕关节掌曲位,第 2~5 指 MCP 关节屈曲,指间关节伸直,将加热软化的板材贴敷于前臂背侧及手背侧进行塑形,待冷却成型,如图 6-2-6B。

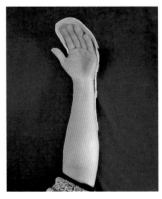

图 6-2-6A 纸样   **图 6-2-6B 低温热塑板材部分**

（3）后期处理：前臂部分粘上魔术贴后用别针将橡皮筋固定在魔术贴上，用小号曲形针在穿戴者指甲上制作甲面固定点，或使用加长的美甲片贴到指甲上，如图6-2-6C，也可用低温热塑板材制作固定甲面，将其固定在手指末端背侧，将橡皮筋与甲面固定点连接在一起。利用橡皮筋将手指拉到屈曲位，所需附件如图6-2-6D，成品如图6-2-6E。

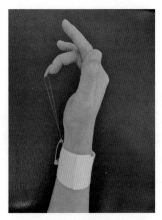

图6-2-6C 腕指联合伸展限制型矫形器

图6-2-6D 附件

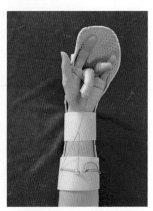

图6-2-6E 中指为例的成品效果

6. 临床适应证 第2~5指屈肌腱断裂修复术后4周内。

（1）特征：手指屈肌腱断裂修复术后4周内，为保护修复后的屈肌腱，限制手指伸展运动，防止其再次损伤。使用橡皮筋被动屈曲手指，促进肌腱滑动，为防止肌腱粘连。

（2）矫形器的特殊要求：腕关节屈曲20°~30°，第2~5指MCP关节屈曲45°~60°，指间关节伸直。腕手背侧挡板限制腕关节与手指关节同时伸展，保护修复后的屈肌腱。

（3）适配检查要点：注意拇指背侧压力检测，不要限制拇指的伸展运动。

（4）容易出现的问题：拇指背侧被矫形器卡压，限制拇指伸展运动；矫形器边缘不光滑，摩擦皮肤。

（5）穿戴方法：术后4周以内均可穿戴，运动过程中可穿戴。

（6）替代方法：对于单根肌腱受伤的患者也可以采用腕指联合伸展限制型矫形器，如图6-2-6C。

六、管状腕屈曲限动型矫形器

1. 常用名称 尺侧增强矫形器，腕骨间不稳定型矫形器。

2. 治疗作用

（1）基本作用：限制腕部掌屈运动，减轻因掌屈活动造成的腕部疼痛。

（2）附加作用：对豌豆骨及尺骨远端给予压力，减轻腕部的凹陷。

3. 作用原理 通过来自掌侧对豌豆骨与尺骨远端的压力，来减轻对腕部掌侧的压力，同时限制腕关节屈曲活动，减轻腕部屈曲产生的疼痛与损伤。

4. 材料 厚度为3.2mm的低温热塑板材，魔术贴。

5. 制作方法

（1）取样：从腕横纹至前臂中下1/3处，尺侧形成一向远端延长至豌豆骨的圆弧，尺侧缘以手臂尺侧为界，桡侧缘位置以相应臂围的2/3为界，如图6-2-7A。

（2）成型：把软化的板材贴敷到腕部掌面，尺侧圆弧覆盖住豌豆骨，剩余部分沿腕部向桡侧包绕至腕部背面，如图6-2-7B。

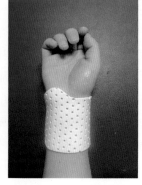

图6-2-7A 纸样　　图6-2-7B 板材成型

（3）后期处理：将边缘打磨光滑或者包裹边缘衬垫，贴上魔术贴，让患者进行伸腕运动，如图 6-2-7C，看有无限制，进行调试。腕关节掌屈运动被限制，如图 6-2-7D。

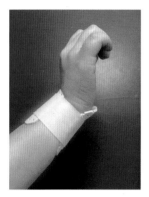
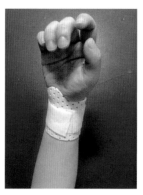

图 6-2-7C　腕关节背伸　　图 6-2-7D　掌屈运动
　　不受限制　　　　　　　　被限制

6. 临床适应证　腕关节不稳定。

（1）特征：尺骨远端或尺骨茎突骨折、豌豆骨骨折等导致腕关节尺侧不稳，关节疼痛，需加强尺侧稳定性。尺骨茎突骨折保守治疗，因早期掌屈位固定，造成尺骨远端向背侧偏移，导致腕部凹陷。

（2）矫形器的特殊要求：腕关节放松状态下处中立位，无尺偏、桡偏。

（3）适配检查要点：矫形器远端背侧不能过长，以免导致腕关节背伸活动不顺畅。大鱼际边缘不形成局部压迫，不影响拇指活动。矫形器边缘光滑，无皮肤摩擦。

（4）容易出现的问题：尺侧开口过小，挤压周围组织。尺侧掌面扩展的半圆形部分大小不适合，运动中影响拇指活动与对指活动。

（5）穿戴方法：日间活动时穿戴。

（6）替代方法：静态腕关节背伸矫形器。

七、腕部及示指、中指伸展限动型矫形器

1. 常用名称　肌腱固定矫形器。

2. 治疗作用

（1）基本作用：当腕手伸展时，将示指、中指与拇指固定在对指的位置，加强对指能力。

（2）附加作用：限制示指与中指的伸展。

3. 作用原理　前臂片为示指、中指牵引力线

提供固定力点。利用示指、中指指尖的拉线，控制伸腕时示指与中指的位置，防止过度的腕关节伸展，保护示指、中指屈肌腱。拇指片将拇指固定于对掌位，与示指、中指形成对指，改善因正中神经损伤导致的对指不能。

4. 材料　厚度为 1.6 mm 的低温热塑板材，拉力绳，魔术贴。

5. 制作方法

（1）取样：前臂片以腕横纹为远端界限，长度为 8 cm，宽度为相应前臂围的 2/3。手片长度为示指、中指掌指关节至手指末端，宽度为两个手指宽度两边增加 1 cm。拇指片从腕横纹到掌横纹，桡侧延伸到拇指末端，尺侧边缘至小鱼际处，往外宽 3 cm，拇指处留孔，以便拇指从中穿出，如图 6-2-8A。

（2）成型：把软化的前臂片板材贴敷到前臂，远侧缘对准掌横纹稍近处，开口在背侧，冷却成型，为屈指拉力绳提供着力点。拇指片软化后贴敷到掌面，让拇指从孔中穿过，将拇指处在对掌位塑形固定。手指片软化后贴敷在示指、中指背侧，示指、中指相互靠近塑形，待冷却成型，如图 6-2-8B。

（3）后期处理：用无弹力的拉力绳将手指片与前臂片拉近，形成手指屈曲位，向拇指靠近，与拇指形成对指，如图 6-2-8C。

图 6-3-8A　纸样

6. 临床适应证

（1）正中神经损伤

1）特征：正中神经损伤后引起对指对掌功能及示指、中指屈曲功能缺陷，利用矫形器将示指、中指与拇指形成对指位，加强其对指功能。

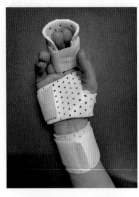 

图 6-3-8B　板材
在各部位塑形

图 6-3-8C　腕背伸时示指
和中指向拇指靠近

2）矫形器的特殊要求：拇指片要承托大鱼际肌，将拇指置于对指对掌位。牵引拉力绳（用无弹力或微弹力的），在腕关节背伸时起到向拇指拉近示指、中指的作用。

3）适配检查要点：前臂片长度要合适，不影响腕关节背伸运动的顺畅性。大鱼际边缘不形成局部压迫，矫形器边缘光滑，以免导致皮肤摩擦。拉力绳长度要合适，使腕关节背伸时拇指与示指、中指形成对指。拇指出口处要光滑，勿造成摩擦。

4）容易出现的问题：边缘不光滑，摩擦皮肤，特别是大鱼际处。

5）穿戴方法：日间训练时穿戴。为避免示指、中指过度屈曲，夜间可以仅穿戴拇指片，保持拇指

对掌位即可。

6）替代方法：无。

（2）示指、中指屈肌腱损伤

1）特征：示指、中指屈肌腱损伤，利用拉力绳将其拉至手指屈曲位，可以减轻肌腱张力，促进组织修复。

2）矫形器的特殊要求：可以将拇指片去掉，仅保留手指片与前臂片，拉力绳更换成有弹性的橡皮筋。可将其看成是一个简易版的屈肌腱修复术后的动态矫形器。但因未限制腕关节活动，可作为肌腱损伤 2 周后的矫形器使用。此时肌腱有部分修复，但强度仍不够，为了腕关节的功能恢复，可以更换成此矫形器。

3）适配检查要点：前臂片长度要合适，不影响腕关节背伸运动的顺畅性。大鱼际边缘不形成局部压迫，矫形器边缘光滑，以免导致皮肤摩擦。拉力绳长度要合适，使腕关节背伸时拇指与示指、中指形成对指。

4）容易出现的问题：边缘不光滑，摩擦皮肤，特别是大鱼际处。

5）穿戴方法：肌腱损伤 2～6 周均可穿戴。

6）替代方法：屈肌腱损伤 4 周内可使用手指屈肌腱损伤术后早期动力型矫形器。

（赵　曦　潘庆珍　刘静娅）

第七章

手和手指矫形器

手和手指矫形器主要用于手指与手掌部位损伤,如锤状指、扳机指、骨折、手指韧带损伤、手部关节炎、手部关节挛缩、各种原因导致的手指畸形、周围神经损伤引起的手部功能障碍等。其主要作用是固定、制动、保护、促进组织愈合和缓解疼痛、代偿功能。手/指矫形器依照其功能与治疗性目的,可分为静态和动态矫形器。

手指与掌指关节皆由单一关节组成,其活动度负责手部抓握与其他精细功能(fine motor)。因此矫形器塑形时,正确的固定角度与排列对线(alignment)至关重要。稍有出错,就很可能造成骨折愈合不良(non-union)或不当扭转(malrotation),甚至导致不必要的关节挛缩变形。此章将详细介绍常用于不同手指与掌部的针对性矫形器及其临床适应证。

第一节
手静态矫形器

手静态矫形器(hand-based immobilization orthoses)不固定腕关节,专用于固定指间关节与掌指关节及其相关组织,包括掌部和指部的骨骼、韧带、掌板、神经等,以达到稳固、保护、促进愈合或避免组织挛缩等治疗性目的。依据不同的损伤,矫形器接触肢体的面有不同,如有把手掌背侧作为接触面的、有把掌侧或尺侧作为接触面的,损伤不同,矫形器的角度也会有所变化。拇指关节的损伤,其矫形器设计与其他手指也会有许多不同。本章将分别进行介绍。

一、手背侧阻挡式矫形器

1. 常用名称　手背侧阻挡式矫形器(hand-based dorsal blocking orthoses),又称背侧手部固定型矫形器。

2. 治疗作用

(1)基本作用:①固定掌指关节;②保护掌指关节掌板(MCP joint volar plate);③保护掌指关节指神经(digital nerve);④防止因尺神经受损造成的爪形手(claw hand)畸形。

(2)附加作用:①确保手指关节的屈曲活动度(针对掌指关节掌板受损与指神经受损);②固定手指于较具功能性的位置(针对尺神经受损)。

3. 作用原理　手背侧阻挡式矫形器主要作用于掌指关节,将其固定于屈曲角度,手指关节则完全伸直。此矫形器有助于保护掌指关节掌板与指神经,促进愈合,或是将手指固定于功能性姿势,更可同时确保手指的关节活动度。

4. 材料　低温热塑板材、魔术贴。

5. 制作方法

(1)取样:画纸样时掌心朝下,描出手部及手指轮廓(图7-1-1A)。

图7-1-1A　手背侧阻挡式矫形器纸样

（2）成型：保持第2～5指掌指关节于屈曲位，把加热软化的板材放在手背侧塑形，注意板材不限制拇指的活动（图7-1-1B）。

（3）后期加工：塑形后在手掌和手指背侧加上魔术贴（图7-1-1C）。

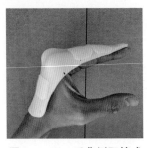

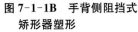

图7-1-1B　手背侧阻挡式矫形器塑形

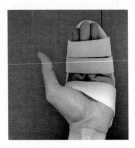

图7-1-1C　穿戴手背侧阻挡式矫形器

6. 临床适应证

（1）掌指关节掌板受损

1）特征：掌板受损通常是掌指关节受到过伸（hyperextended）的暴力，导致发炎或撕裂。临床表现为局部疼痛、肿胀、有压痛、活动受限。此时，须把掌指关节放置在屈曲的位置，避免其伸直和过伸，以免受损恶化。

2）矫形器的特殊要求：掌指关节屈曲30°，手指关节完全伸直。持续4周后，每周伸直掌指关节10°（即第4周掌指关节屈曲20°，第5周屈曲10°）。6周后即不需矫形器保护，依治疗师指示运动。

3）适配检查要点：即便只有单指受伤，也务必连同邻近手指一起固定，以确保最佳保护。

4）容易出现的问题：掌指关节背侧局部受压。

5）穿戴方法：需每天穿戴24 h，持续6周。每天至少3次解开手指部分的固定带，在矫形器保护下进行手指关节屈伸活动，但一直保持掌指关节屈曲。

6）替代方法：无。

（2）掌指关节指神经受损

1）特征：指神经受损通常是尖锐物品（刀、玻璃等）割伤，造成手指尺侧或桡侧感觉丧失。手术修复后，须把掌指关节放置在屈曲位，避免伸直和过伸导致指神经再次撕裂伤。

2）矫形器的特殊要求：同掌指关节掌板受损。

3）适配检查要点：即便只有单指受伤，也务必

连同邻近手指一起固定，以确保最佳保护。

4）容易出现的问题：须注意掌指关节背侧的压力点。

5）穿戴方法：需每天穿戴24 h，持续6周。每天至少3次解开手指部分的固定带，在矫形器保护下进行手指关节屈伸活动，但一直保持掌指关节屈曲。

6）替代方法：无。

（3）尺神经损伤

1）特征：尺神经受损时会导致手内肌肉瘫痪、萎缩，造成爪形手畸形。

2）矫形器的特殊要求：第2～5掌指关节屈曲70°～90°，手指关节完全伸直固定。

3）适配检查要点：须确保手指关节完全伸直，以避免指关节挛缩。

4）容易出现的问题：须注意掌指关节背侧的压力点。

5）穿戴方法：夜间睡觉时穿戴，白天可穿戴抗爪形手矫形器以确保手功能。

6）替代方法：抗爪形手矫形器（anti-claw hand orthoses），如图7-1-2A、B。

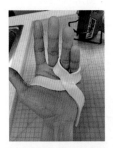

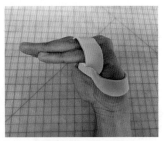

图7-1-2A　抗爪形手矫形器（掌面观）　　图7-1-2B　抗爪形手矫形器（尺侧观）

二、掌侧手部固定型矫形器

（一）掌侧MCP关节屈曲手部固定型矫形器

1. 常用名称　掌侧手部静态矫形器。

2. 治疗作用

（1）基本作用：①固定掌指关节；②保护近节指骨或远端掌骨。

（2）附加作用：①防止掌指关节两侧韧带挛缩；②防止掌指关节背侧瘢痕组织挛缩。

3. 作用原理　掌侧手部固定矫形器主要作用

于掌指关节与近节指骨,针对不同的损伤,其固定角度也会有所变化。

4. 材料 低温热塑板材、魔术贴。

5. 制作方法(以示指近节指骨骨折为例)

(1)取样:画纸样时掌心朝下,描出手部及手指轮廓,描出1、2指缝。如图7-1-3A,大鱼际处剪个孔。依照纸样裁剪板材并加热软化。

图 7-1-3A 掌指关节屈曲指间关节伸直固定型矫形器

(2)成型:把软化的板材贴敷于手掌腹侧塑形,拇指穿过板材的鱼际裂孔,示指和中指掌指关节屈曲70°~90°,指间关节伸直(图7-1-3B)。

(3)后期加工:固定魔术贴在手掌根部、指间关节处(图7-1-3C)。

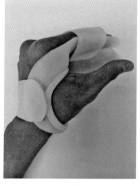

图 7-1-3B 掌指关节屈曲指间关节伸直固定型矫形器塑形

图 7-1-3C 穿戴掌指关节屈曲指间关节伸直固定型矫形器

6. 临床适应证

近节指骨骨折

1)特征:近节指骨骨折如为稳定性骨折,则不需手术内固定,只需用石膏或矫形器将掌指关节和

指间关节加以固定,以促进愈合。由于掌指关节侧副韧带在屈曲70°~90°位时处于被拉紧的状态,有助于稳定近节指骨,同时侧副韧带在固定期间保持足够的长度,避免挛缩。而指间关节应以伸直位固定,避免掌板挛缩。第4指和第5指为邻近手指,它们的伸肌腱指间有较多腱间联合,活动的时候容易互相影响,故其中任何一指受伤,均需把两指一起固定。

2)矫形器的特殊要求:掌指关节固定于70°~90°,指间关节固定于伸直位(不需固定远端指间关节)。

3)适配检查要点:即便只有单指受伤,最好连同邻近手指一起固定,以确保最佳保护。

4)容易出现的问题:矫形器掌部远端太长,阻挡其他手指掌指关节活动,引起邻近手指关节僵硬。

5)穿戴方法:不手术者,需每天穿戴24 h,持续4周,4周后依治疗师指示运动,继续穿戴至8周;手术后即可开始依治疗师指示运动,但仍需持续穿戴6~8周。

6)替代方法:无。

(二)掌侧 MCP 关节伸直手部固定矫形器

1. 常用名称 掌侧手部伸直位静态矫形器、掌侧手部伸直位静态支具等。

2. 治疗作用

(1)基本作用:①固定掌指关节;②牵伸手掌和手指掌侧软组织;③改善 MCP 关节和 IP 关节伸直角度。

(2)附加作用:防止手内肌挛缩。

3. 作用原理 通过持续低强度牵伸达到软组织蠕变,促进胶原纤维有序排列,延长组织长度。

4. 材料 低温热塑板材、魔术贴。

5. 制作方法

(1)取样:画纸样时掌心朝下,描出手部及第4、第5手指轮廓。如图7-1-4A,大鱼际处剪个孔。依照纸样裁剪板材并加热软化。

(2)成型:把软化的板材贴敷于手掌腹侧塑形,拇指穿过板材的鱼际裂孔,示指和中指掌指关节屈曲70°~90°、指间关节伸直。

(3)后期加工:固定魔术贴在手掌根部、指间关节处(图 7-1-4B、C)。

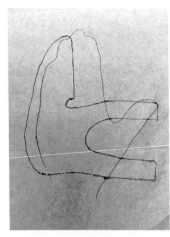

图 7-1-4A 4、5 掌指指间关节伸直
固定矫形器纸样

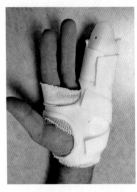 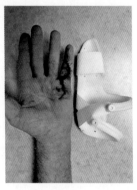

图 7-1-4B 4、5 掌指　　图 7-1-4C 4、5 掌指
指间关节伸直固定　　指间关节伸直固定
矫形器(掌侧面)　　矫形器(背侧面)

6. 临床适应证

(1)掌腱膜挛缩

1)特征:掌腱膜挛缩(palmar fascia contracture),又称迪皮特朗挛缩(Dupuytren contracture)会导致手指无法完全伸直而影响手部功能,最常遭受到此问题的手指为环指与小指。一般先通过矫形器保守治疗,少数严重者需要手术。

2)矫形器的特殊要求:掌指关节与手指须伸直,一般需要把小指和环指一起固定。保守治疗者应根据患者手指挛缩的程度,尽量把掌指关节和指间关节放在伸直位,几天后进行角度调整至掌指关节轻度过伸。如果手指屈肌腱也出现挛缩,则需要腕手伸直位矫形器,把腕关节固定在背伸 30°~40°,掌指关节和指间关节尽量伸直,逐渐调整

角度。

3)适配检查要点:注意穿戴时可能造成的压力点,比如确保手指的末端不能过度受压;远端指间关节不能过伸;矫形器近端不能妨碍腕部屈伸、拇指活动不能受限等。

4)容易出现的问题:需注意术后伤口愈合情况,切勿为了伸直手指而使伤口裂开。

5)穿戴方法:整天穿戴,仅运动时可取下,保守治疗需根据病情决定,一般需要穿戴 2~8 个月;术后患者需持续穿戴 4 周,接着仅晚上穿戴 6 个月。

6)替代方法:无。

(2)掌指关节掌侧瘢痕

1)特征:掌指关节掌侧瘢痕挛缩常导致掌指关节屈曲,也常影响指间关节,并有逐渐加重倾向,导致严重手功能障碍,应尽早进行预防性干预和抢救性干预。

2)矫形器的特殊要求:如创面刚刚愈合尚未出现挛缩,应预防性干预,使掌指关节轻度过伸;如已出现明显屈曲挛缩,则视情况将掌指关节牵伸到最大伸直位,成型后取下矫形器,再稍微加热后把掌指关节和指间关节的伸直角度稍增大(10°~15°),以产生合适的牵伸效果。

3)适配检查要点:注意穿戴时可能造成的压力点,比如确保手指的末端不能过度受压;远端指间关节不能过伸;矫形器近端不能妨碍腕部屈伸;拇指活动不能受限等。

4)容易出现的问题:注意创面愈合情况,切勿为了伸直手指而使创面裂开。

5)穿戴方法:整天穿戴,仅运动时可取下,根据病情决定,一般需要穿戴 6~18 个月。

6)替代方法:可调节型掌背侧伸指矫形器(如手指屈曲较严重者可用),见图 12-1-5B。

三、掌指关节伸直位固定型矫形器

(一)掌指关节伸直位固定型矫形器 1

1. 常用名称　掌指关节伸直位固定型矫形器(MCP joint extension immobilization orthoses)。

2. 治疗作用

(1)基本作用:固定掌指关节,使屈肌腱得到

休息以减缓炎症。

（2）附加作用：无。

3. 作用原理　通过制动掌指关节，减少肌腱在 A1 滑车处的摩擦、缓解炎症。

4. 材料　低温热塑板材、魔术贴。

5. 制作方法

（1）取样：画纸样时掌心朝下，描出手部及伤指指缝，在近端指间关节处做记号。如图 7-1-5A，画出纸样，依照纸样裁剪板材并加热软化。

**图 7-1-5A　掌指关节伸直位
固定型矫形器纸样**

（2）成型：把软化的板材贴敷于手掌腹侧塑形，塑出手弓形状，充分暴露大鱼际，手指片包裹伤指近端指节，边缘稍做翻卷，使其不限制近端指间关节屈曲。

（3）后期加工：固定魔术贴在掌根和虎口、手指处（图 7-1-5B、C），亦可额外贴上海绵减轻压力点。

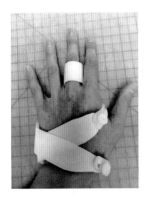　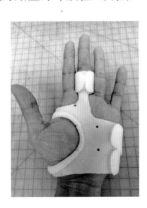

**图 7-1-5B　掌指关节
伸直位固定型矫形
器（背侧面）**　**图 7-1-5C　掌指关节
伸直位固定型矫形器
（掌侧面）**

6. 临床适应证　扳机指。

（1）特征：扳机指又称指屈肌腱狭窄性腱鞘炎

（tenosynovitis of finger flexor tendon）。其主要病理机制是发炎肿胀的屈肌腱在水肿的腱鞘中滑动时受到卡压，产生疼痛、弹响，这又加重了肌腱和腱鞘的炎症。因此，需要固定掌指关节，以强迫肌腱休息。

（2）矫形器的特殊要求：掌指关节完全伸直，手指关节不需固定。

（3）适配检查要点：确保患指的掌指关节处无压力点。

（4）容易出现的问题：无。

（5）穿戴方法：尽量整天穿戴，持续 6 周，直到症状减缓。

（6）替代方法：指环型矫形器，如图 7-1-6A～C。

图 7-1-6A　指环型矫形器纸样

**图 7-1-6B　穿戴指
环型矫形器**　**图 7-1-6C　指环型矫形器**

（二）掌指关节伸直位固定型矫形器 2

1. 常用名称　掌侧掌指关节阻挡式矫形器。

2. 治疗作用

（1）基本作用：固定掌指关节，减少手指伸肌腱在 MCP 关节背面滑动幅度，促进相关组织愈合。

（2）附加作用：缓解疼痛。

3. 作用原理　制动、促进损伤组织愈合。

4. 材料　低温热塑板材、魔术贴。

5. 制作方法

(1) 取样：画纸样时掌心朝下，描出手部及所有手指指缝，在近端指间关节处做记号。如图 7-1-7A，画出纸样，依照纸样裁剪板材并加热软化。

(2) 成型：把软化的板材贴敷于手掌腹侧塑形，塑出手弓形状，充分暴露大鱼际，每个手指片对准各指近端指节，边缘稍做翻卷，使其不限制近端指间关节屈曲（图 7-1-7B）。

图 7-1-7A　掌侧掌指关节阻挡式矫形器纸样　　图 7-1-7B　掌侧掌指关节阻挡式矫形器塑形

(3) 后期加工：固定魔术贴在掌根和虎口、手指近节处（图 7-1-7C、D）。

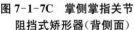 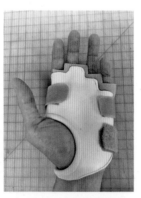

图 7-1-7C　掌侧掌指关节阻挡式矫形器（背侧面）　　图 7-1-7D　掌侧掌指关节阻挡式矫形器（掌侧面）

6. 临床适应证　手指伸肌腱脱臼［矢状带（sagittal band）受损］。

(1) 特征：矢状带的主要作用为固定手指伸肌腱。因外力而受损时，会造成手指伸肌腱脱臼，导致疼痛且掌指关节背侧肿胀，甚至会无力且无法伸直掌指关节。

(2) 矫形器的特殊要求：掌指关节完全伸直，手指指间关节不需固定。即便只有单指受伤，也务必连同邻近手指一起固定，以确保最佳保护。

(3) 适配检查要点：确保患指的掌指关节处无压力点。

(4) 容易出现的问题：无。

(5) 穿戴方法：每天穿戴 24 h 完全固定，持续 6 周，直到症状减缓。

(6) 替代方法：无。

四、尺侧槽状手部固定型矫形器

1. 常用名称　尺侧槽状手部固定型矫形器（hand-based ulnar gutter immobilization orthoses），又称尺侧槽状矫形器。

2. 治疗作用

(1) 基本作用：①固定小指与环指掌指关节；②保护小指与环指近节指骨。

(2) 附加作用：防止尺侧掌指关节两侧韧带挛缩。

3. 作用原理　尺侧槽状手部固定型矫形器主要作用于小指与环指的掌指关节与近节指骨，将其掌指关节固定于最适合愈合的屈曲角度。

4. 材料　低温热塑板材、魔术贴。

5. 制作方法

(1) 取样：画纸样时掌心朝下，描绘第 4、第 5 指宽度后，向外延展同样宽度（图 7-1-8A）。

图 7-1-8A　尺侧槽状手部固定型矫形器纸样

(2) 成型：把加热软化的板材贴敷包裹到手尺侧，塑形，固定环指与小指掌指关节屈曲 70°～90°、指间关节完全伸直,注意在掌指关节背面做免荷处理,掌指关节掌侧避免产生板材皱褶(图7-1-8B)。

(3)后期加工:在掌横纹处和腕部、指间关节处安装固定带(图7-1-8C)。

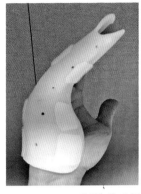
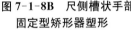
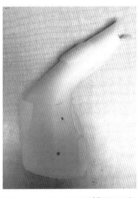

图7-1-8B 尺侧槽状手部 图7-1-8C 尺侧槽状手部
固定型矫形器塑形 固定型矫形器

6. 临床适应证 小指或环指的近节指骨折。

(1)特征:骨折愈合时,若无良好的支撑,很可能造成不当扭转或愈合不良等问题。因此,无论手术与否,都需穿戴矫形器以确保骨折最佳的复原。无论是小指还是环指骨折,均需固定两指。

(2)矫形器的特殊要求:掌指关节屈曲70°~90°,手指关节完全伸直。

(3)适配检查要点:掌指关节屈曲的角度应合适,掌指关节背面骨突部位不受压,近端不影响腕关节屈伸,掌部魔术贴(特别是虎口处)不影响拇指活动。

(4)容易出现的问题:须注意掌指关节固定角度务必在屈曲70°以上。另外,手指必须完全伸直以避免关节僵硬挛缩。

(5)穿戴方法:未手术者,需每天穿戴24 h,持续4周,4周后可间歇性取下矫形器,依治疗师指示运动,继续穿戴至8周去除矫形器;如已行手术内固定,术后需用矫形器固定,间歇性取下矫形器且依照治疗师指示运动,仍需持续穿戴8周。

(6)替代方法:无。

五、拇指对掌矫形器

1. 常用名称 拇指对掌矫形器(thumb opposition orthoses),又称为拇指人字矫形器、拇指固定型矫形器(thumb immobilization orthoses)。

2. 治疗作用

(1)基本作用:①固定拇指近端指间关节与掌指关节;②保护拇指掌指关节周边韧带。

(2)附加作用:保护拇指掌腕关节,以减缓关节炎症状。

3. 作用原理 拇指对掌矫形器主要作用于拇指近端指间关节与掌指关节,对于拇指骨折、关节炎与掌指关节周边韧带损伤可有相当好的保护。

4. 材料 建议使用厚为2.4 mm的低温热塑板材、魔术贴。

5. 制作方法

(1)取样:画纸样时掌心朝下,描绘手部轮廓,并标记掌横纹和拇指指间关节处(图7-1-9A),桡侧延伸到可以覆盖虎口背面。

(2)成型:塑形时固定拇指掌指关节屈曲10°,不需包含指间关节,做出手弓形状。

(3)后期加工:矫形器成品(图7-1-9B、C)。

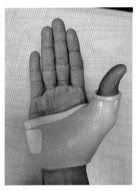

图7-1-9A 拇指对掌 图7-1-9B 拇指对掌
矫形器纸样 矫形器(掌侧面)

图7-1-9C 拇指对掌矫形器(桡侧面)

6. 临床适应证

(1)拇指掌骨远端骨折

1)特征:拇指掌骨远端和掌骨颈骨折后易造

成掌指关节僵硬,严重影响对掌功能。无论手术与否,均需穿戴矫形器以确保骨折最佳的复原。

2)矫形器的特殊要求:拇指尽可能外展,掌指关节屈曲10°,并注意要包覆掌腕关节以确保骨折稳固地愈合。

3)适配检查要点:第2~5指掌指关节屈曲和腕关节屈伸、桡尺偏不受影响,拇指固定牢固,虎口打开幅度足够。须小心掌指关节处容易水肿过紧而造成压力点或血液循环不良;或是消肿后矫形器过松,而没有保护效果。

4)容易出现的问题:无。

5)穿戴方法:未手术者,需每天穿戴24 h,持续4周,4周后依治疗师指示运动,继续穿戴至8周;手术后即可开始依治疗师指示运动,仍需持续穿戴8周。

6)替代方法:蝴蝶形拇指矫形器(图7-1-10A~D)。

图7-1-10A 蝴蝶形拇指
矫形器纸样

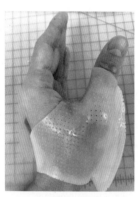

图7-1-10B 蝴蝶形拇指
矫形器塑形

图7-1-10C 蝴蝶形拇指
矫形器

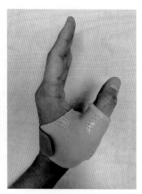

图7-1-10D 穿戴蝴蝶形
拇指矫形器

(2)拇指近节指骨骨折

1)特征:拇指近节指骨骨折会造成指间关节

僵硬,影响拇指的精细功能。

2)矫形器的特殊要求:必须固定拇指指间关节,使指间关节呈伸直位。矫形器的拇指部分为圆筒状,其边缘须超过拇指远节的2/3,但要露出拇指指尖,以方便功能性操作。其他要求同拇指掌骨远端骨折。

3)适配检查要点:同上。

4)容易出现的问题:无。

5)穿戴方法:同上。

6)替代方法:蝴蝶形拇指矫形器。

(3)拇指掌指关节侧副韧带损伤

1)特征:拇指掌指关节侧副韧带损伤后因为其血氧供给较其他组织差,使得愈合较缓慢,需要较长的时间固定与保护。

2)矫形器的特殊要求:掌指关节屈曲10°,并固定于功能性对掌与掌侧外展的姿势,不需固定指间关节。

3)适配检查要点:须小心掌指关节处容易水肿过紧而造成压力点或血液循环不良;或是消肿后矫形器过松,而没有保护效果。

4)容易出现的问题:无。

5)穿戴方法:未手术者,需每天穿戴24 h,持续6周,6周后依治疗师指示运动。手术后的穿戴时间,依治疗师指示为主。

6)替代方法:拇指掌指关节固定矫形器(thumb MCP immobilization orthoses),见图7-1-11A~C。

图7-1-11A 拇指掌指关节固定
矫形器纸样

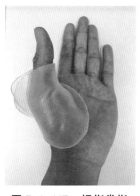

图 7-1-11B 拇指掌指
关节固定矫形器塑形　　**图 7-1-11C** 穿戴拇指掌
指关节固定矫形器

(4)拇指掌腕关节炎

1)特征:拇指掌腕关节炎是上肢最常发生的关节炎,大多起因于过度使用、老化而使关节磨损退化,肿胀发炎并伴随疼痛,极大地影响日常生活功能。

2)矫形器的特殊要求:掌指关节屈曲 10°,固定于功能性对掌与掌侧外展的姿势。矫形器务必覆盖掌腕关节,才能增加关节稳定度并减缓发炎症状。

3)适配检查要点:穿戴矫形器后实际观察患者进行各种功能性活动,确保其实用性。

4)容易出现的问题:无。

5)穿戴方法:尽量整天穿戴,尤其是从事日常职能活动时(如开罐子、拿重物或抓取物品等活动)。

6)替代方法:①蝴蝶形拇指矫形器;②拇指掌指关节限制绒布护具(图 7-1-12);③Push® Meta-Grip® CMC Thumb Brace(图 7-1-13)。

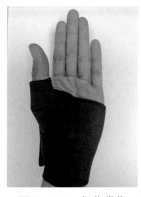
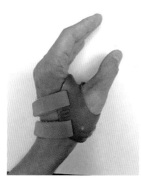

图 7-1-12 拇指掌指
关节限制绒布护具　　**图 7-1-13** Push® MetaGrip®
CMC Thumb Brace

六、虎口牵伸矫形器

1.常用名称　虎口牵伸矫形器(first web stretcher orthoses),又称为拇指外展静止型矫形器(thumb abduction immobilization orthoses)和 C 型矫形器(C-bar orthoses)

2.治疗作用

(1)基本作用:避免拇指虎口软组织挛缩。

(2)附加作用:有助于牵拉并外展拇指虎口。

3.作用原理　拇指虎口牵伸矫形器主要固定拇指于最大限度的外展角度,预防虎口软组织挛缩,牵拉挛缩的软组织与瘢痕组织。

4.材料　可热塑形材料、魔术贴采用有一定弹性的材料。

5.制作方法

(1)取样:如图 7-1-14A,画出纸样。

(2)成型:固定拇指于掌侧外展,并牵拉虎口(图 7-1-14B)。

(3)后期加工:魔术贴扣带须从虎口开始,绕过手腕 1 圈后,固定回虎口处,如图 7-1-14C、D。

图 7-1-14A 虎口牵伸
矫形器纸样　　**图 7-1-14B** 虎口牵伸
矫形器塑形

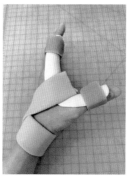
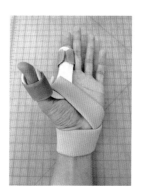

图 7-1-14C 虎口牵伸
矫形器(桡侧面)　　**图 7-1-14D** 虎口牵伸
矫形器(掌侧面)

6. 临床适应证　各种原因导致的虎口挛缩，如正中神经损伤、手部骨折等造成的虎口挛缩；烧烫伤瘢痕组织挛缩；先天性舟骨发育不良造成的虎口狭窄。

（1）特征：①正中神经受损后，造成拇指鱼际肌肉萎缩，而导致拇指无法有效外展且对掌，此时避免虎口挛缩极为重要，以免未来丧失拇指功能。②烧烫伤或虎口损伤后最常见的问题之一就是瘢痕组织挛缩，最终导致关节僵直无法活动，因此受伤初期就需要穿戴此矫形器以维持牵拉程度。③先天性舟骨发育不良等可伴有大鱼际肌发育不良，虎口狭窄，拇指外展对掌功能较差，影响手部功能。用虎口牵伸矫形器可以适当扩大虎口，配合肌肉功能训练，可以在一定程度上改善手部功能。

（2）矫形器的特殊要求：将拇指固定于最大限度的掌侧外展角度，一般情况下，虎口狭窄是由拇内收肌挛缩导致的，矫形器只须包含拇指远端指骨与示指近端指骨，但如果虎口皮肤和皮下组织等挛缩很明显，导致虎口指蹼过低时，矫形器示指部分需要延长到中节指骨，才能避免在虎口撑开后产生示指桡偏的情况。烧烫伤初期，即便伤口未完全愈合也需穿戴此矫形器以避免瘢痕挛缩。从腕部绕到虎口的弹性魔术贴可产生一个力把矫形器压向虎口底部，使矫形器对掌骨产生一个向外打开的力。

（3）适配检查要点：矫形器需完美贴合于虎口处，没有任何空隙，才能确保最大限度的外展，作用力要能作用到腕掌关节，使拇指真正外展，而不是只集中在拇指掌指关节上，导致掌指关节桡偏畸形。注意避免产生局部压力点。

（4）容易出现的问题：虎口处的压力点须特别注意，可加上海绵填充物（soft padding）来舒缓压力。

（5）穿戴方法：魔术贴扣带须从虎口开始，绕过手腕1圈后，固定回虎口处。夜晚睡觉时务必穿戴，白天则依治疗师指示运动，休息时也可穿戴。

（6）替代方法：无。

七、握笔矫形器

1. 常用名称　握笔矫形器（hand writing orthoses），又称为握笔支具（hand writing brace）。

2. 治疗作用

（1）基本作用：握笔时，帮助固定拇指与示指正确的摆位、矫正握笔姿势。

（2）附加作用：对于小肌肉无力者，帮助其握笔更加容易。

3. 作用原理　此矫形器主要提供给拇指与示指适当的支撑，引导儿童握笔时维持正确的握笔姿势。

4. 材料　可热塑形材料、笔。

5. 制作方法

（1）取样：测量包住笔、示指与拇指所需要的材料长度，取宽度约为2 cm的长方形板材，加热软化（图7-1-15A）。

（2）塑形：先让患者用手做握笔的动作，标出虎口对应于笔杆的位置，用软化的板材的中间部分缠绕笔杆标记的部位（图7-1-15B），板材两端分别绕过示指与拇指形成两个圆环（图7-1-15C）。

（3）后期加工：让患者戴上握笔矫形器进行书写，对造成手指局部受压处进行适当修改（图7-1-15D）。

图7-1-15A　握笔矫形器取样

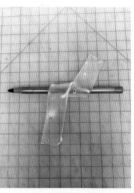
图7-1-15B　在笔杆上塑形

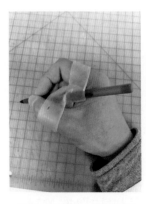
图7-1-15C　握笔矫形器塑形

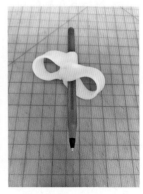
图7-1-15D　握笔矫形器塑形

6. 临床适应证　握笔姿势发展迟缓。

（1）特征：依据正常的儿童发展里程碑，3 岁半的儿童应该有能力使用"静态三点式抓握（static tripod grasp）"来握笔；而 5 岁的儿童则可使用"动态三点式抓握（dynamic tripod grasp）"。任何超过此年龄仍无法使用三点式抓握的儿童都可利用此矫形器矫正握笔姿势。

（2）矫形器的特殊要求：可热塑形材料为长条状，其正中央必须先绕过笔形成筒状，再由两端各自绕过示指与拇指，形成两个圆环。注意塑形时正确的三点式抓握。

（3）适配检查要点：注意穿戴矫形器后握笔姿势要正确。

（4）容易出现的问题：须注意示指与拇指的压力点。

（5）穿戴方法：笔先穿过矫形器中间筒状部分，再由示指与拇指穿过两边环状，形成三点式抓握。

（6）替代方法：握笔器。

八、防尺偏矫形器

1. 常用名称　防尺偏矫形器（anti-ulnar drift orthoses）。

2. 治疗作用

（1）基本作用：防止掌指关节向尺侧偏移且预防关节变形。

（2）附加作用：穿戴矫形器时也能使用患手，维持正常手功能。

3. 作用原理　此矫形器作用于近端指骨尺侧，将手指往桡侧支撑，防止掌指关节向尺侧偏移脱位，维持其正确的角度。

4. 材料　黏性比较高的低温热塑板材，最好厚度为 2.4 mm。

5. 制作方法

（1）取样：如图 7-1-16A，利用图中样式为模板，依患手的不同大小调整长度与宽度。

（2）塑形：先使用长条状材料，从示指的近端指骨桡侧开始，延伸至虎口后绕过手掌，形成环状矫形器（图 7-1-16B）。

（3）后期加工：接着使用分叉状材料，从示指桡侧结合环状矫形器，并用剩下的分岔部分，在各

指的近端指骨尺侧塑形，形成向桡侧牵拉的矫正效果（图 7-1-16C、D）。

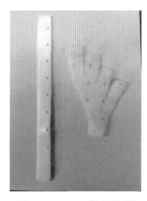

图 7-1-16A　防尺偏矫形器板材裁剪模板

图 7-1-16B　防尺偏矫形器塑形

图 7-1-16C　防尺偏矫形器塑形与加工

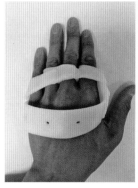

图 7-1-16D　防尺偏矫形器

6. 临床适应证　类风湿关节炎。

（1）特征：类风湿关节炎是一种自体免疫疾病，患者的抗体会攻击身体的软组织，其中最容易受到影响的就是掌指关节。常见症状为关节肿胀发炎且伴随疼痛，并导致掌指关节尺侧半脱位，严重影响手部精细动作与抓握功能。

（2）矫形器的特殊要求：近端指骨的矫形器应该往桡侧方向塑形，以矫正掌指关节的尺侧偏移，但须注意不可矫枉过正，以免影响手部抓握功能。

（3）适配检查要点：须注意手指间的矫形器较容易造成压力点而使皮肤磨损，亦须注意虎口处的压力点。

（4）容易出现的问题：此种矫形器的纸样无法以手为模板绘制，建议使用计算机印制模板纸样，再依个人手指大小调整长短与宽度。

（5）穿戴方法：此种功能性矫形器在白天从事

日常活动时应尽量穿戴,而夜晚睡觉时也应该使用,帮助掌指关节处于正确的摆位休息。

(6)替代方法:绒布防尺偏矫形器(neoprene ulnar drift orthoses)(图7-1-17A)、泡沫防尺偏矫形器(图7-1-17B)

 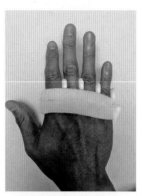

图7-1-17A 绒布防尺
偏矫形器

图7-1-17B 泡沫防尺
偏矫形器

第二节
手指动态矫形器

手指动态矫形器(hand-based mobilization orthoses)又称活动型手指矫形器,主要作用于手指和掌指关节,利用橡皮筋、钢丝、弹簧、钢板与钓鱼线等作为动力装置来提供动力以帮助掌指关节或指间关节进行活动,或对其进行牵伸以改善其关节活动度,或对畸形的关节加以矫正。也有一些活动型矫形器并不需要上述动力装置,而是直接利用板材的弹力特性来提供动力。手指动态矫形器也包含限制型(限动型)手指矫形器。下面介绍几种常用的手指动态矫形器的制作与临床应用。

一、手指伸直动力型矫形器

1. *常用名称* 包括掌指关节伸展辅助矫形器(MCP joint extension assist orthoses)、指间关节伸直动力型矫形器(IP joint extension dynamic orthoses)。

2. *治疗作用*

(1)基本作用:辅助手指MCP关节和IP关节伸展。

(2)附加作用:矫正MCP关节和IP关节屈曲挛缩。

3. *作用原理* 利用橡皮筋的弹性,提供伸指动力、矫正MCP关节和IP关节的屈曲挛缩。

4. *材料* 低温热塑板材、钢丝、铆钉、橡皮筋、皮指套、魔术贴等。

5. *制作方法*

(1)取样:如图7-2-1A(以MCP关节伸展辅助矫形器为例)画出纸样,MCP关节伸展辅助矫形器纸样远侧缘达掌骨头水平,PIP关节伸直动力型矫形器远侧缘接近PIP关节处。按纸样剪出板材。

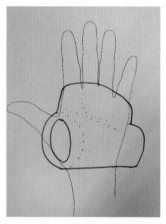

图7-2-1A 手指伸展动力型
矫形器纸样

(2)成型:取出软化的板材,贴敷到患者手背,鱼际孔穿过拇指,板材两侧绕到小鱼际和大鱼际根部,注意尺侧板材的远侧缘对齐掌横纹尺侧半,桡侧板材远侧缘对齐掌横纹桡侧半,并塑出手弓形状(图7-2-1B、C)。待其冷却。

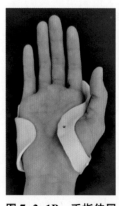 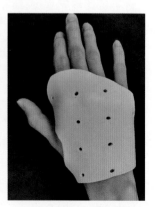

图7-2-1B 手指伸展
动力型矫形器塑形
(掌侧面)

图7-2-1C 手指伸展
动力型矫形器塑形
(背侧面)

（3）后期加工：选择合适的弹簧支架或自制弹簧支架，在掌骨对应的位置做记号、打孔、安装弹簧支架。MCP关节伸展辅助矫形器的弹簧支架安装在掌骨基底部，IP关节伸直动力型矫形器的弹簧支架安装在掌骨中点。在弹簧支架上安装皮指套（图7-2-1D）。或用软化的低温热塑板材卷成1个圆柱形，然后弯曲成弧形支架，近端用铆钉安装在矫形器对应的位置上，远端打孔，安装橡皮筋和皮指套（图7-2-1E）。根据病情不同安装不同数量的支架。

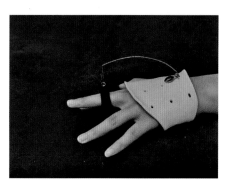

图7-2-1D　安装弹簧支架及皮指套

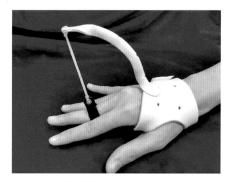

图7-2-1E　使用低温热塑板材制作成弧形支架

6.临床适应证

（1）MCP关节屈曲挛缩、伸指动力不足

1）特征：因各种原因导致MCP关节屈曲挛缩，如制动后或屈肌腱粘连等。

2）矫形器的特殊要求：皮指套作用于近端指节，背侧板材远侧缘不超过掌骨头。只在受累手指相应的位置上安装支架。

3）适配检查要点：牵引支架应在被作用手指的正上方，皮指套正好在近端指节或中间指节，牵引力垂直于手指，牵引力合适，并对单个手指进行调整。

4）容易出现的问题：板材手掌侧部分远侧缘不够长，造成固定不牢固，可安装魔术贴帮助固定；

牵引支架安装不理想；掌骨头背面和拇指桡侧局部受压。

5）穿戴方法：白天活动时穿戴。

6）替代方法：橡皮筋和弹簧可以自由选择，也可以用本节图7-2-5用铝合金支架和弹力丝制作的动力型矫形器。

（2）后骨间神经损伤后伸指困难

1）特征：因后骨间神经损伤导致伸指肌力下降，患者无法主动伸掌指关节或肌力不足。

2）矫形器的特殊要求：皮指套作用于近端指节，背侧板材远侧缘不超过掌骨头。5指都必须安装弹簧支架。

3）适配检查要点：弹簧支架要在4个手指的正上方和拇指的桡侧，皮指套正好在近端指节，能充分伸指；拇指桡侧外展，能完全握拳。

4）容易出现的问题：拇指动力方向不正确，不能充分桡侧外展。其余同上。

5）替代方法：无。

二、掌指关节屈曲动力型矫形器

1.常用名称　掌指关节屈曲动力型矫形器（MCP joint flexion dynamic orthoses），又称为抗爪形手矫形器。

2.治疗作用

（1）基本作用：辅助MCP关节屈曲。

（2）附加作用：改善MCP关节屈曲角度，牵伸MCP关节背则挛缩的软组织。

3.作用原理　利用弹簧的弹力，提供屈MCP关节的动力，牵伸MCP关节背侧软组织和瘢痕。

4.材料　黏性较高的低温热塑板材、钢丝、魔术贴。

5.制作方法

（1）取样：如图7-2-2A，画出纸样，按其剪出板材并加热。

（2）塑形：按图7-2-2B加工金属弹簧关节；取出软化的手掌片板材沿着掌横纹近侧绕过患侧手掌1圈，板材两端在手掌尺侧合拢，趁板材未硬化前把弹簧关节的近侧臂夹住、捏紧固定（图7-2-2C）；取出加热软化的手指片板材，从覆盖于环指、小指背面和环指桡侧、小指尺侧的板材返折后夹住弹簧关节的远侧臂,捏紧固定(图7-2-2D)。

(3)后期加工:修正矫形器边缘,调整弹簧关节的角度(图7-2-2E)。

 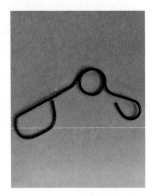

图7-2-2A 掌指关节屈
曲动力型矫形器纸样　　　　图7-2-2B 金属弹簧关节

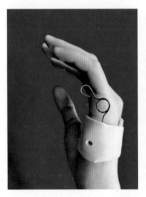 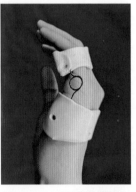

图7-2-2C 手掌片塑形及
固定弹簧关节的近侧臂　　　图7-2-2D 手指片塑形及
固定弹簧关节的远侧臂

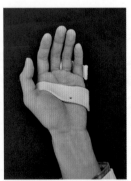

图7-2-2E 掌指关节屈曲
动力型矫形器(掌侧面)

6.临床适应证　尺神经损伤引起的手指内在肌麻痹。

(1)特征:伸指时第4、第5指MCP关节过伸,PIP关节屈曲;指内收、外展无力;拇指内收无力;小指对掌困难。

(2)矫形器的特殊要求:弹簧圈的中心位于第5指MCP关节间隙的尺侧中点,弹簧关节两臂间夹角在70°左右。

(3)适配检查要点:能使第4、第5指完全伸指和辅助第4、第5指MCP关节屈曲。穿戴后能正常完成物品抓放动作。

(4)容易出现的问题:穿脱困难;压迫背侧第4指指骨关节皮肤及软组织。

(5)穿戴方法:活动时穿戴。

(6)替代方法:本章第一节(图7-1-2)抗爪形手矫形器。

三、弹簧对掌矫形器

1.常用名称　动力型拇指外展矫形器。

2.治疗作用

(1)基本作用:提供拇指外展的动力,牵伸虎口。

(2)附加作用:拇指内收抗阻训练。

3.作用原理　利用弹簧圈的弹性,使拇指动态地处于外展位。

4.材料　低温热塑板材、钢丝。

5.制作方法

(1)取样:如图7-2-3A,画出纸样,并按照纸样剪出示指片和拇指片板材,测量第1腕掌关节到拇指IP关节和示指PIP关节的距离分别为L_1和L_2。选取合适的弹簧关节,两臂末端各弯折成方形框以便于安装,并使短臂的长度等于L_1,长臂的长度等于L_2(图7-2-3B)。

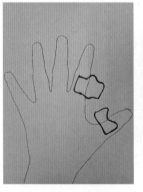 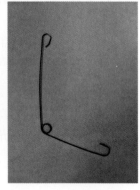

图7-2-3A 弹簧对
掌矫形器纸样　　　　图7-2-3B 金属弹簧关节

(2)成型:把拇指片板材贴敷到拇指内侧半;把弹簧关节的弹簧圈对准第1腕掌关节桡背侧,弹簧关节的短臂对准拇指背面;趁着板材未硬化,把拇指片板材的指背端返折夹住短臂末端的方形框,捏紧,待其冷却。接着塑形示指片,并使长臂固定于示指片的桡侧面(图7-2-3C、D)。

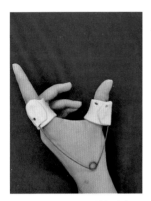

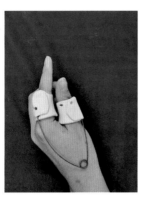

图7-2-3C　弹簧对掌矫形器(放松状态)　　图7-2-3D　弹簧对掌矫形器(主动对掌)

(3)后期加工:修整边缘、调整弹簧关节的夹角到合适的位置。

6. 临床适应证

(1)正中神经低位损伤后拇指外展困难

1)特征:正中神经低位损伤后主要损伤大鱼际功能,导致拇指外展、对掌困难和桡侧3个半手指感觉障碍,影响拇指手功能。

2)矫形器的特殊要求:矫形器主要使拇指动态地处于外展位,改善与示指、中指的对掌功能。

3)适配检查要点:钢丝强度适当且能有效地保持拇指处于外展位。弹簧圈强度适当能有效改善拇指对掌功能。

4)容易出现的问题:钢丝及弹簧圈摩擦虎口区皮肤。

5)穿戴方法:活动时穿戴。

6)替代方法:可用其他设计的拇外展矫形器。

(2)因各种原因导致的虎口狭窄

1)特征:制动、疼痛、瘢痕挛缩等均可导致虎口狭窄,影响拇指外展功能。

2)矫形器的特殊要求:同上。

3)适配检查要点:钢丝强度能使患者感到虎口软组织被牵伸,不影响拇指IP关节和示指PIP关节屈曲。

4)容易出现的问题:钢丝及弹簧圈摩擦虎口区皮肤。

5)穿戴方法:可日夜穿戴,洗手时取下。

6)替代方法:可用其他设计的拇外展矫形器。

四、近端指间关节伸直动力型矫形器

1. 常用名称　近端指间关节伸直动力型矫形器(PIP joint extension mobilization orthoses)又称为近端指间关节伸直动态支具(dynamic PIP joint extension brace)。

2. 治疗作用

(1)基本作用:提供低度张力,伸直近端指间关节并促进牵拉其组织。

(2)附加作用:手指运动时促进伸直肌腱功能与滑动。

3. 作用原理　此类矫形器主要作用于手指背侧,通过动态牵拉的方式,能针对近端指间关节提供持续性且低度的张力,促进其关节的伸展,并牵拉紧绷的组织,亦可确保其屈曲活动度,或是让伸直肌腱在有伸直张力保护的情况下运动。

4. 材料　可热塑形材料、尼龙搭扣、长板形悬臂支架、螺丝、钓鱼线、橡皮筋、皮制环带。

5. 制作方法

(1)取样:如图7-2-4A,画纸样(以中指为例),裁剪板材,加热软化。其他材料包括支架、弹力纤维丝、螺丝等(图7-2-4B)。

图7-2-4A　近端指间关节伸直动力型矫形器纸样　　图7-2-4B　相关材料

(2)成型:取出软化的板材贴敷于手背,鱼际孔穿过拇指,手指片放在手指近节背面,掌部板材两侧包裹到大鱼际和小鱼际肌处,并使患指掌指关节轻度屈曲,待其冷却。矫形器于手背侧塑形后,在对应于第3掌骨的位置做记号。

(3)后期加工:利用打洞器在矫形器记号处打两个洞,用螺丝来固定悬臂支架,使其位于中指的正上方。钓鱼线穿过支架前端,远端连接皮制环带,调节钓鱼线长度,近端连接橡皮筋,并用螺丝固定(图7-2-4C、D)。

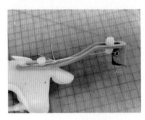
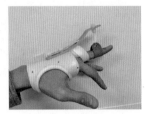

图7-2-4C 近端指间关节伸直动力型矫形器　　**图7-2-4D 穿戴近端指间关节伸直动力型矫形器**

6. 临床适应证

(1)近端指间关节屈曲挛缩

1)特征:指间关节挛缩是手指受伤后没有进行适当的康复运动与瘢痕处理,进而造成的关节僵硬与外围软组织紧绷挛缩。常见的伤害有中节指骨或近端指骨骨折、手指伸直肌腱断裂、近端指间关节脱臼、周边韧带损伤等。

2)矫形器的特殊要求:从背侧塑形,包含整个手背,也必须完全伸直患指的掌指关节。悬臂支架需固定于患指的掌指骨位置,支架需与患指成一直线,以确保牵拉的角度正确。

3)适配检查要点:注意钓鱼线牵拉张力的角度应尽量与患指成90°。

4)容易出现的问题:须注意掌指关节背侧的压力点。

5)穿戴方法:白天穿戴,尽量整天穿戴,依可承受的疼痛范围调整橡皮筋的紧绷度。

6)替代方法:①近端指间关节弹簧式伸展支具(PIP joint spring finger extension brace),见图7-2-5A、B;②系列式树脂石膏[serial casting(Orficast™)],见图7-2-6。

图7-2-5A 近端指间关节弹簧式伸展支具　　**图7-2-5B 穿戴近端指间关节弹簧式伸展支具**

图7-2-6 系列式树脂石膏

(2)手指伸肌腱第Ⅲ、第Ⅳ区损伤

1)特征:手指伸肌腱缝合手术后使用,此矫形器适用于术后的早期活动,让伸肌腱在有伸直张力保护的情况下运动。

2)矫形器的特殊要求:同上。

3)适配检查要点:注意钓鱼线牵拉张力的角度应尽量与患指成90°。

4)容易出现的问题:须注意掌指关节背侧的压力点;务必注意近端指间关节须完全伸直。

5)穿戴方法:术后4周,需每天穿戴24 h,4周后运动时可取下,但仍需整天穿戴。6周后若无伸肌迟滞(extension lag),则晚上穿戴即可,8周后则不需穿戴。

6)替代方法:无。

五、近端指间关节屈曲动力型矫形器

1. 常用名称　近端指间关节屈曲动力型矫形器(PIP joint flexion mobilization orthoses),又称为动态型近端指间关节屈曲支具(dynamic PIP joint flexion brace)。

2. 治疗作用

(1)基本作用:提供低度张力,屈曲近端指间关节并促进牵拉其僵硬组织。

(2)附加作用:无。

3. 作用原理　此类矫形器主要作用于手指腹侧,透过动态牵拉的方式,针对僵硬的近端指间关节,提供持续性且低度的张力,并促进其关节的弯曲。

4. 材料　可热塑形材料、尼龙搭扣、环形悬臂支架、螺丝、钓鱼线、橡皮筋、皮制环带。

5. 制作方法

(1)取样:按图7-2-7A画纸样,裁剪板材。

（2）成型：取软化的板材贴敷于手掌部塑形矫形器，完全伸直患指的掌指关节（以环指为例）（图7-2-7B）。将悬臂支架的中轴线对准第4掌骨，标记支架位置（图7-2-7C）。

（3）后期加工：利用可热塑形材料将悬臂支架固定，并在底部打洞后锁上螺丝。钓鱼线穿过支架前端连接皮制环带，近端连接橡皮筋并固定在矫形器底部的螺丝上（图7-2-7D～F）。

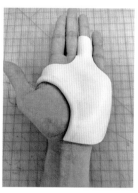

图7-2-7A　近端指间关节屈曲动力型矫形器纸样　　图7-2-7B　近端指间关节屈曲动力型矫形器塑形

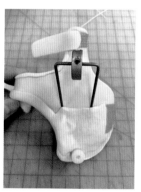

图7-2-7C　标记支架位置　　图7-2-7D　安装支架

图7-2-7E　安装钓鱼线和皮制环带　　图7-2-7F　穿戴近端指间关节屈曲动力型矫形器

6. 临床适应证

近端指间关节僵直

1）特征：指间关节僵直是手指受伤后没有进行适当的康复运动与瘢痕处理，进而造成的关节僵硬与外围软组织紧绷挛缩。常见的伤害有中节指骨或近端指骨骨折、第Ⅱ区手指屈肌腱断裂、正中神经损伤等。

2）矫形器的特殊要求：从掌侧塑形，包含整个手掌，也必须完全伸直患指的掌指关节。悬臂支架需固定于患指的掌指骨位置，支架需与患指成一直线，以确保牵拉的角度正确。

3）适配检查要点：注意钓鱼线牵拉张力的角度应尽量与患指成90°。

4）容易出现的问题：须注意手指腹侧的压力点。

5）穿戴方法：白天穿戴，尽量整天穿戴，依可承受的疼痛程度调整橡皮筋的紧绷度。

6）替代方法：①手指屈曲手套（图7-2-8A、B）；②系列渐进型（static progressive）手指屈曲矫形器（图7-2-9A、B）。

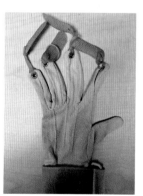

图7-2-8A　手指屈曲手套　　图7-2-8B　穿戴手指屈曲手套

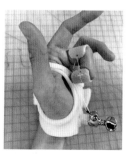

图7-2-9A　系列渐进型手指屈曲矫形器　　图7-2-9B　穿戴系列渐进型手指屈曲矫形器

六、拇指指间关节屈曲系列渐进型矫形器

1. 常用名称　拇指指间关节动态屈曲矫形器（thumb IP joint flexion mobilization orthoses），拇指指间关节屈曲支具（thumb IP joint flexion brace）。

2. 治疗作用

（1）基本作用：提供低度张力，屈曲拇指指间关节并促进牵拉其僵硬组织。

（2）附加作用：无。

3. 作用原理　此类矫形器主要作用于拇指腹侧，透过渐进式牵拉的方式，针对僵硬的拇指指间关节，提供持续性且低度的张力，并促进其关节的弯曲。

4. 材料　可热塑形材料、尼龙搭扣、矫形器钮旋器（splint-tuner）、小铁环、钓鱼线、橡皮筋、皮指套。

5. 制作方法

（1）取样：如图7-2-10A，画出纸样。

（2）成型：取软化板材贴敷于手掌部，塑出手弓形状，并包裹拇指形成管状，维持拇指MCP关节轻度屈曲（图7-2-10B）。

图7-2-10A　拇指指间关节屈曲系列渐进型矫形器纸样

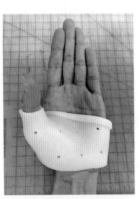

图7-2-10B　拇指指间关节屈曲系列渐进型矫形器塑形

（3）后期加工：准备矫形器可调节旋钮，加热高黏性可热塑形材料（图7-2-10C）；用软化的高黏性热塑材料包覆可调节旋钮后，固定于矫形器小指区域（图7-2-10D）；在矫形器手掌部适当位置上安装小铁环（图7-2-10E），钓鱼线系上皮指套，近端

穿过小铁环，系在可调节旋钮上，让钓鱼线穿过时维持牵拉张力的正确方向（图7-2-10F）。

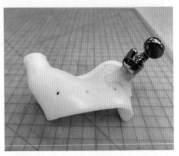

图7-2-10C　可调节旋钮和加热的高黏性可热塑形材料

图7-2-10D　用软化的高黏性可热塑形材料固定可调节旋钮

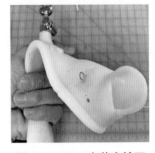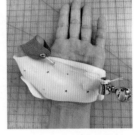

图7-2-10E　安装小铁环

图7-2-10F　安装钓鱼线

6. 临床适应证　拇指指间关节僵直。

（1）特征：拇指指间关节僵直是拇指受伤后没有进行适当的康复运动与瘢痕处理，进而造成的关节僵硬与外围软组织紧绷挛缩。常见的伤害有拇指近端骨骨折、屈拇长肌腱断裂、拇指指间关节背侧瘢痕挛缩等。

（2）矫形器的特殊要求：从掌侧塑形，包含整个手掌，也必须完全伸直拇指的掌指关节。使用矫形器可调节旋钮将其固定于小指的掌骨区域，可调节旋钮是用来连接钓鱼线与包覆拇指的皮制环带，用以调整钓鱼线牵拉张力。

（3）穿戴方法：白天穿戴，尽量整天穿戴，依可承受的疼痛范围调整橡皮筋的紧绷度。

（4）适配检查要点：注意钓鱼线牵拉张力的角度应尽量与患指成90°。

（5）容易出现的问题：须注意拇指腹侧的压力点。

（6）替代方法：无。

第三节

手指静态矫形器

手指矫形器主要用于手指部位的损伤，如锤状指、扳机指、指骨骨折、手指韧带损伤、各种原因导致的手指畸形、周围神经损伤引起的手部功能障碍等。其主要作用是固定、制动、保护、促进组织愈合和缓解疼痛、代偿功能。

手指静态矫形器主要作用于近端指间关节及远端指间关节，此类矫形器将指间关节固定在特定的位置上，从而达到稳定、保护、促进愈合、预防和防止关节畸形等治疗性目的。主要有以下几种常见类型。

一、远端指间关节伸直位固定型矫形器

1. 常用名称　远端指间关节伸直位固定型矫形器（DIP joint extension immobilization orthoses），又称为锤状指矫形器（mallet finger orthoses）。

2. 治疗作用

（1）基本作用：固定 DIP 关节；保持 DIP 关节的轻微过伸位，促进 DIP 关节处指总伸肌腱损伤的愈合。

（2）附加作用：防止和矫正 DIP 关节屈曲畸形。

3. 作用原理　应用三点力矫正原理，作用力分别位于中间指节近端掌侧、指尖掌侧以及 DIP 关节背侧中心位置，将 DIP 关节固定在伸直或轻微的过伸位。

4. 材料　厚度为 1.5~2 mm 的低温热塑板材（经济型或记忆型），魔术贴，海绵垫。

5. 制作方法

（1）取样：如图 7-3-1A，画出纸样，或剪出 1 块宽约手指周长 1/2、长为手指长 1/2 的长方形板材。

（2）成型：将软化的板材贴敷于手指中远节掌侧，维持远端指间关节伸直或过伸位（不超过 15°），直到板材冷却（图 7-3-1B）。

（3）后期加工：取下冷却板材，剪去指端多余

部分，在 DIP 关节背侧安装魔术贴。穿戴后如图 7-3-1C。

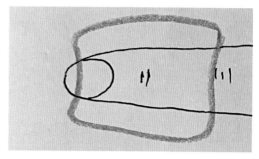

图 7-3-1A　远端指间关节伸直位固定型矫形器纸样

图 7-3-1B　远端指间关节伸直位固定型矫形器塑形

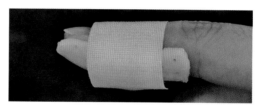

图 7-3-1C　穿戴远端指间关节伸直位固定型矫形器

6. 临床适应证

（1）手指伸肌腱 Ⅰ、Ⅱ 区损伤（锤状指）保守治疗或术后固定

1）特征：DIP 关节伸肌腱损伤且未引起鹅颈畸形变化时，手指的尖端下垂，DIP 关节不能主动伸指，被动伸指不受影响，长期远端指节下垂，易造成关节畸形，影响手功能。

2）矫形器的特殊要求：DIP 关节要保持轻度过伸位（<15°），手指甲或指尖微微露出（方便脱下矫形器时保持手指 DIP 关节处于过伸位）。

3）适配检查要点：三点力的作用点应准确，防止远端手指过度受压，注意甲床及矫形器接触部位皮肤的颜色，如果有局部受压变白，即必须对矫形器相应的部位加以修改，直到整个指节的皮肤保持

正常的红润;不限制 PIP 关节的活动。

4) 容易出现的问题:限制 PIP 关节的活动。

5) 穿戴方法:伸肌腱止点损伤基本不需要手术治疗,即使是陈旧性损伤亦可通过上述治疗得到愈合。急性损伤时要连续戴 6 周,慢性损伤时要连续戴 8 周;在矫形器固定期间可以取下对手指和矫形器进行清洁,摘除矫形器时,要使 DIP 关节始终保持在伸直位,避免出现指端下垂。

6) 替代方法:如无法定制,可以用成品矫形器或铝板代替,同样注意保持 DIP 关节轻度过伸,并且不妨碍 PIP 关节活动。

(2) 远节指骨底背侧撕脱性骨折保守治疗或术后固定

1) 特征:DIP 关节手指伸肌腱附着处骨骼的损伤导致伸肌腱失去附着点松弛。此种情况,患者的疼痛感很明显。表现为手指远端下垂,DIP 关节不能伸展,长期远端指端下垂,易造成鹅颈畸形。如果碎骨块未超过远节指骨低关节面的 40%,可采用保守治疗,如超过 40% 需采取手术治疗。术后也需用此矫形器进行固定。

2) 矫形器的特殊要求:DIP 关节要保持伸直位(0°),不过度追求伸展角度,避免引起骨骼的移位。

3) 适配检查要点:三点力的作用点应准确,防止手指末端过度受压;不限制 PIP 关节的活动。

4) 容易出现的问题:限制 PIP 关节的活动。

5) 穿戴方法:急性损伤时要连续戴 6 周,慢性损伤时要连续戴 8 周;摘除矫形器时,要保持 DIP 关节呈伸展位。

6) 替代方法:无。

(3) 远节指骨干、指骨粗隆骨折

1) 特征:远节指骨干、指骨粗隆骨折多为直接暴力造成,一般骨折后较少移位,如有血肿困于皮下可引起剧烈疼痛,不便于使用矫形器治疗,可针刺引流后再予矫形器穿戴。

2) 矫形器的特殊要求:固定 DIP 关节于 0°位,矫形器远侧缘超过手指末端,两侧缘包裹至指背平齐处,以增强保护。

3) 适配检查要点:三点力的作用点应准确,防止手指末端过度受压影响骨折愈合。

4) 容易出现的问题:限制 PIP 关节的活动。

5) 穿戴方法:持续穿戴 6 周以上。

6) 替代方法:无。

二、近端指间关节和全指伸直静止型矫形器

近端指间关节过伸位矫形器

1. 常用名称　近端指间关节伸直固定型矫形器(PIP joint extension static orthoses)或全指伸直固定型矫形器(finger extension static orthoses)。

2. 治疗作用　固定近端指间关节或全指指间关节,促进骨折和伸指肌腱愈合,矫正畸形。

3. 作用原理　通过三点力的作用原理,将 PIP 关节或 DIP 关节固定于伸直位。

4. 材料　厚度为 1.5～2.0 mm 的低温热塑板材(经济型或记忆型),魔术贴,海绵垫。

5. 制作方法

(1) 取样:取一块长方形板材,按宽为手指周长的 3/4,长为指根到 DIP 关节横纹(PIP 关节矫形器)或指尖(全指矫形器)的距离剪出板材(图 7-3-2A 以 PIP 关节为例)。

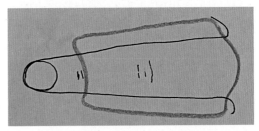

图 7-3-2A　PIP 关节伸直固定型矫形器纸样

(2) 成型:把加热软化的板材贴敷于手指近掌侧,并包裹两侧,维持 IP 关节伸直位,待板材冷却。手指 PIP 关节屈曲挛缩比较严重者,可把 PIP 关节放在最大伸直位初步成型,半冷却时取下板材,抓住板材两端稍加拉直,使板材屈曲角度小于手指挛缩角度,在板材 PIP 关节对应的位置上进行弓形处理,以增大矫正力度。

(3) 后期加工:取下板材,修整边缘。在 IP 关节背侧部安装魔术贴(图 7-3-2B～E)。

6. 临床适应证

(1) 手指伸肌腱Ⅲ、Ⅳ区损伤术后

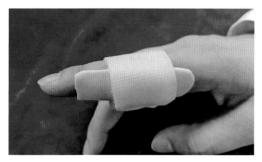

图 7-3-2B　PIP 关节伸直固定型矫形器

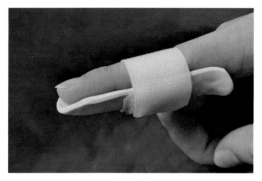

图 7-3-2C　全指伸直固定型矫形器

图 7-3-2D　PIP 关节屈曲挛缩患者矫形器成型

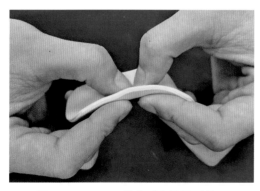

图 7-3-2E　PIP 关节对应处弓形处理

1）特征：外伤造成手指伸肌腱Ⅲ、Ⅳ区损伤，表现为伸 PIP 关节困难或不能，长时间可导致钮孔状畸形。一般需要手术修复。

2）矫形器的特殊要求：仅固定 PIP 关节，矫形

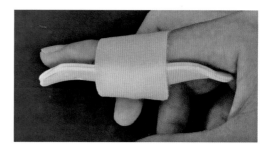

图 7-3-2F　弓形处理后的手指伸直
固定型矫形器

器远侧缘在远端指横纹近侧，近侧缘在掌横纹远侧，U 形包裹 PIP 关节，于 0°位固定，应避免限制 DIP 关节及 MCP 关节活动。

3）适配检查要点：PIP 关节伸直角度达到 0°，MCP 关节和 DIP 关节活动不受影响，局部无压迫。

4）容易出现的问题：DIP 关节屈曲受限或 PIP 关节伸直不足。

5）穿戴方法：持续穿戴 6 周以上。

6）替代方法：无。

（2）轻度纽扣眼畸形

1）特征：类风湿关节炎和伸指肌腱Ⅲ、Ⅳ区陈旧性损伤可导致手指钮孔状畸形，表现为 PIP 关节屈曲、DIP 关节过伸，其主要机制是指伸肌腱中央束松弛或断裂使 PIP 关节伸直困难或不能，后期发生伸肌腱两侧束向掌侧脱落，加重 PIP 关节屈曲，引起生物力学改变，使 DIP 关节代偿性过伸。完全断裂时可考虑手术治疗，不完全性损伤时可考虑矫形器矫正治疗。轻度纽扣眼畸形者，PIP 关节矫正到伸直位后，DIP 关节过伸可缓解，经过训练，DIP 关节可逐渐恢复正常。中到重度者需同时对 DIP 关节进行微屈位矫正。

2）矫形器的特殊要求：PIP 关节伸直固定型矫形器，要求同上。

3）适配检查要点：PIP 关节应矫正到伸直位，DIP 关节过伸自然恢复或接近 0°位，如 DIP 关节过伸仍较明显且比较僵硬，应行 PIP 关节伸直位、DIP 关节微屈位固定。

4）容易出现的问题：固定带对 PIP 关节背面皮肤形成过度压迫。

5）穿戴方法：夜间持续穿戴，白天可间歇取下进行 PIP 关节屈伸活动，直到畸形得到明显矫正为止。

6）替代方法：必要时手术。

（3）中节指骨骨折

1）特征：骨折线位于指浅屈肌附着点远侧，易向掌侧成角；骨折线位于指浅屈肌附着点近侧，易向背侧成角。可行保守治疗或手术固定。

2）矫形器的特殊要求：应行全指固定。术后使患者 PIP 关节和 DIP 关节呈伸直位固定；保守治疗者应根据成角方向确定 DIP 关节固定角度，向掌侧成角者，DIP 关节呈屈曲位 30° 固定（图 7-3-2G）；向背侧成角者，DIP 关节呈伸直位固定。患指有侧偏者，可在矫形器两侧适当地施以矫正力以矫正侧偏。

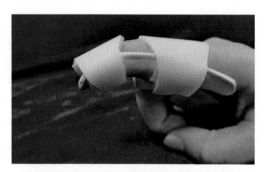

图 7-3-2G　中节指骨骨折掌侧成角者保守治疗固定方式

3）适配检查要点：结合实际损伤的类型，固定要稳定，角度要准确。

4）容易出现的问题：远端指节固定带安装不理想；手指水肿消退后矫形器松脱，影响固定效果。

5）穿戴方法：连续穿戴 4～6 周。

6）替代方法：无。

（4）近端指间关节屈曲挛缩或僵硬

1）特征：指间关节脱位、骨折、手部肌腱损伤、瘢痕挛缩以及先天性发育不良等都可导致手指近端指间关节屈曲畸形，严重影响手功能。

2）矫形器的特殊要求：矫形器位于手指掌侧，在 PIP 关节处进行弓形处理，以提高矫正力度；在远端指节处做适当屈曲处理，以避免在对 PIP 关节背面施加掌向压力时，使 DIP 关节过伸，见图 7-3-2F。

3）适配检查要点：矫形器弓形的中点对准 PIP 关节掌侧，DIP 关节无过伸现象。

4）容易出现的问题：三点力的位置不准确，

PIP 关节背面受压、DIP 关节过伸、指尖受压缺血。

5）穿戴方法：夜间可持续穿戴，但注意固定带不可过紧，白天也争取时间穿戴，只在需要活动时脱下。

6）替代方法：无。

三、手指背侧屈曲固定型矫形器和手指伸直限制型矫形器

1. 常用名称　常称为手指屈曲固定型矫形器（finger flexion immobilization orthoses），在去掉远端固定带后，该矫形器可变为限制手指完全伸直的手指伸直限制型矫形器（finger extension restrictive orthoses）或称为手指背侧阻挡式矫形器（finger dosal bloking orthoses）。

2. 治疗作用　固定 PIP 关节于屈曲位，促进中节指骨基底部骨折愈合，促进 PIP 关节侧副韧带愈合。限制 PIP 关节伸直范围，保护侧副韧带和掌板，促进其愈合。

3. 作用原理　通过三点力的作用，将 PIP 关节固定于适当的屈曲位，以减少 PIP 关节伸直时对指浅屈肌腱的牵拉力，并维持关节侧副韧带处于适当低张力状态，促进愈合。

4. 材料　厚度为 2.4 mm 的低温热塑板材（经济型或记忆型），魔术贴。

5. 制作方法

（1）取样：以手指根部到指甲根部之间的距离为长，手指周长 1/2 为宽（图 7-3-3A），剪一块长方形板材，加热软化。

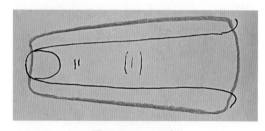

图 7-3-3A　纸样

（2）成型：把软化的板材覆盖于患指背侧，注意使远侧缘位于甲根处，维持患指 PIP 关节于适当屈曲位，直到冷却（图 7-3-3B）。

（3）后期加工：在近端指节和中间指节加魔术贴固定（图 7-3-3C）。

图 7-3-3B　成型

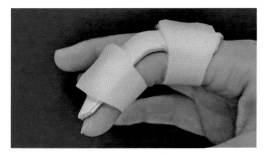

图 7-3-3C　成品

6. 临床适应证

(1) 中节指骨基底部掌侧撕脱性骨折

1) 特征:屈肌腱止点附着于中节指骨底掌侧,当手指受到过伸暴力时可导致肌腱止点位置撕脱性骨折。基底掌侧骨折,骨折块小于 40% 关节面者,可行保守治疗。

2) 矫形器的特殊要求:矫形器板材放在手指背侧,使 PIP 关节屈曲 60°,DIP 关节伸直。固定带只固定到近端和中间指节,远端指间关节可以自由屈曲,轻度骨折者,可提早开始 PIP 关节屈曲运动(固定 2 周)。

3) 适配检查要点:PIP 关节屈曲角度达到要求、固定牢固,DIP 关节屈曲未受到魔术贴的限制。

4) 容易出现的问题:DIP 关节屈曲受限,PIP 关节固定不牢固、屈曲角度不精确。

5) 穿戴方法:持续穿戴后,每周调整一次矫形器,使其屈曲角度减少 10°,5 周后可完全伸直,根据 X 线片继续穿戴 1～2 周。

6) 替代方法:铝片。

(2) PIP 关节侧副韧带或掌板损伤保守治疗或修复术后早期

1) 特征:PIP 关节侧方由桡、尺侧副韧带加强,各种原因引起的侧副韧带受损均会导致关节疼痛及 PIP 关节侧方不稳,进而影响手功能的发挥。

PIP 关节受到过伸暴力时可导致掌板损伤,或与侧副韧带损伤并发。

2) 矫形器的特殊要求:板材放在指背上,使 PIP 关节屈曲 20°～30°,矫形器远端延伸到甲根处;在近端、中间指节安装固定带。

3) 适配检查要点:手指屈曲角度要合适;矫形器两侧缘不夹挤手指皮肤;固定带不能过宽,以免限制 MCP 关节和 DIP 关节屈曲。

4) 容易出现的问题:因固定带安装不合理造成 PIP 关节屈曲角度不足。

5) 穿戴方法:固定 3 周,持续穿戴,允许 PIP 关节屈曲(需穿戴矫形器)。3 周后,除去远侧固定带,只固定近端指节,PIP 关节屈曲,限制其在 20°～90° 活动(此时矫形器变为手指伸直限制型矫形器)。

6) 替代方法:无。

四、近端指间关节屈曲远端指间关节过伸静态矫形器

1. 常用名称　近端指间关节屈曲远端指间关节过伸静态矫形器(PIP joint extension and DIP joint flexion static orthoses),又称防鹅颈畸形矫形器(anti swan neck orthoses)。

2. 治疗作用　矫正鹅颈畸形、陈旧性指伸肌腱损伤术后的固定,促进愈合。

3. 作用原理　通过三点力的作用,将 PIP 关节固定于轻度的屈曲位(40°～60°),DIP 关节固定于轻度的过伸位(<15°),矫正畸形,促进组织愈合。

4. 材料　厚度为 2.4 mm 的低温热塑板材(经济型或记忆型),魔术贴。

5. 制作方法

(1) 取样:取患指长度为长度,患指周长 2/3 为宽度的长方形板材,加热软化(图 7-3-4A)。

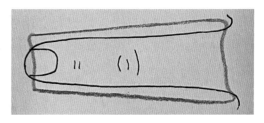

图 7-3-4A　纸样

(2) 成型:将软化的板材贴敷于患指掌侧,维

持患指 PIP 关节屈曲 40°～60°,DIP 关节轻度过伸
(图 7-3-4B)。

(3)后期加工:PIP 关节掌面和 DIP 关节背面
加魔术贴(图 7-3-4C)。

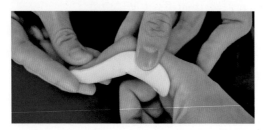

图 7-3-4B 成型

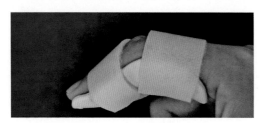

图 7-3-4C 穿戴后

6.临床适应证

手指天鹅颈畸形

1)特征:伸肌腱Ⅰ区损伤未及时处理可因代
偿引起鹅颈畸形,表现为手指 DIP 关节屈曲、PIP
关节过伸。类风湿关节炎因手内肌纤维变性和挛
缩,近端指间关节掌板病损引起近端指间关节过
伸,指伸肌腱两侧束向背侧呈弦状绷紧,代偿性引
发 DIP 关节屈曲,呈鹅颈畸形。早期关节被动活动
度正常,后期可出现关节僵硬。

2)矫形器的特殊要求:无。

3)适配检查要点:三点力的作用点应准确,防
止远端手指过度受压。

4)容易出现的问题:PIP 关节掌侧受压。

5)穿戴方法:伸肌腱损伤已出现鹅颈畸形者,
其损伤基本为陈旧性,需连续穿戴 8 周,在清洁手
指时可摘下矫形器,期间必须保持 DIP 关节处于伸
直位或过伸位。如为类风湿关节炎引起的鹅颈畸
形则可于睡觉时穿戴,白天用"8"字形矫形器,长期
穿戴。

6)替代方法:壳式抗天鹅颈矫形器(clamshell
anti-swan neck orthoses)(图 7-3-5A～C)或 PIP 关
节背侧阻挡式抗天鹅颈矫形器(PIP joint dorsal bloc-

king anti-swan neck orthoses)(图 7-3-6A～C)。

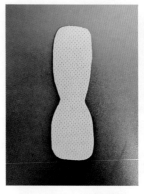

图 7-3-5A 剪裁好的
板材

图 7-3-5B 壳式抗天鹅颈
矫形器成型

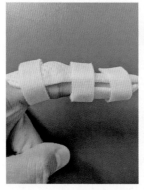

图 7-3-5C 壳式抗天鹅
颈矫形器成品

图 7-3-6A 裁剪好的板材

图 7-3-6B PIP 关节背侧
阻挡式抗天鹅颈矫形器

图 7-3-6C PIP 关节背侧
阻挡式抗天鹅颈矫形器

五、近端指间关节伸直限制型矫形器

1.常用名称 近端指间关节伸直限制型矫形
器(PIP joint extension restrictive orthoses)、鹅颈畸
形矫形器(swan neck orthoses)、"8"字形矫形器
(figure of 8 orthoses)、日字形矫形器。

2. 治疗作用

(1) 基本作用:保持 PIP 关节适当屈曲,限制伸直,以促进掌板修复、牵伸 PIP 关节背侧关节囊,改善柔软性鹅颈指功能障碍。

(2) 附加作用:保护 PIP 关节侧副韧带。

3. 作用原理　应用三点力矫正原理,作用力分别位于背侧近节指骨、掌侧 PIP 关节中心位置及背侧中间指骨和 DIP 关节,将 PIP 关节固定在屈曲位。

4. 材料　孔眼密度较低的、厚度为 2.4 mm 的低温热塑板材。

5. 制作方法

(1) 取样:按图 7-3-7A 纸样画出长方形板材,加热软化后,用尖嘴弯剪剪出两个孔眼。

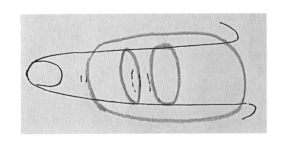

图 7-3-7A　PIP 关节伸直限制型矫形器纸样

(2) 成型:取出软化板材,让患指依次穿过板材近端孔眼和远端孔眼(图 7-3-7B),使板材近远两侧位于指背,孔眼间隔放在 PIP 关节掌侧横纹处,控制患指使其屈曲约 30°,适当翻卷孔眼周边板材,使其不压迫手指(图 7-3-7C)。

(3) 后期加工:取下冷却的板材,修剪边缘,做光滑处理,使其不限制屈曲,并控制伸直范围(图 7-3-7D、E)。

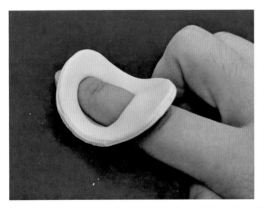

图 7-3-7B　患指依次穿过板材近端孔眼和远端孔眼

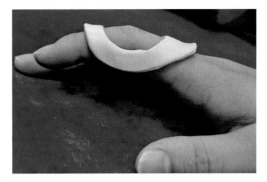

图 7-3-7C　PIP 关节伸直限制型矫形器塑形

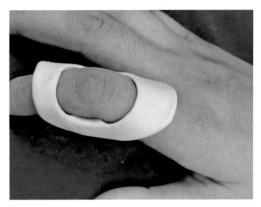

图 7-3-7D　PIP 关节伸直限制型矫形器(背侧面)

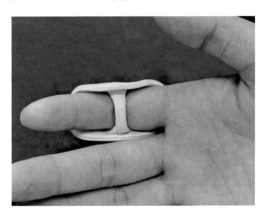

图 7-3-7E　PIP 关节伸直限制型矫形器(掌侧面)

6. 临床适应证

柔软性天鹅颈指畸形

1) 特征:运动创伤或类风湿关节炎引起的 PIP 关节掌板或指浅屈肌腱松弛引起 PIP 关节过伸,DIP 关节屈曲;MCP 关节半脱位引起 PIP 关节过伸,DIP 关节屈曲。长期 PIP 关节过伸,DIP 关节屈曲,易造成关节畸形,采用该矫形器可改善柔软性鹅颈指功能障碍。

2) 矫形器的特殊要求:维持 PIP 关节屈曲 30°以上,允许其在 30°到完全屈曲范围内活动,限制 PIP 关节伸直。

3）适配检查要点：矫形器能有效限制 PIP 关节在 0°～30°的活动、允许 PIP 关节在 30°～105°屈曲，并且穿脱方便，不容易松脱。

4）容易出现的问题：穿脱困难；矫形器中间带卡压 PIP 关节掌侧、两端压迫手指背面皮肤及软组织。

5）穿戴方法：最好全天穿戴，白天间歇性取下数次，使 PIP 关节掌侧压力得到缓解，如果 PIP 关节掌侧受压比较明显，则不提倡夜间穿戴，夜间可改用 PIP 关节屈曲（30°）固定型矫形器。

6）替代方法：市售"8"字形矫形器。或可用长条形板材绕成的"8"字形矫形器，其制作过程如图 7-3-8A～D。

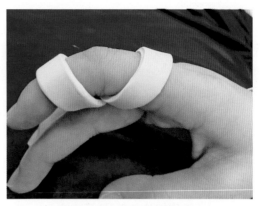

图 7-3-8C　"8"字形矫形器

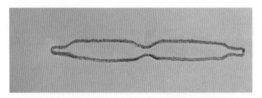

图 7-3-8A　"8"字形矫形器纸样

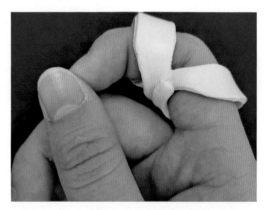

图 7-3-8D　穿戴"8"字形矫形器完成对指动作

（谭祖恩　陈少贞　邓石峰）

图 7-3-8B　"8"字形矫形器塑形

第八章

髋部及髋膝踝足矫形器

髋矫形器又称髋关节矫形器(hip orthoses),通常分为髋部静态矫形器、髋部动态矫形器、髋关节限制型矫形器和髋关节免荷型矫形器。

髋部静态矫形器包括骨盆和大腿部分,固定髋关节于某个位置,常用于髋关节手术后康复期,保护手术部位,或用来牵伸内收肌,以维持肌肉组织的长度,防止和矫正内收畸形。

髋部动态矫形器由骨盆片和大腿片及连接它们的铰链组成,穿戴后髋关节可活动。通过铰链上关节盘的锁定,髋部动态矫形器可以转化为静态或限制型矫形器。

髋关节限制型矫形器能限制髋关节在某个范围内活动,而另一个维度和范围的活动被禁止。最常见的为带式髋矫形器,它通过牵引带或金属板等的结构排列,施用牵引力和阻力来控制髋关节活动的角度,常应用在先天性髋臼发育不良、先天性髋关节脱位治疗中,其主要作用是早期限制髋关节在某种特定的位置,促进髋关节发育。

坐骨承重免荷式髋外展矫形器,用于治疗股骨头缺血性坏死,目前有几种设计,虽然其结构差异较大,材料也各异,但基本原理相同,都是尽量做到坐骨承重,免除股骨头的承重,保持髋关节于外展、内旋位,尽量使股骨头能包容在无病变的髋臼中。

髋膝踝足矫形器最常用的为截瘫步行器(walking orthoses),多采用双侧膝踝足矫形器或双侧踝足矫形器,通过髋关节铰链和/或膝关节铰链与硬式腰骶矫形器相连接构成。还有坐骨神经损伤修复术后用的单侧髋膝踝足矫形器。

髋关节矫形器可应用于髋关节手术后固定、痉挛性脑瘫、烧伤后软组织粘连、髋臼发育不良等髋部肌骨疾患。在制作前,应和临床医师交流,了解患者病情,并与临床医师在关节活动度的限制范围及特别注意事项等信息上达成共识。对于髋关节手术后固定,应通过查阅X线片来了解髋关节术后位置,便于掌握矫形器施力和释放空间。对于痉挛性脑瘫或烧伤后软组织粘连,可通过被动检查和活动检查髋外展活动度受限情况,在有X线片的情况下,也应查阅检查有无髋关节脱位的情况。1岁以下的幼儿,可通过格拉夫(Graf)超声检查分类Ⅱ级,来确诊有无先天性髋臼发育不良。在获得医师处方和了解病情后,应向患者或家属宣教矫形器的原理和作用,告知矫形器的功能和达到效果需要的注意事项,在征得患者和家属同意的前提下才可制作。

第一节
髋部静态矫形器

一、单侧髋关节静态矫形器

1. 常用名称　单侧髋关节固定型矫形器。

2. 治疗作用

(1)基本作用:制动髋关节、保护手术部位;防止因脑性瘫痪或烧伤瘢痕引起的内收肌痉挛或挛缩,防止畸形。

(2)附加作用:维持肌肉组织的长度。

3. 作用原理　通过固定髋关节,促进髋关节及周围软组织愈合;维持髋臼和股骨头的位置关系,有利于髋关节形成;固定髋关节于外展位,牵拉内收肌。

4. 材料　厚度为 3.2 mm 的低温热塑板材或高温模塑真空成型定制,魔术贴。

5. 制作方法

(1) 取样:测量髂嵴上及臀部最粗处围长及两者之间的距离,大腿近端、远端围长及大腿内侧长度。如图 8-1-1A,骨盆片上、下缘长分别为髂上围和臀围的 2/3,高度为两者之间的距离;大腿片长为大腿长的 2/3~3/4,宽为对应腿围的 2/3。

(2) 成型:将患侧大腿摆放在合适的位置,维持髋关节处于中立或外展位。将软化板材中间连接部放在患侧髋关节外侧部,包裹骨盆后方和两侧进行成型;大腿片包裹大腿后方和两侧进行成型。

(3) 后期加工:如图 8-1-1B,安装骨盆座及大腿套的魔术贴。试样矫形器,患者穿戴 15~30 min,检查有无压迫难受的区域,如有记录位置,脱下后,可用热风枪加热调整,并交代患者及家属使用注意事项。

图 8-1-1A　单侧髋关节静态矫形器纸样　　**图 8-1-1B　单侧髋关节静态矩形器示意**

6. 临床适应证　不稳定的骨盆骨折和髋部骨折。

(1) 特征:髋关节容易脱位。

(2) 矫形器的特殊要求:固定髋关节于伸直位,限制髋关节的屈曲和内收活动。

(3) 适配检查要点:①穿戴位置要正确。②髂嵴、髂前上嵴、大转子、矫形器边缘、伤口缝合处无压迫。③魔术贴带子的松紧合适。

(4) 容易出现的问题:①治疗师未充分告知患者使用这种矫形器的目的。②患者使用过程中髂嵴周围易受压。③患者下地使用拐杖或助行器,过度使患肢承重。④患者在髋关节外展屈髋受限的

情况下,日常生活活动部分受到影响。

(5) 穿戴方法:可分步穿戴好骨盆座和大腿套部分,搭好魔术贴带;脱下时,步骤相反。

(6) 替代方法:按患者身体石膏模型定制高温热塑板材,真空成型,制作骨盆座和大腿套,用髋外侧金属支条连接固定或一体成型。

二、双侧髋关节静态矫形器

1. 常用名称　双侧髋关节矫形器,目前应用较多的是蛙式外展矫形器,俗称蛙式支架,其品种比较多,有多种结构形式。

2. 治疗作用　将髋关节准确地固定在髋屈曲外展位。

3. 作用原理　将髋关节准确地固定在屈曲外展位,使内收肌的张力形成股骨头对髋臼的压力,有效地刺激髋臼的发育,治疗效果比较好。

4. 材料　厚度为 3.2 mm 的低温热塑板材或厚度为 4 mm 的 PP/PE 板。

5. 制作方法

(1) 取样:6 个月以下患儿可用低温热塑矫形器,按图 8-1-2A 画出纸样,按纸样剪出低温热塑板材;6 个月以上患儿多采用高温热塑矫形器,用绷带取石膏阴型(由于 3 岁以下患儿容易哭闹,在患儿情绪稳定的情况下进行),取型体位与低温热塑矫形器成型时体位相同,并依石膏阴模灌注石膏阳模。

(2) 成型:患儿取卧位,穿上保护棉套,家长辅助患儿俯卧,使双腿摆放为屈髋大于 90°和外展 90°位。治疗师把加热软化板材贴敷到患儿腰臀部和大腿后部,并包裹骨盆和大腿相关区域,用绷带缠绕,板材冷却后取下。高温热塑矫形器成型则以加热软化的 PP/PE 板包裹整个石膏阳模,然后用真空泵抽真空,待板材硬化后按照纸样在板材上描出轮廓,然后用震动锯沿着轮廓锯开矫形器。

(3) 后期加工:修剪边缘,打磨光滑;在腰部和大腿部分别安装固定带(图 8-2-2B)。适配调整。

6. 临床适应证　3 岁以下先天性髋关节脱位的患儿;在先天性髋关节脱位手法复位后蛙式石膏固定 1~3 个月后使用。

 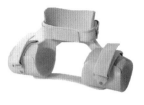

图 8-1-2A　蛙式外展矫形　图 8-1-2B　蛙式外展矫
器纸样　　　　　　　形器成型(前面观)

(1) 特征:格拉夫超声检查分类Ⅱ级。

(2) 矫形器的特殊要求:控制髋关节于屈曲大于 90°和外展 90°位。

(3) 适配检查要点:①穿戴位置要正确,髋关节呈外展、屈曲、外旋位。②骨突处无压迫。③魔术贴带子的松紧度合适。

(4) 容易出现的问题:长时间的内收张力过高,股骨头对髋臼压力过大可以导致股骨头缺血性坏死。

(5) 穿戴方法:把患儿髋关节以屈曲、外展、外旋位放置于蛙式外展矫形器内,调整魔术贴带子的松紧度。每天穿戴 23 h,1 h 换尿布和护理,3~4 周复查 1 次。

(6) 替代方法:髋部动态矫形器。

第二节

髋部动态矫形器

一、髋动态矫形器

1. 常用名称　铰链式髋矫形器、髋活动支具。

2. 治疗作用

(1) 基本作用:允许髋关节屈伸,或屈伸角度可调,但限制髋外展和内收活动。

(2) 附加作用:可锁定支条关节盘,使矫形器成为固定型矫形器,起到固定髋关节的作用。也可通过金属支条的弯折把髋关节控制在适当外展位。

3. 作用原理　通过调整和控制髋关节的前屈、后伸、内收和外展等活动范围,达到髋关节前屈、后伸及内收和外展的制动或活动的目的。

4. 材料　厚度为 3.2 mm 的低温热塑板材或厚度为 4 mm 的 PP/PE 板。

5. 制作方法

(1) 取样:测量脐水平面和髋臼上方水平面围长及两平面之间的距离,大腿近端、远端(髌骨上方 2~5 cm)围长和两者之间的距离。骨盆片上、下缘分别取脐水平和髋臼上方水平面围长的 3/4,高度为两者之间的距离(图 8-2-1A)。大腿片宽度根据病情需要,取大腿近端、远端围长的 3/4~1 倍,长为大腿近端至远端的距离,如图 8-2-1A 画出纸样,剪好,按纸样剪出低温热塑板材,加热软化。

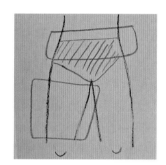

图 8-2-1A　铰链式髋矫形器纸样

(2) 成型:患者取俯卧位或坐位,软化骨盆片板材裹住骨盆上半部分和腰部,开口放在前方,髂嵴处板材做免荷处理,用手抚按板材或用绷带轻轻缠绕固定;把大腿片板材包裹到两侧大腿后面及内外侧面,用绷带缠绕;板材冷却后,分别安装好固定带。

(3) 后期加工:让患者平躺,髋关节呈稍外展位;把髋关节支条按对线要求弯折好,铰链轴心对准髋关节转动轴,在支条安装位置做好标记,用专用螺丝固定好骨盆座和大腿套。可为双侧或单侧,单侧如图 8-2-1B、C。

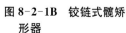 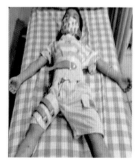

图 8-2-1B　铰链式髋矫　图 8-2-1C　穿戴铰链
形器　　　　　　式髋矫形器

6. 临床适应证　全髋关节置换术后中期、脑瘫内收肌痉挛或挛缩、烧伤后引起内收肌痉挛或挛缩。

（1）特征：髋关节不需完全制动；肌肉组织的长度缩短，需逐步牵拉。

（2）矫形器的特殊要求：通过可调髋关节外侧支条来控制髋关节前屈、后伸、内收、外展的活动范围，告知患者及家属调节的方法。

（3）适配检查要点：①关节屈伸铰链的轴心应位于大腿粗隆凸起点的上方2cm、前方1cm。②关节内收、外展铰链的轴心位置应尽量接近髋关节的生理性轴心位置。③对内收的限制应可以用螺丝进行调节。④魔术贴带子松紧合适。

（4）容易出现的问题：铰链安装位置不合适，关节受到剪力或压迫大转子，髂嵴或骶骨周围受压，产生压疮。

（5）穿戴方法：分步穿戴好骨盆座和大腿套部分，然后用专用螺丝连接骨盆座和大腿套于可调髋关节外侧支条上，搭好魔术贴带子；脱下时，步骤相反。每天穿戴24h，根据病情要求不同，穿戴疗程不同。

（6）替代方法："人"字位置固定托。

二、痉挛性脑瘫髋外展矫形器

1. 常用名称　其英文名为sitting walking and standing hip orthoses，简称SWASH矫形器。其归类为双髋关节外展矫形器。

2. 治疗作用　控制内收肌痉挛，逐渐改善剪刀步态。

3. 作用原理　通过两侧连接于髋铰链的外侧支条及大腿箍控制髋关节内收，达到对内收肌的长时间持续牵伸，以降低内收肌张力、减轻挛缩，改善步态。

4. 材料　高分子材料和金属支条等。

5. 制作方法　一般为成品，如图8-2-2。

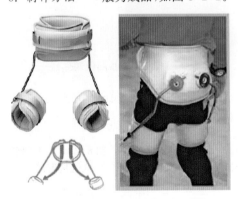

图8-2-2　SWASH髋外展矫形器

6. 临床适应证　痉挛型脑瘫。

（1）特征：痉挛型脑瘫患儿常常出现内收肌痉挛，引起髋内收和剪刀步态。

（2）矫形器的特殊要求：SWASH矫形器由骨盆座、双侧髋铰链、双侧大腿箍和环带构成。连接骨盆座和大腿箍的金属支条以特殊的方式安装，其枢纽分别位于骶骨顶部的两侧，两条支条斜向外前方到达大腿外侧，以另一枢纽安装在大腿箍外侧中间。矫形器允许髋关节自由屈伸，同时控制了髋的内收和旋转活动，行走和站立时支条向外展开的角度较小，髋关节外展角度不会过大，但在坐位时，支条向外展开角度较大，髋关节可以保持在较大及稳定的外展姿态以牵伸内收肌。

（3）适配检查要点：①骨盆处关节铰链的轴心应位于骶骨顶端两侧后方。②大腿箍位于大腿中下段，枢纽位于外侧中线中点处。③步行时关节枢纽顺畅，坐位时骨盆座不压迫组织，且坐位时双腿有较大幅度外展。④魔术贴带子松紧合适。

（4）容易出现的问题：铰链安装位置不合适，引起关节受到剪力或压迫大转子，髂嵴或骶骨周围受压，产生压疮。

（5）穿戴方法：分步穿戴好骨盆座和大腿套部分，然后用专用螺丝连接骨盆座和大腿套于可调髋关节外侧支条上，搭好魔术贴带子；脱下时，步骤相反。白天穿戴。

（6）替代方法：高温板材取型定制。

第三节
髋限制型矫形器

髋关节限制型矫形器可限制髋关节某些方向的活动，从而保护髋关节，常用于先天性髋臼发育不良、先天性髋关节脱位的患儿，通过将髋关节控制在屈曲外展位以达到促进髋臼发育、保护髋关节的目的。本节将重点介绍髋关节脱位矫形器的制作与应用。

一、巴甫立克肩吊带

1958年，巴甫立克肩吊带（Pavlik harness）首

先由捷克斯洛伐克的 Anord Pavlik 教授提出,由软的布带制成,控制髋关节于屈曲位,不限制膝关节、踝关节的运动(图8-3-1)。8个月以内的婴儿使用效果最好,可以用到12个月。每间隔4～6周应临床检查1次,直到髋臼和股骨头骨骺发育正常为止。

图8-3-1　巴甫立克肩吊带

二、温·罗森夹板

最初的温·罗森夹板(Von·Rosen splint)由有延展性能的薄铝板制成,外包一层橡胶,后来多改用塑料板制成,与患儿身体很服帖(图8-3-2)。板的上部钩在肩部,板的中部包在腰部,板的下部绕过大腿,将髋关节控制在屈曲、外展、外旋位。这类矫形器对髋关节的控制功能比较好,但属于硬性支具,需要经常检查肢体控制的位置和注意防止皮肤压伤。

图8-3-2　温·罗森夹板

三、蛙式外展矫形器

蛙式外展矫形器俗称蛙式支架(图8-1-2B),其特点是由臀部托板、大腿固定箍、固定带、肩吊带构成,可以将髋关节可靠地控制在屈髋、外展位,即蛙式位。蛙式外展矫形器可供3岁以下先天性髋关节脱位的患儿在手法复位后蛙式石膏固定1～3个月后使用。蛙式外展矫形器的优点是可以将髋关节可靠地控制在屈髋、外展位,内收肌的张力形成股骨头对髋臼的压力,可以有效地刺激髋臼的发育,因此治疗效果比较好。缺点是长时间的内收肌张力过高,股骨头对髋臼压力过大可以导致股骨头缺血性坏死。

四、蒂宾根屈髋矫形器

蒂宾根屈髋矫形器(Tübingen hip flexion orthoses)是1987年德国的贝尔瑙(Berau)教授根据萨特尔(Salter)提出的"治疗髋关节发育不良,应当使患儿尽量保持在母体中的自然姿势"的理论开发的。

矫形器主要由肩带、大腿托、大腿托间支条、4条连接链珠构成,可以将患儿的双侧髋关节控制在屈髋90°以上、轻度外展位,而膝关节、踝关节的运动不受限制。由于不像蛙式外展矫形器那样能使患儿髋关节长时间地保持在极度的外展位,所以很大程度地减少了出现股骨头缺血性坏死的可能性(图8-3-3)。

图8-3-3　蒂宾根屈髋矫形器

该矫形器适合先天性髋臼发育不良,格拉夫超声检查分类Ⅱ级,1岁以下的婴儿使用。

选用和使用中应注意:①制品分大、中、小3种尺寸。小号的矫形器适合于1个月左右患儿,中号的矫形器适合于2～6个月的患儿,大号的矫形器适合于6～12个月的患儿,需要根据年龄选择。

②使用中的前几天如果患儿不停地啼哭则需要取下矫形器,请医师进行检查。③每天应用23 h,1 h用于换尿布和清洁护理。④注意经常复查,最好是每3~4周复查1次,认真检查肢体位置和装配的适合情况,应按患儿的生长给予调节。⑤患儿俯卧位睡眠时,请俯卧在泡沫塑料枕头上。儿科医师建议当患儿有能力自己翻身之后,再让患儿俯卧位睡眠。

五、膝上髋外展矫形器

膝上髋外展矫形器由双侧膝上的大腿托和围带构成。大腿托之间安装1根使双侧髋关节外展的连接杆,可以通过改变连接杆的长度来改变髋关节的外展角度(图8-3-4)。

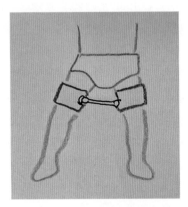

图8-3-4 膝上髋外展矫形器

该矫形器适用于爬行或学走路的先天性髋关节发育不良、格拉夫超声检查分类Ⅱb级的患儿(6~18个月),亦可以用于先天性髋关节脱位闭合复位后残余髋臼发育不良、格拉夫超声检查分类Ⅱb级的患儿。

上述髋关节脱位治疗性矫形器适合性检查要点包括:①髋关节能被有效地控制在治疗要求的位置上(屈髋90°以上、轻度外展位,或屈髋90°、外展90°位)。②腿部的固定带可靠,但不宜过紧。③胸部固定带位于腋下,不妨碍上肢运动。④肩带应有足够的宽度。

第四节
髋膝踝足矫形器

髋膝踝足矫形器(hip knee ankle foot ortho-ses,HKAFO)多采用双侧膝踝足矫形器或双侧踝足矫形器,通过矫形器髋关节铰链和/或膝关节与硬式腰骶矫形器相连接构成,最常用的为截瘫步行器,分为无助动功能步行矫形器和助动功能步行矫形器,多应用于脊髓损伤患者。随着现代医学技术的不断进步和发展,脊髓损伤患者早期死亡率已大幅度下降,但大量患者却残留有不同程度的残疾,完全性脊髓损伤者失去了站立及步行能力,非完全性脊髓损伤患者站立及步行能力严重受损,影响其生活质量。因此,最大限度地恢复患者的站立步行功能及预防并发症已成为脊髓损伤患者康复治疗的重点和难点之一,也是目前康复医学领域所面临的重大困难和挑战。然而,伴随现代生物力学、生物工程学、工程、材料技术和电子技术的发展,矫形器的应用,尤其是步行矫形器的应用有了明显的进步,使完全性脊髓损伤患者重新恢复步行能力成为可能。脊髓损伤患者应用的步行矫形器是用于辅助截瘫患者站立及行走的支具,属于用于神经肌肉疾患的下肢矫形器。

一、无助动功能步行矫形器

传统的步行矫形器是无助动功能的,多采用双侧髋膝踝足矫形器或双侧膝踝足矫形器(knee ankle foot orthoses,KAFO),通过髋关节铰链与硬式腰骶矫形器相连接构成。患者应用时需将髋膝关节锁紧,踝关节采用固定方式。无助动功能步行矫形器主要依靠患者身体重心前倾及骨盆侧倾完成跨步,进行站立及行走功能训练时须在平行杠内或使用助行架/双拐。

目前,无助动功能步行矫形器主要包括往复式截瘫步行器(reciprocating gait orthoses,RGO)、新型互动式截瘫步行器(如Walkabout)和重心移动式截瘫步行器(alternative gait orthoses,AGO)3种,其中RGO产于美国,Walkabout产于德国,两者的价格较高,而AGO是在这两种截瘫步行器的基础上进行改进、国产化的成果,其价格较RGO与Walkabout便宜,在国内较为普及。

1. 往复式截瘫步行器(RGO)

(1) RGO的结构特点:由一对髋关节、两个与髋关节相连接的牵引索作为核心部分,还有与之相接的躯干部分和大腿矫形器部分,髋关节的上下支条分别将躯干部分和大腿矫形器连接成一体,形成稳定体。躯干部分由侧向支条和前后固定躯干腰带以及骨盆臀围组成,两侧大腿矫形器不带内侧支条,但包裹膝关节。内踝为聚丙烯塑料制作的踝足矫形器(AFO),通过膝关节铰链与大腿矫形器相连(图8-4-1A、B)。

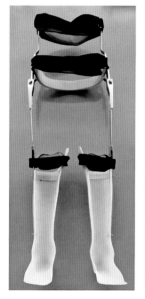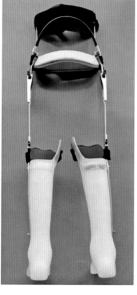

图 8-4-1A　RGO(前面观)　图 8-4-1B　RGO(后面观)

(2) RGO 的作用原理:牵引索连接步行器两侧的髋关节,当一侧髋关节做后伸运动时,通过牵引索的移动,使另一侧髋关节产生前屈运动,从而带动下肢向前迈步。同时,还可以通过躯干肌作用,使人体重心向侧向转移及向前转移,或通过躯干骨盆主动的后伸运动带动矫形器下肢部分,实现向前步行,实现截瘫患者的功能性步行。患者行走时,可在助行架或双肘拐辅助下,躯干向一侧后倾,后伸一侧髋关节,通过牵引索拉动另一侧髋关节前屈,带动下肢向前迈步。然后重心转向另一侧,重复上述动作,实现交替迈步。

(3) 适应证:主要用于 T$_4$ 以下脊髓损伤的截瘫患者。

2. 新型互动式截瘫步行器(Walkabout)

(1) Walkabout 的结构特点:由两部分组成。①互动式铰链装置,它是 Walkabout 的关键部件,通过运用重力势能提供交替迈步的动力;②膝踝足矫形器(KAFO),用于支撑双腿,为支撑站立平衡提供必要保证,必须根据患者实际腿型定做。Walkabout 最具有特色的部分是互动式铰链装置,安放在会阴区下方,连接双侧 KAFO 的内侧支条,只允许下肢在矢状面运动,在行走过程中有效避免了双下肢间的磕、碰、缠现象,辅助双下肢交替移动(图8-4-2)。Walkabout 是根据患者肢体情况量身定制的。首先,用石膏绷带在患者的双下肢取阴型,接着向阴型内灌注石膏浆,固化后成为阳型石膏模。经过修模处理,将加热后的聚丙烯板材放在阳模上成型为肢套;根据人体关节生理特性,确定各机械关节的放置部位,按照阳模形状进行支条弯曲加工,再将各部件连接起来成为两个功能相同的 KAFO。最后,在双侧 KAFO 的大腿部内侧安装 Walkabout 互动式铰链装置。装上固定带后即完成步行器制作全过程。对于胸腰段肌无力患者,有必要配制相应的躯干稳定装置。特别需要注意的是,互动式铰链装置的顶部应位于男性外生殖器以下 2~3 cm,女性外生殖器以下 4~5 cm,这样才不会使机械装置损伤生殖器,也不会影响导尿装置的安放。

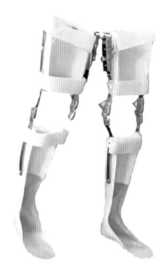

图 8-4-2　新型互动式截瘫步行器(Walkabout)

(2) Walkabout 的作用原理:Walkabout 是利用钟摆原理工作的,在互动式铰链装置的帮助下,患者通过重心的移动来实现瘫痪肢体被动性移动,并防止行走时双下肢缠在一起。以患者先迈右腿为例,首先,通过躯干运动将重心向左侧倾斜,使右下肢在步行器的帮助下离开地面;然后,再将身体重心前移,使悬空的右下肢在重力作用下,依靠步行器的互动式铰链装置跟着重心前移,并在惯性作用下向前摆腿,完成迈出右腿的动作。右足着地后,同样过程将重心向右侧及前侧移动,从而完成交替迈腿步行的动作。坐下时,事先打开两侧膝关节锁,使膝关节屈曲,完成从站立到坐位的过渡,位于患者双腿之间的互动式铰链可以通过一个按钮很容易地将双腿分开,便于完成单肢屈膝坐下动作。

(3)适应证:适用于 T_{10} 以下脊髓损伤的截瘫患者。

3. 重心移动式截瘫步行器(AGO)

(1)AGO 的结构特点:AGO 由双侧的微组件及连接两端的钢缆、骨盆箍及两个足托组成。

1)髋关节互动铰链:其独特设计是帮助截瘫患者实现省力步行的重要条件。其原理在于,当两侧髋关节处于锁定状态时,一侧髋关节后伸,由传动片带动连接钢缆使另一侧前屈;当两侧髋关节处于开锁状态时,患者即可轻松坐下。此外,理论上髋关节作为运动的支点,在转动时受到的摩擦力较大,因此考虑使用减少摩擦力的平面滚针轴承结构。由于选用高精度圆柱滚针增加了接触长度,使得此轴承在很小的空间下可获得高载荷能力和高的刚度。

2)连接钢缆:由直径为 4 mm、抗拉强度为 8.33 kN 的麻芯钢丝绳组成,具有极佳的耐腐蚀性。麻芯中浸有润滑油,可以减小绳股及钢丝间的摩擦力。两端接头部分使用内六角挤压固定方法,以确保连接的牢固性。

3)骨盆箍:是用硬铝合金制成的,并根据人体臀围制成由小到大的 4 个基本型号。

4)足托:需要根据患者的体型量身定做,足托的内上侧要精确地包裹股骨内上髁,以提高双侧膝关节的稳定性。

(2)AGO 的作用原理:AGO 的行走助力来自髋关节的独特设计。该矫形器的髋组件由双侧髋关节及连接两端的钢缆和骨盆箍组成。坚实的骨盆箍将两侧髋关节牢牢固定,当患者向一侧移动重心到一定程度并伸展负重侧髋关节时,钢缆牵动对侧下肢向前迈步,随着身体重心从一侧到另一侧的转移,另一条腿也迈出一步。

(3)适应证:适用于 T_4 以下脊髓损伤的截瘫患者。

二、助动功能步行矫形器

现今,常用的助动功能步行矫形器主要包括改进的往复式截瘫步行器(advanced reciprocating gait orthoses,ARGO)和向心的往复式截瘫步行器(isocentric reciprocating gait orthoses,IRGO)两种。

1. 改进的往复式截瘫步行器(ARGO)

(1)ARGO 的结构特点:ARGO 由英国 Steeper 公司在 RGO 基础上改进制作,其结构与 RGO 相仿,主要是将与髋关节连接的两条牵引索改为一条牵引索。另外,膝关节结构也做了改进,增加了辅助伸展镜、膝关节的气压助伸装置(图 8-4-3A、B)。

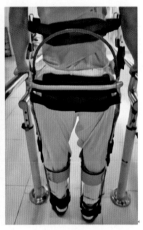

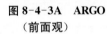

图 8-4-3A　ARGO　　　图 8-4-3B　ARGO
(前面观)　　　　　　　(后面观)

(2)ARGO 的作用原理:与 RGO 相同,但由于增加了膝关节的气压助伸装置,不仅步行时有助动的功能,而且在坐位与站立位转换的过程中也产生了助动功能。患者在使用过程中稳定性大大地提高,能量的消耗也明显降低。

近年来,ARGO 经过临床的初步使用效果良好,并广泛应用于临床。使得 T_4 以下的完全性脊髓损伤患者应用步行矫形器进行实用性步行成为可能。ARGO 的结构设计特点使其不仅在步行过程中有助动功能,而且在患者站立位及坐位转换过程中也有助动功能。有关临床对照研究显示,患者应用 ARGO 较应用无助动功能步行矫形器步行时步幅略大,步速加快,双足触地期较短。应用 AR-GO 的患者,在进行坐位与站立位姿势互换时,无须用手开关膝关节部的铰链锁即可直接起立或坐下,并因膝关节部的气压助伸装置,使得姿势互换时得到助动,省力易行。另外,一些研究结果显示,患者在应用 ARGO 站立时稳定性较好,手杖对地面压力低;$T_4 \sim T_9$ 脊髓损伤的患者应用 ARGO 行走时,其氧耗量明显降低。

(3)适应证:适用于 T_4 以下脊髓损伤的截瘫患者。

2. 向心的往复式截瘫步行器(IRGO) 由美国 Fillauer 公司生产,也是 RGO 的一种改进型。

(1)IRGO 的结构特点:其特点在于用连接两侧髋关节的连杆装置代替 RGO 的牵引索来起到助动功能,这种连杆装置的设计要比 RGO 耐用。IRGO 的髋关节有一个特殊结构,可以使矫形器的大腿部分能够快速拆离,便于脊髓损伤需导尿的患者穿戴 IRGO。此外,为了便于患者穿戴,IRGO 的 AFO 部分也可做成外置式(图 8-4-4A、B)。

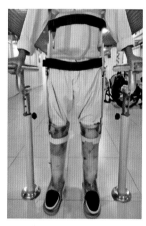 

图 8-4-4A IRGO(前面观)　图 8-4-4B IRGO(后面观)

(2)IRGO 的作用原理:借由交替连动两侧的髋关节,屈曲一侧的髋关节会使得另一侧的髋关节做伸展动作,反之亦然。

(3)适应证:适用于 T_4 以下脊髓损伤的截瘫患者。

三、截瘫行走机器人

用于截瘫患者使其能够行走的机器人称为截

瘫行走机器人。它是通过外部动力源使截瘫患者行走起来的康复辅助器具。通过外力驱动髋膝踝关节活动,并通过反馈机制使各动作协调一致。如可穿戴式下肢机器人(wearable walking device)、外骨骼式行走器(exoskeleton walking device)、行走机(walking aid)。市场上的产品有以色列 Robotics 公司的 Rewalk 系列、美国 Berkeley Bionics 公司的 eLEGS、美国 Ekso Bionics 公司的 Ekso GT、日本 Cyberdyne 公司的 HAL、新西兰 Rex Bionics 公司的 REX、法国巴黎第六大学的 MONIMAD。辅助起立式截瘫行走机器人主要是在患者起立或坐下的运动过程中提供支撑并保持平衡,训练下肢由坐到站或者由站到坐的运动功能。近年来,国内的研究也有很大的进展,如国产大艾外骨骼机器人(图 8-4-5)。

图 8-4-5 大艾外骨骼机器人

治疗师要正确地掌握应用步行矫形器的适应证,选择相应的步行矫形器并合理安装使用,同时,给患者及家属正确的穿脱宣教和使用训练。家居环境不适应步行器使用的可进行家居环境改造,增强患者使用步行器的依从性。这样不仅可以改善患者的行动能力,预防并发症的发生,而且有利于患者心理和体质的全面康复,对患者早日开始自理的、创造性的生活有重要的意义。因此,步行矫形器的应用已经成为脊髓损伤康复治疗的重要组成部分。

(艾旺宪)

第九章

膝部矫形器

膝部矫形器是覆盖踝关节以上部位到大腿近端的一系列矫形器的统称。主要作用包括保护肢体，减轻疼痛；固定关节或骨折部位，促进组织愈合；维持膝关节的生物力学对线，预防和矫正畸形；改善关节的主动、被动活动范围等。适应证有膝关节周围的各种骨折、膝关节退行性病变、膝关节炎、膝关节韧带与半月板损伤等。

膝部矫形器的设计，既要考虑实现具体治疗的目标，又要尽量考虑患者使用的便捷性和安全性。如患者是在急性期还是恢复期？是保守治疗制动还是手术后的稳定与保护？患者需要下地行走还是长期处于卧床状态？膝关节有无屈曲挛缩现象？在配制膝部矫形器之前，应充分了解患者的病史，并对其相关情况进行评估。①皮肤方面：观察大小腿的皮肤表面有无创面及感染、伤口的位置、愈合程度、是否累及关节结构等情况。②骨折部位：对膝关节周边骨折部位与邻近肌肉附着点的生物力学关系进行判断，确定需要制动的关节范围。③神经损伤：评估有无神经损伤。神经损伤平面以下的肢体宜采取神经减张的体位。④关节活动度：评估膝关节活动是否受限，受限的可能原因，主、被动活动范围等。制动、水肿、疼痛、挛缩瘢痕、骨性结构改变等都可以导致关节活动受限；对于膝关节活动受限者，需要特别注意有无屈曲挛缩的情形。⑤查看患者医学影像学检查资料，以确定对矫形器所需提供的稳定性与安全性方面的要求。

膝部矫形器按结构功能分为膝关节静态矫形器、膝关节动态矫形器、膝关节可调节式矫形器。

一、膝关节静态矫形器

膝关节静态矫形器制作相对简单，但应用范围比较广泛，主要用于：①膝关节周围骨折的非手术固定，如髌骨骨折，也可用于骨折术后的固定。②膝关节炎的固定和保护，防止膝关节畸形的发生。③膝关节交叉韧带或侧副韧带损伤后的保守治疗，限制关节活动，促进损伤组织的愈合。④半月板损伤后的固定和限位等。

1. 常用名称　后置式膝固定矫形器（posterior static knee orthoses）。

2. 治疗作用

（1）基本作用：固定和保护膝关节，将膝关节置于功能位，限制膝关节屈伸运动。

（2）附加作用：维持软组织长度。

3. 作用原理　使损伤部位得以制动，促进组织修复，直至愈合。

4. 材料　厚度为 3.2 mm 的带孔低温热塑板材、袜套、尼龙搭扣、子母铆钉、带背胶软垫。

5. 制作方法

（1）取样：测量膝关节、大腿近端 1/3 和小腿远端 1/3 处围长，以及矫形器预设长度，根据测量尺寸裁剪低温热塑板材（图 9-1-1A）。

（2）成型：将软化的板材贴敷于患者下肢后侧相应位置上，边对低温热塑板材略施加牵伸进行塑形，边用弹力绷带缠绕，确保板材与肢体部位充分贴合，直至板材固化变硬。

（3）后期加工：修剪边缘，做翻边和圆滑处理，在合适的位置安装尼龙搭扣（图 9-1-1B）。

6. 临床适应证

（1）髌骨骨折、胫骨平台骨折

1）特征：髌骨骨折表现为局部肿胀、疼痛、膝关节不能自主伸直，常有皮下瘀斑以及膝部皮肤擦伤。胫骨平台是膝关节的重要负荷结构，一旦发生骨折，使内、外平台受力不均，将产生骨关节炎改变。由于胫骨平台内外侧分别有内、外侧副韧带，平台中央有胫骨粗隆，其上有交叉韧带附着，当胫骨平台骨折时常发生韧带和半月板的局部损伤。

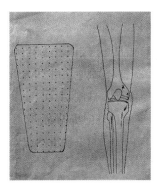

图 9-1-1A　纸样

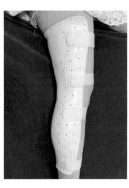

图 9-1-1B　后置式膝固定矫形器

2）矫形器的特殊要求：一般情况下，矫形器应使膝关节屈曲 5°～15° 位，或者与临床医师沟通，在关节活动度的限制范围及特别注意事项等信息上达成共识。对于长期卧床的患者，要选用透气性较好的低温热塑板材。

3）适配检查要点：膝关节置于屈曲 5°～15° 位固定，腓骨小头处不能有压迫感。

4）容易出现的问题：矫形器在腓骨小头部位要留有空间，避免压迫腓骨小头。矫形器上下端要做翻边圆滑处理，避免压迫肢体，造成压疮。

5）穿戴方法：一般情况下，需每天穿戴 24 h，穿戴 4～6 周。

6）替代方法：成品的膝关节固定矫形器。

（2）韧带、半月板损伤

1）特征：膝关节的韧带包含内、外侧副韧带，前、后交叉韧带，其中内侧副韧带最容易损伤，而前交叉韧带损伤最易导致膝关节不稳。半月板损伤多是半月板的撕裂，多发生在长期运动磨损和外伤后。韧带和半月板损伤后，膝关节出现疼痛、肿胀、松弛，相应部位有压痛，影响正常运动。

2）矫形器的特殊要求：一般情况下，矫形器应使膝关节屈曲 5°～15° 位固定。卧床使用的患者要求矫形器透气性较好。

3）适配检查要点：膝关节屈曲 5°～15° 位固定，腓骨小头不能有压迫。

4）容易出现的问题：矫形器在腓骨小头部位要有空间，要避免压迫腓骨小头。矫形器上下端要做翻边圆滑处理，避免压迫肢体，造成压疮。

5）穿戴方法：一般情况下，需每天穿戴 24 h，穿戴 2～4 周。

6）替代方法：成品的膝关节固定矫形器、成品护膝等。

二、膝关节动态矫形器

膝关节动态矫形器主要应用于膝关节手术后早期固定，在康复期内也可以让膝关节循序渐进地进行主动活动。膝关节动态矫形器是在静态矫形器的基础上，在膝关节转动中心位置安装了可以活动的膝关节铰链，一般为单轴膝铰链，铰链有自由屈伸型和可调角度型。可调角度型的膝关节矫形器临床应用较多，用带有数字卡盘的铰链作为膝节活动的外置机械轴，膝关节屈曲和伸展角度都可调节，既可以将膝关节固定于某一特定角度，也可以让膝关节在一定范围内自由活动。可调角度型膝关节动态矫形器在分类上属于限制型矫形器。

1. 常用名称　铰链式膝关节矫形器（hinged dynamic knee orthoses），膝关节限制型矫形器。

2. 治疗作用

（1）基本作用：维持膝关节正常的对位对线，并在安全的范围内进行屈伸活动，保护受损的软组织，促进瘢痕组织塑形，防止粘连。

（2）附加作用：膝关节手术后的早期固定，促进组织愈合。

3. 作用原理　由大腿和小腿部位后置的低温热塑板材托和带数字卡盘的膝铰链（图 9-2-1A）组成，用尼龙搭扣固定于肢体上，既可以用于膝关节术后的早期固定，也可以让膝关节在一定范围内活动。

图 9-2-1A　带数字卡盘的膝铰链

4. 材料　厚度为 3.2 mm 的带孔低温热塑板材、魔术贴、带数字卡盘的膝铰链、医用胶布、子母铆钉、带背胶软垫、螺丝、螺母。

5. 制作方法

（1）取样：测量髌骨上 3 cm 和下 3 cm 处围长和大腿近端 1/3 和小腿远端 1/3 处围长，及大腿片和小腿片相应的长度，裁剪出大、小腿两片纸样，宽度为对应围长的 3/4，或一体化成型的纸样（图 9-2-1B）。

（2）成型：患者俯卧，在小腿近端垫一厚度为 3~5 cm 的毛巾垫使膝关节微屈，将软化的两片板材分别贴敷于大、小腿相应位置塑形，并注意保持上、下两片板材开口的一致性（也可一体化成型）。板材硬化后，确定好膝关节生理转动轴的位置，用折弯扳手加工好支条，贴敷于板材。将铰链的数字卡盘轴心对准膝关节生理转动轴，两端支条分别对准大、小腿长轴。在已塑形的大腿托和小腿托上（或一体化的腿托上）标记出支条固定的位置。

（3）后期加工：用手电钻在膝铰链支条上各打两个孔；把打好孔的支条放回标记处，用圆珠笔通过支条孔在板材上标记出打孔位置，再用电钻在板材相应位置上打孔。一体化成型的可在做好支条固定位置和连接孔位置的标记后，沿髌骨上下方 3 cm 处剪开，使其分成大腿托和小腿托两部分，修剪边缘，并做圆滑处理。用螺丝和螺母将大、小腿托和膝铰链的支条临时连接；在大、小腿托内表面用医用胶布粘上螺丝头，防止刮伤患者皮肤。试穿检查矫形器与患肢的贴合程度，检查关节活动度是否达到预设要求，并做相应调整。用毛面魔术贴服帖地圈住大腿近端、小腿远端和膝关节上下部位，用笔在板材上描出魔术贴贴敷的合适位置，贴上钩面魔术贴。或在相应位置安装固定带和 D 形扣。用子母铆钉将膝铰链和低温热塑板材正式铆接在一起，并按临床要求调整好膝关节的预设屈伸角度（图 9-2-1C）。

6. 临床适应证

（1）膝关节内、外副韧带损伤，前、后交叉韧带扭伤，部分断裂和断裂修补术后

1）特征：内侧副韧带损伤是膝关节最常见的韧带损伤，常合并前交叉韧带和半月板损伤，单独

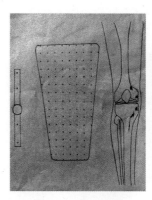
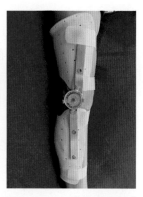

图 9-2-1B　纸样　　图 9-2-1C　铰链式膝关节矫形器

的部分损伤可保守治疗，完全断裂和合并伤建议手术治疗；前交叉韧带是膝关节重要的前向稳定结构，断裂后可以产生明显的膝关节不稳，严重影响膝关节功能，建议行韧带修复术或重建术；后交叉韧带损伤常伴有半月板破裂，可保守治疗也可手术治疗；外侧副韧带损伤较少单独出现，常合并髂胫束损伤和腓总神经损伤，建议马上手术。

2）矫形器的特殊要求：带数字卡盘的膝铰链可以用于膝关节术后的早期伸直位固定。

3）适配检查要点：矫形器要避免压迫腓骨小头，边缘避免压迫肢体。膝铰链转动中心和人体膝关节生理转动中心相一致。膝关节内、外侧膝铰链保持平行。

4）容易出现的问题：膝铰链安装位置不合适，转动中心和人体膝关节生理转动中心不一致，影响膝关节运动。大、小腿托开口不一致，导致穿脱不方便。

5）穿戴方法：扭伤和部分断裂后可保守治疗，根据情况用带数字卡盘的膝铰链将膝关节锁定在伸直位或限制在 0°~30° 屈伸范围，持续穿戴 3~6 周。修补术后第 1 周，膝关节以伸直位固定，24 h 穿戴。根据康复进程，第 2 周可逐渐调大膝关节铰链的活动度，使膝关节在限定范围内循序渐进地进行主、被动屈伸运动，并慢慢恢复步行。卧床休息时可脱下矫形器。总穿戴时间为 4~6 周。

6）替代方法：成品可调铰链式膝关节矫形器。

（2）半月板损伤术后

1）特征：半月板损伤多是半月板的撕裂，伤后膝关节出现疼痛、肿胀，活动时诱发疼痛，膝关节间隙性

地出现压痛,可行半月板修补术或部分切除术。

2) 矫形器的特殊要求:同上。

3) 适配检查要点:同上。

4) 容易出现的问题:同上。

5) 穿戴方法:术后第 1 周使膝关节呈伸直位固定,每天穿戴 24 h。根据康复进程,第 2 周开始膝关节进行小范围的主动屈伸活动、等长训练、抗阻训练。逐渐开始膝关节全范围活动训练,部分负重和完全负重,步行训练。活动时穿戴,卧床休息时可脱下,穿戴 4~6 周。

6) 替代方法:成品可调铰链式膝关节矫形器。

三、膝关节可调节式矫形器

膝关节可调节式矫形器主要应用于膝关节损伤后的关节活动障碍,可循序渐进地对膝关节进行有效牵伸,配合膝关节的康复治疗,可以使膝关节尽快地恢复到原有的生理活动范围;根据作用分为屈曲牵引型和伸展牵引型两种。膝关节可调节式矫形器通过可调节螺栓支杆对活动受限的膝关节进行持续牵伸,穿戴期间膝关节处于静止状态,从分类来说属于膝关节静态渐进型矫形器。由于其制作方法与动态矫形器类似,为了叙述方便,故放在膝关节动态矫形器后面叙述。

1. 常用名称　膝关节牵引型矫形器,膝关节双向可调节型矫形器。

2. 治疗作用

(1) 基本作用:牵伸挛缩的软组织,改善膝关节活动度,包括屈膝和伸膝。

(2) 附加作用:无。

3. 作用原理　通过可调节长度的牵引杆(图9-3-1A)在关节活动度的末端施加一个持续的牵引力,对挛缩的软组织进行持续牵伸以达到改善关节活动度的目的。调节杆有双向调节作用,既可以通过调短长度改善屈膝,也可通过增加长度改善伸膝。

4. 材料　厚度为 3.2 mm 的带孔低温热塑板材、尼龙搭扣、自由活动的膝铰链、可调节长度的牵引杆(图9-3-1A)、子母铆钉、螺丝、螺母、袜套、带背胶软垫。

5. 制作方法

(1) 取样:帮助患者平躺并暴露患侧肢体。按

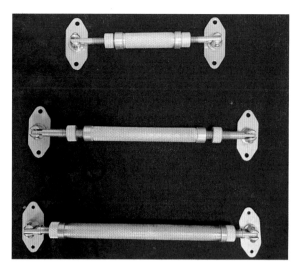

图 9-3-1A　可调节长度牵引杆

本章“膝关节动态矫形器”取样方法画出纸样(图9-3-1B),并裁剪板材,加热。

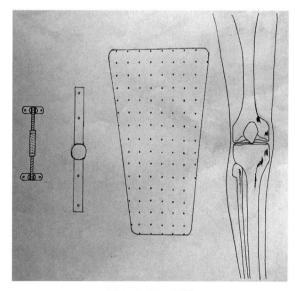

图 9-3-1B　纸样

(2) 成型、加工:如本章“膝关节动态矫形器”相关方法完成矫形器成型和铰链的安装。在矫形器后侧合适位置放置牵引杆的底座;用螺丝和螺母临时连接牵引杆底座,旋转牵引杆,看是否可以达到预设角度要求,如果屈伸牵引角度不够,需重新设置牵引杆底座的位置;给患者肢体重新穿上袜套,戴上矫形器试穿并检查矫形器与患肢的贴合程度,在相关部位做上标记,分别安装尼龙搭扣。检查矫形器屈伸牵引角度范围是否达到预设要求,并进行调整。用子母铆钉将牵引杆底座和大、小腿托铆接在一起,并按临床要求调整好膝关节的初始牵

引角度(图 9-3-1C、D)。

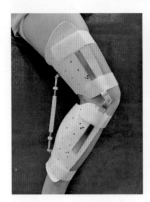 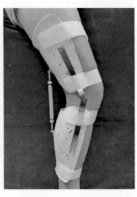

| 图 9-3-1C 膝屈曲 | 图 9-3-1D 膝伸展 |
| 牵引矫形器 | 牵引矫形器 |

6.临床适应证 膝关节屈伸活动受限。

(1)特征:膝关节周围骨折,膝关节损伤或手术后会出现血液循环障碍、肿胀、肌肉萎缩、疼痛、组织粘连,或由于过长时间的制动,会引起膝关节屈伸活动受限、行走困难等问题。

(2)矫形器的特殊要求:考虑到牵引膝关节时,尼龙搭扣带受力较大,建议使用反折粘贴式魔术贴固定带和 D 形扣,用铆钉固定。

(3)适配检查要点:矫形器要避免压迫腓骨小头,边缘避免压迫肢体,压力大的区域需要贴软垫分散压力。膝铰链转动中心和人体膝关节生理转动中心相一致。

(4)容易出现的问题:如果牵伸的强度过大,会造成肢体局部压力过大,影响肢体血液循环,为避免不必要的损伤,需及时调整牵引力和角度。

(5)穿戴方法:在康复治疗师进行常规治疗时脱下,其余时间尽可能久地穿戴矫形器。患者根据自身的个体情况合理安排穿戴的时间和次数,调节牵引的强度,原则是要循序渐进牵引,配合康复治疗,最大限度地维持康复治疗的效果。

(6)替代方法:无。

(赵 勇)

第十章

踝足矫形器

踝足矫形器主要用于踝足部损伤后的固定和保护,稳定踝关节,维持踝关节的生物力学对线,促进损伤部位愈合,预防和矫正足部畸形。适应证有踝足的软组织扭伤、踝足部的骨折、足内外翻畸形、踝关节手术后的固定。踝足矫形器依照其功能与治疗目的,可分为踝足静态矫形器和踝足动态矫形器两大类。

在配制踝足矫形器之前,应充分了解患者的病史,对其相关情况进行相应的评估。主要包括以下几个方面。①皮肤方面:观察小腿和踝足部皮肤表面有无创面及感染、伤口的位置、缝合方式、愈合程度,有无瘢痕挛缩等情况。②骨折部位:对踝关节、足部骨折部位与邻近肌肉附着点的生物力学关系进行判断,并确定需要制动的关节是否会对骨折端造成移位。③关节活动度:评估踝关节活动是否受限、受限的可能原因、踝关节的主动和被动活动范围等。对于踝关节活动受限者,需要特别注意瘢痕挛缩的情况。④肢体外形:踝关节有无变形,有无跟骨内外翻畸形,足内侧纵弓有无塌陷,前足有无内外翻等。⑤查看医学影像学检查资料:骨折或神经损伤的程度,如腓总神经损伤容易出现足下垂和内翻现象,以确定矫形器所需提供的稳定性与安全性方面的要求。

踝足矫形器的设计,既要考虑实现治疗目标,又要尽量考虑使用的方便性和安全性。因此,除非有特殊的临床要求,通常应把踝关节固定在中立位。对于跟腱断裂手术后的患者,踝关节应固定在跖屈的休息位,以免过度牵拉影响跟腱的愈合。对于长期卧床固定的患者,应充分考虑矫形器的透气性。需要下地负重的患者,要考虑踝足矫形器的强度问题。

第一节
踝足静态矫形器

常用的踝关节静态矫形器主要包括静态踝关节稳定矫形器(static ankle-stabilizing orthoses)、后置式踝足矫形器(posterior ankle foot orthoses)和前置式踝足矫形器(anterior ankle foot orthoses)。

一、静态踝关节矫形器

1. 常用名称 静态踝关节稳定矫形器又称为踝扭伤矫形器,其类别属于踝关节矫形器或踝足矫形器,根据其足底片的长度,其固定的关节数也不同,有的只固定踝关节,有的同时固定踝关节和足部关节。

2. 治疗作用

(1)基本作用:将踝关节固定于功能位,保护踝关节,限制踝关节的内外翻运动,矫正或维持跟骨处于中立位。

(2)附加作用:无。

3. 作用原理 通过对小腿下段、内外踝两侧和中后足的包裹固定,将踝关节固定于中立位,保护损伤的韧带、肌腱等软组织,使损伤部位得以制动,促进炎症消退,直至病变愈合。

4. 材料 厚度为 3.2 mm 的带孔低温热塑板材、袜套、尼龙搭扣、带背胶软垫。

5. 制作方法

(1)取样:患者取俯卧位,屈膝 $90°$,使踝关节呈中立位。用透明薄膜纸覆盖足底及小腿两侧,用马克笔描出轮廓,剪出纸样(图 10-1-1A),裁剪出所需的低温热塑板材。

（2）成型：体位同上，患肢套上袜套，在内外踝部位贴上用带背胶软垫制作的免压垫；将软化板材贴敷于小腿内、外侧及足底部位，稍牵伸进行塑形，用弹力绷带缠绕小腿至足部，确保板材与足踝部位充分贴合，注意踝关节内、外翻角度的控制，待板材固化变硬。

（3）后期加工：修剪边缘，稍向外翻卷，将边缘处理圆滑；检查矫形器与患肢的贴合度，在矫形器近侧缘、踝关节、足背处做好标记，分别安装上尼龙搭扣。在矫形器内、外踝处贴上免压垫，再次检查矫形器对肢体有无过度的压迫（图10-1-1B）。

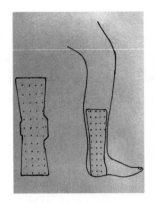
图10-1-1A　纸样

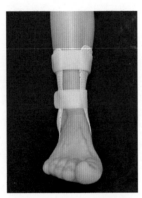
图10-1-1B　静态踝关节稳定矫形器

6. 临床适应证

（1）踝关节扭伤

1）特征：踝关节是全身负重最多的关节。其稳定性对于日常的活动和体育运动的正常进行起重要的作用。踝关节扭伤是最常见的运动损伤之一，包括韧带、肌腱、肌肉等软组织的损伤。最常见的踝关节扭伤为踝关节外侧的韧带损伤，通常发生在踝关节过度内翻时。距腓前韧带损伤是最常见的踝部韧带损伤。扭伤后易导致局部疼痛、肿胀、皮下淤血，韧带断裂时有撕裂感。

2）矫形器的特殊要求：最基本的要求是将踝关节固定在中立位，限制跟骨的内外翻。根据损伤的程度和范围，有些要求矫形器的足底前缘只到跟骨前缘，有些则必须到跖骨中段，矫形器的上端超过小腿的中线。

3）适配检查要点：踝关节保持中立位，限制内外翻运动；站立时不诱发疼痛；防止压迫内外踝骨突部位。

4）容易出现的问题：踝关节固定体位为非中立位，内外踝骨突部位压力过大。

5）穿戴方法：一般情况下，需每天穿戴24 h，穿戴4～6周。

6）替代方法：成品踝部充气夹板、带支条型护踝。

（2）踝部骨折后期

1）特征：踝关节的骨性结构包括腓骨远端、胫骨远端和距骨，根据骨折的严重程度分为单踝、双踝和三踝骨折。踝部骨折一般有明确的外伤史，伤后局部肿胀、疼痛，无法站立。闭合性骨折后，有移位者多采用切开复位内固定术；无移位者可采用闭合复位外固定术，多采用U形石膏固定4～6周。在骨折恢复后期，患者需下地步行，为确保骨折部位的安全，可以装配踝足静态矫形器。

2）矫形器的特殊要求：将踝关节固定在中立位，限制跟骨的内外翻。矫形器的上端超过小腿的中线，足部到跖趾关节。

3）适配检查要点：踝关节保持中立位，限制内外翻运动。防止压迫内外踝骨突部位。

4）容易出现的问题：踝关节固定体位为非中立位，内外踝骨突部位压力过大。

5）替代方法：成品步行靴、带支条型护踝。

二、后置式踝足矫形器

1. 常用名称　后置式踝足矫形器又称U形足托、固定型踝足矫形器。

2. 治疗作用

（1）基本作用：将踝关节固定于功能位或其他特殊要求体位，固定保护踝关节；限制踝关节的内外翻运动；防止和矫正足下垂；缓解痉挛、牵伸挛缩的小腿三头肌；牵伸踝足部瘢痕、足趾伸肌腱或屈肌腱。

（2）附加作用：矫正足部畸形，保护踝关节侧副韧带，促进损伤的小腿三头肌恢复。

3. 作用原理　一般通过三点力作用固定踝关节和足部为中立位，以促进组织愈合、矫正畸形；或把踝关节和足部固定在特殊的位置，如跖屈位以牵伸踝关节前方和足部瘢痕、伸趾肌腱等。

4. 材料　厚度为3.2 mm的带孔低温热塑板材、袜套、尼龙搭扣、铆钉、带背胶软垫。

5. 制作方法

（1）取样：患者取坐位或平躺位，充分暴露患侧足踝。用卷尺测量小腿肚围长、踝关节围长、足背宽度、小腿肚至足趾末端长度。根据测量尺寸画出矫形器纸样轮廓图（图10-1-2A），裁剪出所需的低温热塑板材。

（2）成型：患者取俯卧位，患侧足部超出床尾，小腿远端与床面之间垫一小毛巾，踝呈中立位或按要求摆放在特殊体位。患肢套袜套，在内外踝部位贴上用带背胶软垫制作的免压垫。将软化的板材，贴敷于小腿后侧和两侧，及足底，板材在足跟处要适当牵伸塑形，塑出足跟形状，并把踝足交界处两侧板材适当折叠、捏紧，内外踝处做免荷处理。用弹力绷带缠绕小腿至足部，确保板材与足踝部位充分贴合，注意踝关节内外翻角度的控制，如足部有畸形者应注意足部的塑形，确保对畸形的矫正，待板材固化变硬。

（3）后期加工：修剪边缘并处理圆滑。检查矫形器与患肢的贴合程度，必要时再进行局部的重新塑形或修改。给患者穿上矫形器后，在小腿部、踝背处、足背处做好标记，取下矫形器后在标记处分别安装上尼龙搭扣。低温热塑板材踝足过渡折叠处可用子母铆钉铆接，在矫形器内、外踝处贴上免压垫，再次检查矫形器对肢体有无过度的压迫（图10-1-2B）。

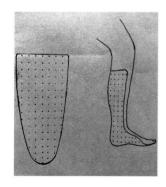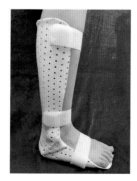

图 10-1-2A　纸样　　图 10-1-2B　后置式踝
　　　　　　　　　　　　　　足矫形器

6. 临床适应证

（1）踝部和足部轻度骨折

1）特征：①踝部骨折一般有明确的外伤史，伤后局部肿胀、疼痛，无法站立。闭合性骨折后，有移位者多采用切开复位内固定术；无移位者可采用闭合复位外固定术，多采用 U 形石膏或踝足矫形器固定 4～6 周。在骨折的恢复过程中，可以选用不同类型的踝足矫形器。在骨折早期可以装配后置式踝足矫形器。②足的结构复杂，由 26 块骨骼组成，又附着了许多肌肉和韧带。足要满足人行走、跑跳等活动，还可以调节和适应不规则路面，因此足部骨折后处理需重视。常见的足部骨折包括距骨骨折、跟骨骨折、跖骨骨折和趾骨骨折。足部的无移位轻微骨折，可以装配后置式踝足矫形器。

2）矫形器的特殊要求：将踝关节固定在中立位，限制跟骨的内外翻。矫形器的上端超过小腿的中线，足部到足趾末端。

3）适配检查要点：踝关节保持中立位，限制内外翻运动。防止压迫内外踝和足部骨突部位。

4）容易出现的问题：踝关节固定体位为非中立位，内外踝和足部骨突部位压力过大。

5）穿戴方法：一般情况下，需每天穿戴 24 h，穿戴 4～8 周。

6）替代方法：成品静态型踝足矫形器、成品固定靴。

（2）足下垂

1）特征：各种疾病原因，如腓总神经损伤、脑卒中后遗症、足踝骨折术后、长期卧床患者等，长时间足下垂，可引起跟腱挛缩。跟腱挛缩会影响踝关节的功能，造成行走困难。因此，患者卧床期间装配后置式踝足矫形器，预防跟腱挛缩尤为重要。

2）矫形器的特殊要求：将踝关节固定在中立位，限制跟骨的内外翻。软瘫患者矫形器的上端超过小腿的中线，足部到足趾末端。痉挛和挛缩者矫形器上端应达腓骨头颈下方 2～3 cm 水平，并避免压迫腓骨。

3）适配检查要点：踝关节保持中立位，限制内外翻运动。防止压迫内外踝和足部骨突部位。

4）容易出现的问题：踝关节固定体位为非中立位，足跟、内外踝和足部骨突部位压力过大，形成压疮。

5）穿戴方法：一般情况下长期卧床时穿戴，每天间歇性地取下矫形器数次，足踝关节做一些主、被动活动。

6）替代方法：成品静态型踝足矫形器、成品固定靴。

（3）踝关节前方及足背部瘢痕挛缩、跟腱损伤术后早期等

1）特征：踝关节前方及足背瘢痕挛缩常导致踝关节跖屈困难或过度背屈畸形，如瘢痕波及跖趾关节背面，常出现仰趾畸形，必须穿戴踝关节跖屈位踝足矫形器早期预防和及时矫正。跟腱损伤后，早期必须使踝关节处于跖屈位，降低跟腱损伤处的张力，使其尽快愈合。

2）矫形器的特殊要求：使踝关节呈跖屈位，根据瘢痕挛缩程度，尽可能最大程度牵伸。跟腱损伤术后，应使跟腱处于松弛状态，以利于愈合。随着康复进程的需要，对跖屈角度进行调整。

3）适配检查要点：踝关节保持跖屈位，限制内外翻运动。

4）容易出现的问题：足跟、内外踝和足部骨突部位压力过大，形成压疮。

5）穿戴方法：预防瘢痕挛缩时，尽可能长时间穿戴，每天穿戴数小时后脱下休息，足踝关节做一些主、被动活动。跟腱损伤术后，一般穿戴 4 周左右。

6）替代方法：无。

三、前置式踝足矫形器

1. 常用名称　前置式踝足矫形器又称前片式踝足矫形器。

2. 治疗作用

（1）基本作用：将踝关节固定于功能位，固定、保护踝关节，限制踝关节的内外翻运动。

（2）附加作用：无。

3. 作用原理　通过三点力作用限制踝关节的屈伸，将跟骨固定于中立位，限制内外翻运动，使损伤部位得以制动，直至愈合。

4. 材料　厚度为 3.2 mm 的带孔低温热塑板材、袜套、尼龙搭扣、带背胶软垫。

5. 制作方法

（1）取样：患者取坐位或平躺位，充分暴露患侧足踝。测量小腿肚、踝关节、足背围长，小腿肚至足趾末端长度，画出矫形器纸样轮廓图（图 10-1-3-

A），裁剪出所需的低温热塑板材。

（2）成型：软化材料后，将足部穿入板材预留孔至足中部，使踝关节置于功能位，板材在内外踝处返折后，服帖于足背内外侧，再服帖好小腿前侧板材，注意踝关节内外翻角度的控制，待板材固化变硬。

（3）后期加工：修剪边缘并处理圆滑，检查矫形器与患肢的贴合程度，必要时再进行局部的重新塑形或修改。在小腿部近端、踝关节上方分别安装尼龙搭扣。在矫形器内外踝处贴上用带背肢软垫制作的免压垫（图 10-1-3B）。

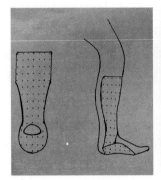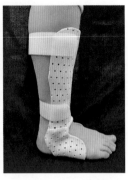

图 10-1-3A　纸样　　图 10-1-3B　前置式踝足矫形器

6. 临床适应证　不能采用后置式踝足矫形器的足下垂。

（1）特征：各种疾病原因，如腓总神经损伤、脑卒中后遗症、足踝骨折术后、长期卧床患者等，而不能采用后置式踝足矫形器时，如避免脑卒中患者对足底部刺激引起的痉挛、小腿后部及足跟部有伤口、足底部需要触觉刺激者。

（2）矫形器的特殊要求：将踝关节固定在中立位，限制跟骨的内外翻。矫形器的上端超过小腿的中部，足部到足趾末端。

（3）适配检查要点：踝关节保持中立位，限制内外翻运动。防止压迫内外踝和足部骨突部位。

（4）容易出现的问题：踝关节固定体位为非中立位，内外踝和足部骨突部位压力过大，形成压疮。前置式踝足矫形器可以有效控制踝跖屈，且允许某种程度的踝背屈，更有利于步行，但踝部耐挠折性较差，强度也弱于后置式踝足矫形器，容易断裂，对骨折的固定也不太牢固。

（5）穿戴方法：一般情况下长期卧床时穿戴，每天间歇性地脱下休息数次，足踝关节做一些主、被动活动。

（6）替代方法：无。

第二节
踝足动态矫形器

一、踝关节动态矫形器

1. 常用名称　又称为踝关节活动型矫形器、铰链式踝足矫形器（hinged ankle foot orthoses）。

2. 治疗作用

（1）基本作用：允许踝关节屈伸运动，限制踝关节内外翻运动。

（2）附加作用：无。

3. 作用原理　通过对软组织的液压制动，保护损伤部位，允许踝关节屈伸运动，将跟骨固定于中立位，限制内外翻运动，促进踝关节损伤后尽早恢复功能。

4. 材料　厚度为3.2 mm的带孔低温热塑板材、袜套、尼龙搭扣、带背胶软垫、铆钉。

5. 制作方法

（1）取样：同后置式踝足矫形器（图10-2-1A）。

（2）成型：同后置式踝足矫形器。

（3）后期加工：在踝关节上方剪成小腿托和足托两部分，修剪边缘并处理圆滑。用聚乙烯条制作成简易踝铰链，确定好踝关节机械转动轴位置，用子母铆钉铆接小腿托和足托两部分。在小腿近端、踝关节上方、足背处安装上尼龙搭扣（图10-2-1B）。

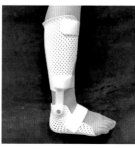

图10-2-1A　纸样　　**图10-2-1B　铰链式踝足矫形器**

6. 临床适应证　胫骨和腓骨骨折。

（1）特征：胫骨和腓骨骨折是临床常见的骨折，占人体骨折的10%，一般有明确的外伤史，伤后局部肿胀、疼痛，功能障碍，不能站立，局部有压痛、畸形。目前闭合性胫骨和腓骨骨折后，多采用切开复位内固定术。采用闭合复位外固定术时，复位后以长腿石膏管状或铰链式踝足矫形器固定维持复位，防止短缩及旋转。

（2）矫形器的特殊要求：矫形器上端起于小腿中上1/3，下端超过跖趾关节，对胫骨和腓骨骨折部位起固定、保护作用，使踝关节保持功能位，保证正确的骨折部位对位，防止旋转。

（3）适配检查要点：踝关节保持功能位，保证正确的骨折部位对位，防止旋转。

（4）容易出现的问题：骨突部位压力过大，如胫骨嵴、腓骨小头等，足部和小腿有旋转。

（5）穿戴方法：每天穿戴24 h，持续4～6周。

（6）替代方法：成品动态型踝足矫形器。

二、踝关节渐进型矫形器

1. 常用名称　牵引式踝足矫形器。

2. 治疗作用

（1）主要作用：小腿后置低温热塑板材托和足底托通过踝关节连接在一起，在合适位置安装牵引带或牵引杆，对踝关节进行背伸牵引，预防或矫正踝关节跖屈畸形。

（2）附加作用：无。

3. 作用原理　利用牵引带或牵引杆循序渐进地牵引踝关节，使其背伸，预防或矫正踝关节跖屈畸形，恢复踝关节的功能。

4. 材料　低温热塑板材、尼龙搭扣、牵引带或牵引杆、铆钉。

5. 制作方法

（1）取样：同后置式踝足矫形器（图10-2-2A）。

（2）成型：同后置式踝足矫形器。

（3）后期加工：在踝关节活动型矫形器的基础上，在合适位置安装牵引带或牵引杆（图10-2-2B）。

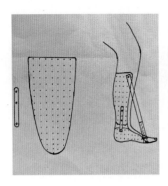

图 10-2-2A　纸样

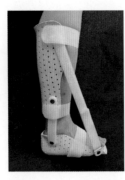

图 10-2-2B　牵引式踝
足矫形器

6. 临床适应证　跟腱挛缩。

（1）特征：跟腱挛缩的原因有多种，如长期卧床、踝关节损伤后不当的固定体位、足踝部烧伤烫伤后的瘢痕挛缩、跟腱断裂手术后没有及时康复治疗等。跟腱挛缩会使患者下地行走时足跟不能着地，踝关节背屈受限。严重的跟腱挛缩治疗很困难，大多需要手术松解，所以应从早期开始预防挛缩形成。

（2）矫形器的特殊要求：小腿后置低温热塑板材托上端包敷小腿的位置尽可能高，足底托到足趾末端，牵引的力臂要足够长，牵引踝关节背伸作用才明显。牵引带或牵引杆固定要牢靠，矫形器板材要保证有足够的强度。

（3）适配检查要点：考虑到牵引时，尼龙搭扣带受力较大，一般用子母铆钉铆接尼龙搭扣和低温热塑板材。牵引带或牵引杆安装牢固，位置合适，牵引力大小合适。

（4）容易出现的问题：骨突部位压力过大，如腓骨小头、内外踝突部位等，固定的尼龙搭扣对肢体压力过大。

（5）穿戴方法：进行康复治疗时可脱下矫形器，其余时间尽可能穿戴。患者要根据自身的个体情况合理安排穿戴的时间和次数，在治疗师的指导下调节牵引的强度，原则是要循序渐进地牵引，配合康复治疗，最大限度地维持踝关节的屈伸功能。

（6）替代方法：无。

（赵　勇）

第十一章

足部矫形器

足部矫形器主要包括足部低温热塑矫形器、矫形鞋垫和矫形鞋。足部低温热塑矫形器主要用于足部骨折的固定和足趾畸形的矫正等,如第5跖骨头骨折、趾骨骨折、踇趾外翻、锤状趾等的固定和矫正。矫形鞋垫主要用于扁平足、高弓足、足底疼痛、糖尿病足、长短腿、内外八字步态等下肢生物力学异常者。矫形鞋主要是成品鞋或半定制鞋,常用于儿童患者,如比较严重的外翻足、马蹄内翻足后期的矫正等,还有用于足部某个部位免荷的矫形鞋,如踇趾外翻术后、糖尿病足等。

第一节

足部低温热塑矫形器

足部低温热塑矫形器主要用于足部骨折,如跖骨骨折和趾骨骨折等的固定,以及踇趾外翻、仰趾畸形、锤状趾畸形等的矫正等。

一、外侧跖骨固定型矫形器

1. 常用名称　足外侧 U 形矫形器。

2. 治疗作用　固定骨折部位,促进骨折愈合,减轻疼痛。

3. 作用原理　通过板材对足背、外侧和足底3面的包裹和固定带的作用,固定相关部位,以促进组织愈合。

4. 材料　厚度为 2.4 mm 或 3.2 mm 的低温热塑板材,魔术贴。

5. 制作方法

(1)取样:测量尺寸,卷尺从足背第 2 跖骨开始一直绕过第 5 跖骨头到足底,直到足底第 2 跖骨

内侧为宽度,外侧跟骨边缘至第 5 跖趾关节为长度,取一个长方形形状。或按图 11-1-1A 画出纸样,并照着纸样剪出板材,加热软化。

(2)成型:协助患者取坐位或仰卧位,必要时给患足穿上袜套;把软化的板材包裹在足外侧、足背及足底部,用弹力绷带轻轻缠绕,并抚按板材使之服帖直至板材冷却硬化。

(3)后期加工:把板材限制跖趾关节和踝关节活动的部分剪掉,边缘处理光滑,安装好魔术贴(图11-1-1B、C)。

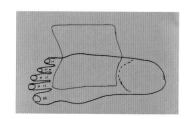

图 11-1-1A　纸样

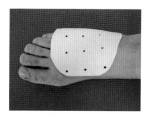 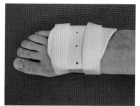

图 11-1-1B　定型　　图 11-1-1C　外侧跖骨
　　　　　　　　　　　　　固定型矫形器

6. 临床适应证　稳定的第 3～5 跖骨干和跖骨基底部骨折。

(1)特征:第3、第4跖骨干和跖骨底骨折因两侧有其他跖骨支撑和足内肌支撑,跖骨底相互间有韧带连接,故复位后相对稳定,特别是单发的跖骨干骨折可以用石膏或矫形器加以外固定。如骨折移位、多发骨折和第 5 跖骨干和底部 B、C 区骨折

者一般需行内固定,术后同样需要用矫形器进行外固定。

(2)矫形器的特殊要求:服帖、足底要塑出足弓形状,充分支撑足弓。

(3)适配检查要求:固定要牢固,不限制踝关节和跖趾关节活动。

(4)容易出现的问题:外踝前方局部受压,矫形器影响跖趾关节活动。

(5)穿戴方法:每天穿戴24 h,固定3~4周,中间跖骨的单个跖骨干骨折或内固定牢固者第4周开始可以行走,多发性骨折保守治疗或内固定不够牢固者第6周开始行走。

(6)替代方法:筒状足部固定型矫形器,固定会更牢固(如下文图11-1-2C)。

二、筒状足部固定型矫形器

1. 常用名称 无。

2. 治疗作用

(1)基本作用:对跗骨和跖骨及其相关韧带进行固定保护,促进愈合。

(2)附加作用:无。

3. 作用原理 制动以促进愈合。

4. 材料 厚度为2.4 mm的低温热塑板材、魔术贴。

5. 制作方法

(1)取样:按图11-1-2A画出纸样,并按纸样裁剪板材,加热软化。

(2)成型:足底片后缘略微包裹足跟,前缘不超过跖骨头,两侧翼包裹到足背,并适当拉紧、重叠。待其冷却。

(3)后期加工:修整边缘,安装魔术贴,如图11-1-2B、C。

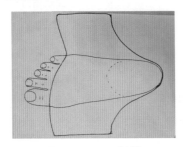

图 11-1-2A 纸样

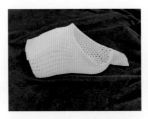
图 11-1-2B 成型时足跟后面板材捏紧贴合

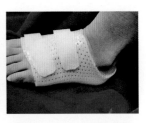
图 11-1-2C 筒状足部固定型矫形器

6. 临床适应证

(1)第1~5跖骨底及跖骨干骨折

1)特征:跖骨底和跖骨干骨折多为直接暴力所致,第1跖骨最粗壮,骨折发生率相对较低,第5跖骨位于足的最外侧,是外侧纵弓和足横弓的重要组成部分,对足部应力传导、负重缓冲和维持平衡起着至关重要的作用。第5跖骨骨折是足部发生率最高的骨折,且80%发生在基底部。跖腱膜外侧束附着于跖骨尖部、第3腓骨肌腱止于跖骨粗隆、腓骨短肌腱止于跖骨干。其发生机制多为足内翻或内收时肌腱或韧带暴力牵拉所致。跖骨尖骨折为跖腱膜外侧束牵拉所致,且未涉及关节面,移位概率小,可行保守治疗;对于骨折线涉及第5跖骨-骰骨关节面或第4、第5跖骨间关节者,移位发生率高、不稳定,建议行内固定,且需固定踝关节于适当外翻位(此文不加论述)。

2)矫形器的特殊要求:第1~4跖骨底和跖骨干骨折及第5跖骨尖骨折者无须固定踝关节,但足底板材边缘应达足跟后部,且外侧缘应接近外踝下方,对第5跖骨进行全范围包裹固定。前端可不超过跖骨头,允许跖趾关节活动。

3)适配检查要点:踝关节活动不受限,局部不受压。

4)容易出现的问题:踝关节前方和跖骨尖处受压、步行时感觉硌脚。

5)穿戴方法:每天穿戴24 h,可适当行走,穿戴4周后复查X线片。

6)替代方法:石膏固定、跟腱靴。

(2)除了距骨和跟骨以外的跗骨骨折

1)特征:包括骰骨、足舟骨和3块楔骨骨折。这些骨对足横弓和足纵弓的结构有重要作用。稳定骨折者可行保守治疗,移位和不稳定性骨折者采用内固定治疗,术后仍需行外固定。

2）矫形器的特殊要求：一般情况下，不需要固定踝关节，只需固定跟骨下后方到跖骨头，使足背和足底形成管状且已达到牢固固定要求。水平横断型和背侧缘骨折块较大的足舟骨骨折内固定后及骰骨的不稳定骨折术后均需要用短筒靴状矫形器，以适当控制踝内外翻。

3）适配检查要点：同上。

4）容易出现的问题：同上。

5）穿戴方法：每天穿戴 24 h，穿戴 3～4 周后复查 X 线片，4 周后可适当负重行走。

三、跖趾关节固定型矫形器

1. 通用名称　跖趾关节静止型矫形器、跖骨固定矫形器、前足固定型矫形器、前足管状矫形器。

2. 治疗作用

（1）基本作用：固定骨折部位，促进骨折愈合，减轻疼痛；牵伸跖趾关节背面挛缩的软组织和瘢痕，改善跖趾关节屈曲角度。

（2）附加作用：矫正锤状趾畸形或足趾侧偏畸形。

3. 作用原理　通过固定，促进跖骨、近节趾骨骨折的愈合，促进跖趾关节侧副韧带损伤的恢复；通过持续牵伸使跖趾关节背面软组织或足趾屈肌腱产生蠕变，减轻组织或瘢痕挛缩。

4. 材料　厚度为 2.4 mm 的低温热塑板材，魔术贴。

5. 制作方法

（1）取样：如图 11-1-3A，画出纸样（以第 5 跖骨头骨折为例），照着纸样剪出板材，加热软化。

（2）成型：协助患者取坐位仰卧，必要时患足套上保护袜套；把软化板材的中间部贴敷于患侧足底，两侧包裹到足背，适当重叠，用绷带轻轻包裹，待其冷却。

（3）后期加工：修整边缘，安装魔术贴（图 11-1-3B、C）。

6. 临床适应证

（1）跖骨颈/头、趾骨骨折、跖趾关节侧副韧带损伤

1）特征：跖骨颈/头骨折和趾骨骨折多为直接暴力造成，跖骨颈/头骨折常为斜形骨折，会重叠移位，引起足横弓塌陷。趾骨骨折也多因直接暴力引

起，多为开放性骨折，并常伤及趾甲。跖趾关节侧副韧带损伤常引起局部疼痛和水肿，影响步行。

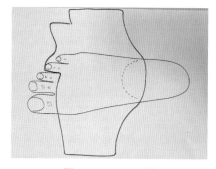

图 11-1-3A　纸样

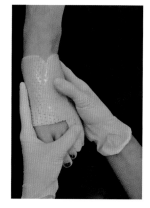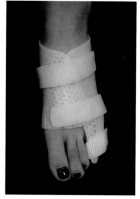

图 11-1-3B　成型　　**图 11-1-3C　跖趾关节固定型矫形器**

2）矫形器的特殊要求：使跖趾关节呈中立位，矫形器足底片后缘只到舟骨后缘，足底片的前端要贴敷足前掌并给跖骨掌面足够的支撑，足底片向前延长到足趾中节末端或远节，最好把邻趾一起固定，也可把全部足趾都托住，但只把受累足趾和邻趾用魔术贴加以固定，其他趾不用魔术贴固定。板材两侧翼覆盖足背，其远侧缘达跖骨头即可。如为近节趾骨骨折，矫形器足趾部分也采用管状设计或半包围的 U 形设计，以增加稳定性。

3）适配检查要点：踝关节背屈不受限，足弓和趾骨掌面受到足够支撑。

4）容易出现的问题：局部受压、足趾部魔术贴摩擦引起趾蹼皮肤损伤。

5）穿戴方法：每天穿戴 24 h，骨折者固定 3～4 周，第 3 或第 4 周末可步行。侧副韧带损伤者可早期下地步行。

6）替代方法：高分子医用绷带固定。

（2）跖趾关节背面瘢痕挛缩、仰趾畸形、锤状

趾畸形、侧偏畸形

1) 特征:足背前部及跖趾关节背面烧伤或创伤后瘢痕挛缩导致跖趾关节过伸、半脱位,甚至脱位;或出现锤状趾和足趾侧偏畸形等。

2) 矫形器的特殊要求:跖趾关节尽可能处理成适度跖屈,趾间关节伸直位,矫正侧偏。如已经出现关节半脱位者尽可能实施复位,如关节完全脱位者一般难以复位。在足底部近节趾骨底突起的部位,矫形器板材应做免荷处理。如用魔术贴固定不牢固,可用长条形的厚度为 2.4 mm 的低温热塑板材对足趾部加以固定。如有锤状趾或侧偏畸形者应单趾固定。其余要求同上。

3) 适配检查要点:固定要牢固,无局部受压。

4) 容易出现的问题:已经发生关节半脱位或脱位者,其近节趾骨基底部向足底突起的部分容易受压,应做免荷处理。

5) 穿戴方法:以夜间穿戴为主,如不影响步行可争取白天也穿戴(配一双大一码的运动鞋)。

6) 替代方法:背侧跖趾关节矫形器(图 11-1-4A~C)。

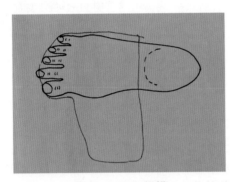

图 11-1-4A 纸样

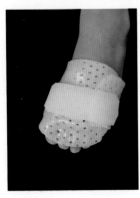

图 11-1-4B 背面观

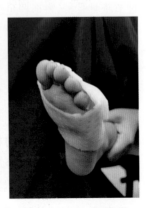

图 11-1-4C 足底观

四、踇趾外翻矫形器

1. 常用名称 踇趾外翻矫形器。

2. 治疗作用 矫正踇趾外翻畸形,防止继续加重,减轻疼痛。

3. 作用原理 利用三点力原理对外翻的踇趾进行矫正。

4. 材料 厚度为 3.2 mm 的低温热塑板材,魔术贴。

5. 制作方法

(1) 取样:测量尺寸,以足舟骨前缘至第 1 趾尖为长度,以足背侧第 1 跖趾关节与第 2 跖趾关节之间至足底第 1 跖趾关节与第 2 跖趾关节之间为宽度,取一个长方形板材。板材加热软化后纵向从中间剪开,直至剩下踇趾长度为止(图 11-1-5A)。

(2) 成型:板材未剪开的踇趾片卡在第 1、第 2 趾之间,板材向足内侧翻转,踇趾片包裹踇趾外侧部,剪开的两侧片覆盖足内侧缘,板材近端的两侧缘翻转后靠拢并粘贴在一起,但露出第 1 跖趾关节。趁热剪掉板材踇趾处多余的部分,把踇趾固定在正确的位置塑形(图 11-1-5B~D)。

(3) 后期加工:冷却后取下板材,修剪边缘,用一小块板材加固粘贴部位。安装好魔术贴(图 11-1-5E、F)。

图 11-1-5A 取样　　图 11-1-5B 确定位置

6. 临床适应证 纠正踇趾外翻。

(1) 特征:踇趾外翻根据程度分为 3 度,轻、中度未造成其他趾的畸形或其他趾畸形不明显,可以只对第 1 跖趾关节进行矫正。

(2) 矫形器的特殊要求:尽量使踇趾与第 1 跖骨成一直线;避免压迫发炎的第 1 跖趾关节内侧。

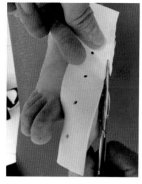
图 11-1-5C　裁剪粘贴部位

图 11-1-5D　塑形

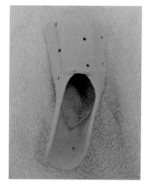
图 11-1-5E　加固粘贴
部位

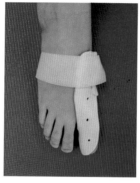
图 11-1-5F　踇趾外翻
矫形器

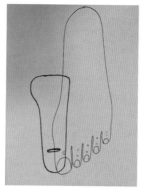
图 11-1-7A　"开瓶器"形
踇趾外翻矫形器纸样

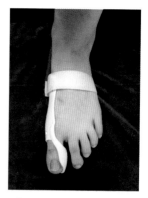
图 11-1-7B　"开瓶器"
形踇趾外翻矫形器

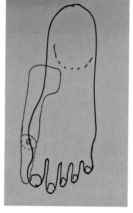
图 11-1-8A　活动型踇趾
外翻矫形器纸样

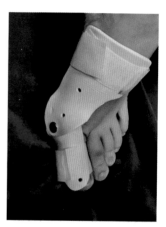
图 11-1-8B　活动型踇趾
外翻矫形器

　　(3) 适配检查要点:踇趾外翻得到有效纠正。

　　(4) 容易出现的问题:局部压迫,或纠正过度造成疼痛。

　　(5) 穿戴方法:夜间和休息时穿戴。白天可配合矫形鞋垫使用。

　　(6) 替代方法:合并第 2 趾锤状趾畸形者可采用分趾的足底托型矫形器(见本书第十二章)、螺旋形踇趾外翻矫形器(图 11-1-6A、B)、"开瓶器"形踇趾外翻矫形器(图 11-1-7A、B)和活动型踇趾外翻矫形器(图 11-1-8A、B)。

五、足趾矫形器

　　1. 常用名称　足趾管状矫形器,足趾固定型矫形器。

　　2. 治疗作用　固定足趾,促进趾骨骨折愈合和趾间关节侧副韧带等软组织愈合。

　　3. 作用原理　固定,促进组织愈合。

　　4. 材料　厚度为 2.4 mm 的低温热塑板材、魔术贴。

　　5. 制作方法

　　(1) 取样:测量足趾长度和周长,取一长方形板材,加热软化。

　　(2) 定型:将软化的板材裹住患趾 1 周,并维持患趾伸直姿势,直到冷却。

　　(3) 后期加工:取下冷却的板材,修剪边缘,为了方便穿戴,从趾背纵向剪开矫形器,用魔术贴固定(图 11-1-9A、B)。

图 11-1-6A　螺旋形踇趾
外翻矫形器纸样

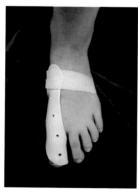
图 11-1-6B　螺旋形踇趾
外翻矫形器

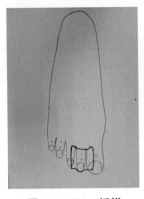

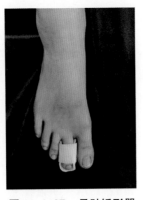

图 11-1-9A　纸样　　　　图 11-1-9B　足趾矫形器

6. 临床适应证　稳定的中节趾骨或远节趾骨骨折、趾间关节扭伤等。

（1）特征：不完全的骨折和稳定的趾骨骨折，可以只固定足趾，特别是对于负重要求不高的第4、第5趾。趾间关节软组织扭伤后可发生韧带和关节囊拉伤等，出现水肿和疼痛，应制动以促进组织愈合。

（2）矫形器的特殊要求：无。

（3）适配检查要点：无局部皮肤受压和摩擦。

（4）容易出现的问题：皮肤磨损。

（5）穿戴方法：24 h持续穿戴3周，可步行。

第二节

矫形鞋垫

矫形鞋垫根据制作方法大概分为4种：石膏塑模矫形鞋垫、热塑形矫形鞋垫、3D扫描矫形鞋垫和大数据模块化矫形鞋垫。

一、石膏塑模矫形鞋垫

1. 常用名称　高温热塑板材矫形鞋垫，也称为石膏塑模矫形鞋垫。

2. 治疗作用

（1）基本作用：支撑足弓，分散足底压力，稳定足跟。

（2）附加作用：调节下肢和骨盆力线，进而调节身体姿势、缓解因下肢力学原因引起的疼痛。

3. 作用原理　通过鞋垫对足弓的全接触

支撑，并通过鞋垫内外侧的倾斜度调节踝关节处于中立位，通过足前部不同部位海绵垫的厚度矫正前足的内外翻，借助鞋底和地面的反作用力调节足、踝的姿势，进而调节整个下肢和骨盆的姿势。

4. 材料　石膏绷带，石膏粉，聚丙烯高温板材，乙烯-乙酸乙烯酯共聚物（EVA）表层材料。

5. 制作方法

（1）石膏绷带取阴模：患者取俯卧位，足部超出床尾。取长约足底周长再加5 cm的石膏绷带3~4条并重叠在一起，在绷带中间剪开绷带宽度的2/3，完全浸水后迅速拿出，拧干至不滴水，完全打开绷带，把绷带中间切口处顺着足跟中线放置，切口朝足底，切口的底部刚好位于足跟底部，然后把绷带切口两侧的绷带敷在足底，并叠加，足内外侧留适当高度的绷带，包裹足趾，完全抹平、抹光滑，控制距下关节在中立位，直至石膏固化，然后取出石膏阴模（图11-2-1A~C），阴模也可以使用泡沫盒获取。

（2）浇灌石膏阴模：石膏粉和水以1∶1混合成石膏浆，均匀地浇注在石膏阴模内，直至浇满（图11-2-1D）。

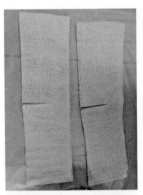

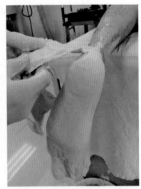

图 11-2-1A　石膏绷带　　图 11-2-1B　缠绕石膏绷带

图 11-2-1C　控制定型　　图 11-2-1D　浇灌阴模

（3）修整石膏阳模：待浇灌完的石膏阴模硬化后，拆掉石膏绷带就可以获得石膏阳模。在石膏阳模上可以通过修整或者添加石膏浆来增加或者降低足弓高度，调整前足内外翻角度等（图11-2-1E）。

（4）高温热塑负压成型：把聚丙烯板材放在200℃左右的高温烤箱中软化，放置在真空盘内穿好袜套的石膏阳模上，使板材全部封口不能漏气，打开抽真空机把板材内空气抽走形成负压状态，确保板材和模型贴合，冷却即成型（图11-2-1F）。

（5）切割打磨成品：切割出所需部分打磨光滑，再粘贴表层材料和足跟稳定垫，最后再打磨光滑即制作完毕（图11-2-1G～I）。

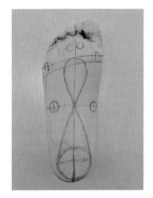 

图11-2-1E　修整阳模　　图11-2-1F　负压成型

图11-2-1G　粘贴　　　　图11-2-1H　打磨

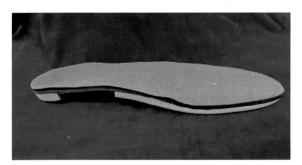

图11-2-1I　成品

6.临床适应证

（1）扁平足

1）特征：可分为先天性和后天性，大部分儿童及青少年平足是先天性的；也可分为姿势性或可复原性扁平足和低足弓。成人平足可以是儿童平足的延续，也可能是其他原因继发引起，导致足弓塌陷造成的。有症状的成年人继发性扁平足称为成人获得性平足症。引起继发性足弓塌陷的原因有很多，如关节退行性改变、创伤、糖尿病、类风湿关节炎等，常有跟骨外翻、久站或长距离步行易感疲劳或小腿和足部疼痛等症状。根据程度可分为轻、中、重度，轻度者足弓降低或只在负重时足纵弓降低，中度者足纵弓消失，重度者足纵弓消失并有足内侧缘凸起。

2）矫形鞋垫的特殊要求：鞋垫足弓的高度要合适，如果前足有内翻要在前足内侧加垫片。

3）适配检查要点：双足站立在鞋垫上，跟骨要呈中立位，放进鞋子里面，穿上步行时不产生局部压迫和挤压感。

4）容易出现的问题：鞋垫的足弓高度处理不当，太高或太低。

5）穿戴方法：最好配宽松的运动鞋，去掉鞋子原配的鞋垫，放上矫形鞋垫，步行时穿戴。

（2）高弓足

1）特征：高弓足的比例相对扁平足是比较低的，主要分为先天性和后天性。常伴有足跟和前足过度受力导致的疼痛、老茧等问题，严重者足跟内翻，足弓刚性太强缓冲差，足部外侧疼痛。

2）矫形鞋垫的特殊要求：鞋垫足弓不能太高，如果前足有外翻要在前足外侧加垫片。

3）适配检查要点：双足站立在鞋垫上，跟骨要呈中立位，放进鞋子里面，穿上步行时不产生局部压迫和挤压感。

4）容易出现的问题：鞋垫的足弓高度太高，前足外翻垫片高度不够。

5）穿戴方法：最好配宽松的运动鞋，去掉鞋子原配的鞋垫，放上矫形鞋垫，步行时穿戴。

（3）内外八字步态

1）特征：内八字步态一般以少年儿童较多，主要是因为胫骨扭转角度变小或者髋关节外旋角度不足,多数因习惯性跪坐、W形坐和趴睡等不良姿势造成。

2)矫形鞋垫的特殊要求:内八字步态者矫形鞋垫的前部应切掉一部分,其切线内侧在第1跖趾关节后缘处,外侧在第5远端趾骨处(外前斜向内后)。此边缘线称为"滚动边",步行时人体会不自觉地将足部调整到滚动边垂直于步行方向的角度,由外前斜向内后的滚动边有助于调整步行时的足部姿势,使足部朝向前方。外八字步态矫形鞋垫的滚动边设计和内八字步态正好相反,滚动边内侧在第5远端趾骨处,外侧在第5跖趾关节处,分别如图11-2-1J、K。

图11-2-1J　外八字步态矫　图11-2-1K　内八字步态矫
形鞋垫滚动边处理(右)　　形鞋垫滚动边处理(右)

3)适配检查要点:双足站立在鞋垫上,跟骨要呈中立位,放进鞋子里面,穿上步行时不产生局部压迫和挤压感。

4)容易出现的问题:鞋垫的足弓高度太高或太低,滚动边设计不合理。

5)穿戴方法:最好配宽松的运动鞋,去掉鞋子原配的鞋垫,放上矫形鞋垫,步行时穿戴。

(4)双腿不等长

1)特征:双腿不等长导致骨盆向短侧倾斜,继而导致脊柱侧弯、高低肩等不良体态和姿势异常,也可导致足部疼痛、膝关节疼痛、腰痛等。很多轻度(1cm以下)长短腿原因不明。神经、骨骼以及肌肉系统的疾病也会导致长短腿。

2)矫形鞋垫的特殊要求:在短腿侧的鞋垫后跟贴上一层一定厚度的泡沫垫,这层泡沫垫的厚度称为"补高",一般情况下补高应略低于双腿的高度差。1cm以下的长度差补高一般要求为长度差的1/2,长度差超过1cm的补高约为长度差的2/3,补高的高度也应根据实际情况确定。如果补高超过2cm,鞋内空间有限,可以在鞋垫和鞋外底同时

补高。

3)适配检查要点:双足站立在鞋垫上,骨盆应接近呈水平位,跟骨应呈中立位,放进鞋子里面,穿上步行时不产生局部压迫和挤压感。

4)容易出现的问题:补高高度不合适,太高患者不适应,太低则骨盆倾斜得不到矫正。

5)穿戴方法:最好配宽松的运动鞋,鞋后帮要求加高加硬的,去掉鞋子原配的鞋垫,放上矫形鞋垫(图11-2-1L),步行时穿戴。

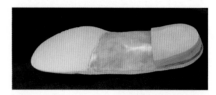

图11-2-1L　加高的鞋垫

石膏塑模矫形鞋垫适用于各种足部疾病,应用十分广泛,也是最传统的制作方法。要求患者每天穿鞋即穿戴,负重时才产生作用,由于聚丙烯板材鞋垫较硬,不适应的患者第1个月可以隔天穿戴,或每天穿戴几个小时,避免剧烈运动,逐渐增加穿戴时间,逐渐恢复运动量,直至完全适应。

二、热塑形矫形鞋垫

1. 常用名称　热塑形矫形鞋垫,也称为半成品热塑形矫形鞋垫。

2. 治疗作用　支撑足弓,分散足底压力,稳定足跟。

3. 作用原理　控制足部在中立位,把足弓的高度设计成足部中立位时足弓的高度,足跟的内外翻角度设计成足跟中立位的角度,防止足部内翻或者外翻。

4. 材料　热塑形矫形鞋垫的材料为热塑性聚氨酯弹性体(TPU)或乙烯-乙酸乙烯酯共聚物(EVA)制成的半成品鞋垫毛坯及相关配件。按鞋码不同,配有不同大小的TPU鞋垫毛坯,未成型的TPU鞋垫毛坯是平面的,没有足弓形状,用烤箱、平板加热器或特配的加热器加热软化后可以任意塑形(图11-2-2A)。EVA鞋垫毛坯已有基本足弓形状,加热软化后在压力下产生压缩或形变,可塑性较强(图11-2-2B)。

5. 制作方法

（1）TPU鞋垫加工方法

1）评估：检测足弓情况、足跟内外翻以及踇趾外翻情况等（图11-2-2C）。

图 11-2-2A　TPU 材料鞋垫毛坯　　**图 11-2-2B　EVA 材料鞋垫毛坯**

2）选择鞋垫毛坯：高弓足、正常足弓以及体重较轻者应选择薄款，轻度扁平足与体重较重者应选择厚款。

3）塑形：鞋垫毛坯放进加热器加热至鞋垫软化；把软化后鞋垫放置在定型软垫上，然后让患者脚踩到鞋垫上，治疗师固定患者踝关节在中立位1～2 min。待鞋垫冷却后取出鞋垫，再做另一只鞋垫（图11-2-2D、E）。

4）后期加工：做完后根据患者运动鞋鞋垫长度裁剪好矫形鞋垫，制作完成，如需要加强强度，可以粘贴加强 U 形垫片（图11-2-2F）。如果足底有明确的痛点，塑形前可以在痛点处用双面胶加3 mm 厚的圆垫泡沫垫，以便塑形时在痛点形成凹陷，达到痛点减压的效果（图11-2-2G）。

图 11-2-2C　检测　　　　**图 11-2-2D　加热**

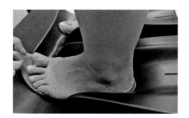

图 11-2-2E　定型

图 11-2-2F　U 形垫片　　**图 11-2-2G　痛点加小圆垫**

（2）EVA 鞋垫加工方法

1）评估：测量双腿腿长，检查是否存在长短腿；测量胫骨扭转、足跟外翻角度、前足内外翻角度等（图11-2-2H）。

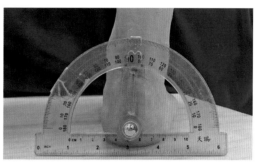

图 11-2-2H　测量

2）调整鞋垫：选择合适尺码的鞋垫毛坯，根据足部测量的角度和患者的症状，在鞋垫上添加相应的垫片或者裁剪打磨相应的位置，比如，长短腿在短侧足鞋垫后跟补高，前足内翻在前足内侧加垫片等（图11-2-2I～L）。

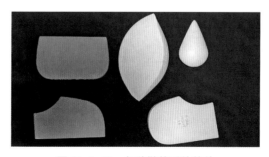

图 11-2-2I　各种鞋垫附件垫片

3）成型：根据鞋子里原鞋垫长度裁剪好矫形鞋垫，把一只矫形鞋垫先放入鞋内，患者穿好袜子后穿鞋。用热风枪加热另一只矫形鞋垫至软化，并迅速放入鞋内，患者穿好袜子迅速穿好鞋并自然站立,治疗师用手帮助患者控制好距下关节,使其在中立位,维持固定1～2 min。然后,用同样的方法定型第一次放入鞋里的鞋垫,两只都塑形完毕即制作完成(图11-2-2M)。

图11-2-2J　裁剪

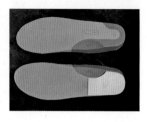

图11-2-2K　添加附件

图11-2-2L　打磨

图11-2-2M　定型

6. 临床适应证

(1) TPU鞋垫适应证:TPU鞋垫强度偏弱,但舒适度较好,主要用于轻度扁平足、高弓足、足底疼痛、运动员等。

(2) EVA鞋垫适应证:EVA鞋垫是由EVA材料堆积而成,支撑性好,可塑性也较强。EVA鞋垫有不同密度,密度越高,强度越高,可根据不同负重要求选择不同密度的鞋垫毛坯进行再加工。适用于大部分足部问题患者鞋垫的定制,应用十分广泛。

评估测量　　　调整鞋垫毛坯及添加附件　　鞋垫定型及试穿

EVA热塑型鞋垫的制作视频

三、3D扫描矫形鞋垫

1. 通用名称　3D扫描矫形鞋垫,也称为数字化定制矫形鞋垫。

2. 治疗作用　支撑足弓,分散足底压力,稳定足跟。

3. 作用原理　足部在中立位,把足弓的高度设计成足部中立位时足弓的高度,足跟的内外翻角度设计成足跟中立位的角度,防止足部内翻或者外翻。

4. 材料　EVA鞋垫毛坯,鞋垫表层材料。也可以用3D扫描足部模型,通过修模软件调整模型后雕刻出石膏阳模(图11-2-3A～C),再制作高温板材矫形鞋垫,制作方法见石膏塑模矫形鞋垫相关内容。

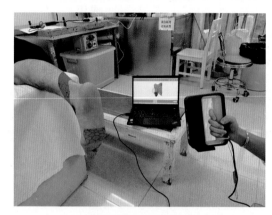

图11-2-3A　3D扫描

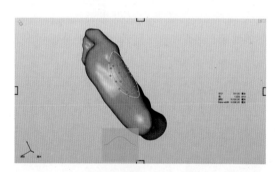

图11-2-3B　软件修模

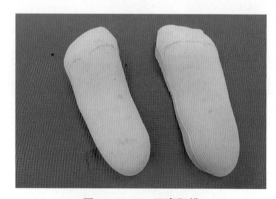

图11-2-3C　石膏阳模

5. 制作方法

(1) 足部扫描:根据患者足的情况选择站立位

或者坐位,把足摆放在扫描设备上并放在中立位,然后用3D扫描仪进行扫描并检测足底压力,保存数据(图11-2-3D)。

(2)数据处理:在数据修模软件上把扫描的数据进行处理,如糖尿病足患者在足底压力高的位置做减压处理,扁平足患者在足弓处做加高足弓处理(图11-2-3E)。

(3)雕刻或打印:根据调整后的数据和所需鞋垫的密度,把EVA鞋垫毛坯在雕刻机里雕刻成已设计鞋垫的形状(图11-2-3F),或用3D打印机直接打印鞋垫(图11-2-3G)。但目前3D打印鞋垫材料可塑性较差,性能还有所欠缺,还没有大范围临床应用,随着新材料新技术不断发展,3D打印鞋垫是未来发展的方向。

图11-2-3D 扫描

图11-2-3E 调整数据

图11-2-3F 雕刻

图11-2-3G 3D打印鞋垫

(4)后期加工:打磨掉鞋垫多余的部分并打磨光滑,然后粘贴好表层材料,再把边缘打磨光滑,制作完成(图11-2-3H)。

6. 临床适应证 3D扫描矫形鞋垫的材料一般都是EVA,有不同的密度,应用也十分广泛,很多足部问题的患者都适用,缺点是易变形,材料的稳定性比较差。最适用的是糖尿病足患者,可以选择密度较低的鞋垫,能精准设计高压力点的免荷。

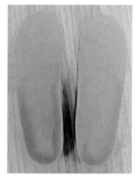
图11-2-3H 成品

四、大数据模块化矫形鞋垫

1. 通用名称 大数据模块化矫形鞋垫,也称为大数据匹配化矫形鞋垫。

2. 治疗作用 支撑足弓,分散足底压力,稳定足跟。

3. 作用原理 利用大数据或现有的模块,把足部匹配在中立位,把足弓匹配到中立位时足弓的高度,把足跟的内外翻角度匹配到足跟中立位的角度,防止足部内翻或者外翻。

4. 材料 高温热塑板材、EVA、TPU等。

5. 制作方法

(1)足部检测:3D扫描仪扫描足部模型,检测足底压力,获取足弓数据、足跟内外翻数据以及踇趾外翻数据、体重、鞋码等(图11-2-4A)。

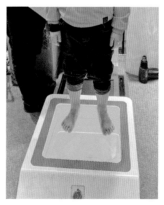
图11-2-4A 足部检测

图11-2-4B 现成的足部模块

(2)数据匹配:根据获取的各项数据,由计算机大数据直接匹配到与数据最相近的现成矫形鞋垫。或者根据各项数据,由计算机自动匹配现有的、各种规格的足部阳模模块(图11-2-4B)。

（3）高温热塑负压成型：根据选定好的阳模模块，选择适合强度的材料负压成型，冷却即制作完毕（图11-2-4C、D）。

图11-2-4C　负压成型

图11-2-4D　成品

6. 临床适应证　大数据模块化矫形鞋垫适用于扁平足、高弓足、内外八字步态等患者的鞋垫匹配定制，制作成本比完全定制鞋垫低，但不适用于如糖尿病足、畸形足等患者，有些对矫形鞋垫要求比较高的患者也不适合，需要完全定制。

第三节
矫形鞋

矫形鞋一般不需要定做，可以直接按照脚的码数大小进行适配。常见的有儿童矫形鞋、糖尿病足鞋和足部骨科矫形鞋。

一、儿童矫形鞋

1. 设计特点　儿童矫形鞋主要设计特点是鞋帮高，一般超过踝关节，鞋后帮加硬，鞋垫加硬，鞋内一般配有带足弓的矫形鞋垫，有凉鞋和运动鞋（图11-3-1A、B）。

图11-3-1A　儿童矫形　　图11-3-1B　儿童矫形
　　凉鞋　　　　　　　　　　运动鞋

2. 适应证　主要用于足外翻较严重者，足部轻度下垂者等。

二、糖尿病足鞋

1. 设计特点　糖尿病足鞋主要设计特点是鞋内空间大，鞋内光滑柔软，透气吸汗，鞋底防滑，有皮鞋和运动鞋（图11-3-2A、B）。

图11-3-2A　糖尿病足　　图11-3-2B　糖尿病足
　　皮鞋　　　　　　　　　　运动鞋

2. 适应证　主要用于糖尿病足患者。

三、足部骨科矫形鞋

1. 设计特点　足部骨科矫形鞋的主要设计特点是在骨折或者骨骼术后部位处去掉部分鞋底达到减压免荷的功能，如跨趾外翻术后去掉鞋底前足部分等（图11-3-3）。

图11-3-3　前足免荷矫形鞋

2. 适应证　主要用于足部骨折或足部术后的减压免荷。

（加国庆　陈坤利）

前面几章介绍了矫形器常规设计与制作方法及临床应用原则。然而,在临床实践中,患者临床表现有很大的差异性,因此,治疗师在临床实践中个体化地根据患者的特殊表现和个体需求进行针对性处理显得非常重要。这不但有赖于临床经验,更需要敏锐的临床观察能力、辨证的临床分析能力和果断的临床决策能力。临床工作者病例处理经验的相互交流对提升这些能力非常有帮助。下面介绍一些典型病例的处理及其临床思路以供参考。必须提到的是,以下病例的处理是笔者个人和团队的临床决策,自成一体,但不一定是最好的解决方案,唯希望其中的临床思路对读者有一定的启发。

一、病例 1 肱骨外科颈骨折 1 周

1. 病例资料 患者,男性,12 岁,1 周前因跌倒致右侧肱骨外科颈骨折,X 线片如图 12-1-1A,在当地医院用软性前臂托悬吊给予制动,为进一步治疗来诊。

2. 目前存在的问题

(1)骨折未愈合、移位。

(2)肩部疼痛。

3. 矫形器治疗临床思路 肱骨颈骨折可以用筒状矫形器对上臂和肩关节进行固定。矫形器上方板材覆盖肩周区域,前方达锁骨中线,后方达肩

胛冈中点,使肩关节各方向活动均受到严格限制,达到固定效果。肘关节允许自由活动。考虑到患者骨折远侧断端发生外侧移位,且已经 1 周,手法复位困难,决定在远侧断端外侧对应的矫形器内侧壁处贴上海绵垫,对远侧断端形成向内侧的挤压力,矫正移位畸形,如图 12-1-1B、C。

4. 最终决策 穿戴跨肩关节上臂筒状矫形器,用斜肩带加以固定。

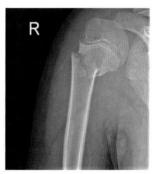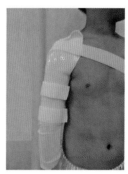

图 12-1-1A 矫形器处理前 X 线片　　图 12-1-1B 跨肩关节上臂筒状矫形器

5. 穿戴方法和时间 持续穿戴,肘、腕和手指可自由活动,仅在清洁手臂时小心取下矫形器。穿戴 1 个月后复查 X 线片(图 12-1-1D)。

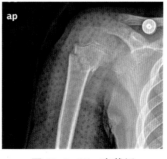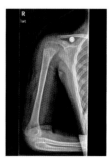

图 12-1-1C 穿戴矫形器后 X 线片　　图 12-1-1D 穿戴 1 个月后 X 线片

二、病例 2　鹰嘴撕脱性骨折

1. 病例资料　患者,女性,41 岁,因跌倒致右侧尺骨鹰嘴骨折,行克氏针＋张力带固定术后 2 天,X 线片如图 12-1-2A。

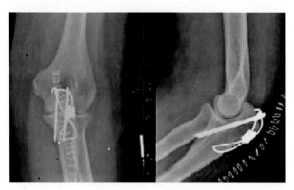

图 12-1-2A　X 线片

2. 目前存在的问题　骨折未愈合、肘部术后轻度水肿。

3. 矫形器治疗临床思路

(1) 对于非移位或移位不明显的鹰嘴撕脱性骨折,可将肘关节固定于屈曲 40°～80°位进行保守治疗。该患者已行手术切开内固定治疗,内固定较为牢固,术后应进行早期活动,以防止长时间固定导致活动受限。

(2) 鹰嘴是肱三头肌腱膜附着的部位,肱三头肌收缩时产生的主动张力和完全屈肘时产生的被动张力可对骨折断端产生分离作用。因此,早期应适当限制屈肘的角度,并用橡皮筋提供伸肘动力,避免肱三头肌用力收缩。

4. 最终决策　应用肘关节伸直动力/屈曲限制型(屈曲 0°～90°)矫形器,如图 12-1-2B、C,使用 2 周后,逐渐增加屈曲角度。

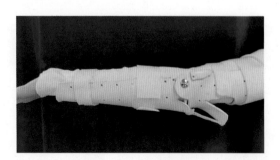

图 12-1-2B　肘关节在橡皮筋的辅助下伸直

5. 穿戴方法　术后第 0～2 周,患者可在 0°～

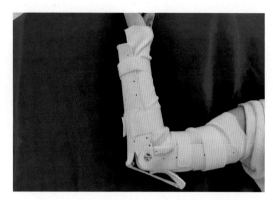

图 12-1-2C　肘关节屈曲 90°时受到限制

90°主动屈肘和助力伸肘,术后第 3 周,肘关节屈曲角度可增加到 110°,第 4 周去掉矫形器,完成肘关节全范围活动。

三、病例 3　右侧 Colles 骨折 18 天

1. 病例资料　患者,女性,78 岁,7 天前摔倒致右前臂 Colles 骨折,在当地医院行石膏外固定,现要求采用矫形器治疗。

2. 目前存在的问题

(1) 骨折未愈合。

(2) 右手主动抓握轻度困难,被动关节活动度(PROM)可。

3. 矫形器治疗临床思路　患者已行整复并行石膏固定 1 周,现查体未发现新的移位,可用管状腕关节屈曲尺偏固定型矫形器进行固定,7～10 天后改为腕中立位。

4. 最终决策　穿戴管状腕关节矫形器(腕屈曲 30°,尺偏 15°),10 天后改为中立位固定,如图 12-1-3A、B。

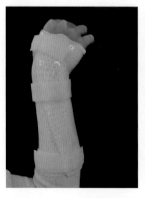
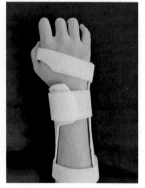

图 12-1-3A　管状腕关节屈曲尺偏固定型矫形器　　图 12-1-3B　腕中立位固定型矫形器

5.穿戴方法 持续穿戴,期间自由活动肩肘关节、循序渐进地活动手部关节,10天后复查,改用腕关节中立位矫形器,继续固定。穿戴1个月后可每天3次取下矫形器,进行腕关节主动运动5～10 min,穿戴3个月后复查X线片。不适随访。

四、病例4 中节指骨骨折并手指畸形

1.病例资料 患者,女性,54岁,钢琴老师,3个月前左手被人扭转导致环指中节指骨基底部尺侧撕脱性骨折,在当地医院行石膏外固定,1周后改为克氏针+手指外固定架固定,2周前拆除外固定架和克氏针。现环指PIP关节屈曲挛缩(屈伸AROM/PROM:47°～53°/32°～69°)、桡侧偏畸形(10°)、外旋 15°;DIP关节屈曲受限(AROM/PROM:12°/18°),中指末节缺如。

2.目前存在的问题

(1)左环指PIP关节屈曲挛缩、桡偏、并向桡侧旋转,DIP关节屈曲受限,如图12-1-4A。

(2)左中指远节缺如(陈旧性,本文不加阐述)。

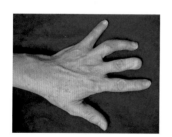

图 12-1-4A 环指 IP 关节屈曲挛缩、桡偏畸形

3.矫形器治疗临床思路

(1)伸指矫形器矫正环指PIP关节屈曲挛缩和桡偏。为提高伸指矫正力,对矫形器进行"拱形"处理;为矫正桡偏,矫形器两端桡侧增高的部分与PIP关节尺侧的魔术贴形成三点矫正力,如图12-1-4B。

(2)环指屈曲受限明显、PIP关节存在桡侧偏和外旋问题(根据病史,环指PIP关节外旋和桡偏可能与侧副韧带及掌板等软组织有关,排除骨折畸形愈合可能),故决定用屈曲位掌指矫形器改善屈指功能并矫正桡偏和旋转(手指旋转畸形只有在手指屈曲时才能得到较好的矫正)。

4.最终决策

(1)穿戴伸指矫形器,如图12-1-4B、C。

图 12-1-4B 伸指矫形器   图 12-1-4C 伸指矫形器矫正手指屈曲和侧偏

(2)采用屈指矫形器改善屈指和PIP关节外旋畸形,将牵引的魔术贴固定在第5掌骨颈对应的位置上,以形成向尺侧牵引和旋转的矫正力,如图12-1-4D、E。

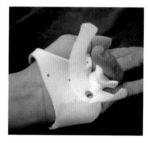 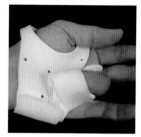

图 12-1-4D 屈指矫形器   图 12-1-4E 屈指矫形器改善屈指和旋转

5.穿戴时间 伸指 45 min,间隔 5 min,屈指 30 min,为 1 组,每天共 3～5 组。

五、病例5 中节指骨干骨折(已经愈合)致 PIP 关节、DIP 关节伸直受限

1.病例资料 患者,男性,28岁,居住在外地。右手环指中节指骨干骨折 4 个月,PIP 关节和 DIP 关节伸直受限 1 个月余。目前骨折已经愈合。

2.目前存在的问题 环指 PIP 关节伸直中度受限(AROM/PROM:－56°/－50°),DIP 关节伸直轻度受限(AROM/PROM:－28°/－15°),如图 12-1-5A。

3.矫形器治疗临床思路

(1)因屈曲挛缩角度较大且较僵硬,如用手指掌侧伸指矫形器,容易出现固定带对 PIP 关节背面局部形成压迫,且需多次更换矫形器(系列静态型伸直矫形器),患者居住在外地,不方便经常就诊。故考虑用可自行调节的伸指矫形器(伸指渐进型矫形器)。

(2)为了方便固定和增加力学效益,矫形器最

好跨过 MCP 关节,且使 MCP 关节屈曲 30°~40°位,这样可以很好地利用近端指节背面作为承力点;在矫形器对应于 PIP 关节背面的位置进行免荷处理(板材局部向背侧拱起,避免压迫 PIP 关节背面皮肤),手指片处理为伸直位;利用魔术贴做牵引带牵伸手指中远节。在掌横纹和近端指节处用魔术贴进行牢固固定,避免僵硬的 PIP 关节把牵引力直接传递到 MCP 关节,导致 MCP 关节过伸,而 PIP 关节屈曲得不到矫正。

4. 最终决策　穿戴 MCP 关节屈曲固定/IP 关节伸直渐进型矫形器,如图 12-1-5B。

图 12-1-5A　环指 IP 关节伸直受限　　图 12-1-5B　环指 IP 关节伸直渐进型矫形器

5. 穿戴方法　穿戴时先固定好手掌部和近端指节,再调节远端的牵引带,以患指感觉到"绷紧"而不痛(接近痛阈)为宜,每隔 5~10 min 松开牵引带数秒以改善手指血供,然后进一步拉紧牵引带至新的"临界点",1 h 后可取下矫形器进行手部运动。白天总穿戴时间为 4 h 以上。夜间可持续穿戴,固定带不可太紧(比白天略松),以免引起局部血液循环障碍。

六、病例 6　近节指骨骨折(未愈合)致 PIP 关节伸直受限

1. 病例资料　患者,男性,38 岁,右手中指近节指骨干粉碎性骨折,钢丝固定 3 个月,X 线片现仍可见清晰骨折线,PIP 关节伸直受限(图 12-1-6A~C),为改善关节活动度由医师转介治疗。患者常住外地。

2. 目前存在的问题　中指 PIP 关节伸直受限(AROM/PROM:$-58°/-50°$);DIP 关节伸直受限(AROM/PROM:$-26°/-15°$)。

图 12-1-6A　中指 IP 关节屈曲挛缩　　图 12-1-6B　骨折掌侧成角

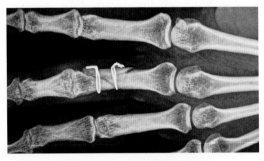

图 12-1-6C　骨折线清晰可见

3. 矫形器治疗临床思路　思路类同病例 5,因近节指骨骨折未愈,必须对近节指骨进行固定保护,同时对 PIP 关节进行牵伸,故在病例 5 同样处理方法的基础上,增加近节环形固定矫形器进行固定。

4. 最终决策　穿戴掌指矫形器(MCP 关节屈曲固定、PIP 关节伸直渐进型)+中指近节环形固定矫形器,如图 12-1-6D、E。

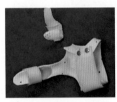 

图 12-1-6D　中指近节环形固定矫形器 + MCP 关节屈曲固定、PIP 关节伸直渐进型矫形器　　图 12-1-6E　穿戴后

5. 穿戴方法　与病例 5 类似,牵伸时把环形固定矫形器套在掌指矫形器上。手部功能性活动时只戴环形固定矫形器加以保护。

七、病例 7　右手压榨伤、近节指骨骨折后掌指关节活动受限、虎口挛缩

1. 病例资料　患者,男性,48 岁,3 个月前因

压榨伤导致右手中指近节指骨骨干骨折（图12-1-7A）、手掌软组织损伤，现右手虎口挛缩、第1～3指MCP关节屈曲受限，第1～5指指间关节轻度屈曲挛缩。现为改善手功能来诊。

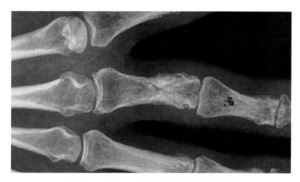

图12-1-7A　中指近节指骨干骨折

2. 目前存在的问题

（1）右手中指近节指骨干骨折未愈合。

（2）右手掌侧瘢痕挛缩、虎口狭窄。

（3）第1～3指MCP关节屈曲受限（屈曲PROM：28°、52°、64°）。

（4）第1～5指PIP关节轻度伸直受限（伸直PROM：18°～32°）。

（5）示指MCP关节桡偏；中指MCP关节尺偏。

3. 矫形器治疗临床思路

（1）固定中指近端指节，促进骨折愈合：骨折病程虽已3个月，但X线片仍可见骨折线，受到较大剪力时仍可能发生移位，应使用近端指节固定型矫形器（非跨关节矫形器）促进骨折愈合，允许MCP关节和IP关节活动。

（2）改善第1～3指MCP关节屈曲角度：由于MCP关节比较僵硬，应用MCP关节屈曲静态渐进型矫形器，逐渐提高屈曲角度。

（3）改善第1～5指伸指功能和虎口打开幅度、矫正示指桡偏和中指尺偏：示指桡偏、中指尺偏，只要把两指远端并拢固定即可同时矫正它们的侧偏问题，第2～5指伸直受限较轻，可以直接把手矫形器的手指片处理成伸直位加以固定即可。虎口挛缩可以直接把拇指片充分向伸拇方向打开即可，同时改善拇指MCP关节屈曲和虎口挛缩问题。

4. 最终决策　一共3个矫形器，应用不同组合，形成不同治疗作用。

（1）采用中指近节非跨关节固定型矫形器持续固定（图12-1-7B），可以单独使用，也可与第2种矫形器组合使用。

图12-1-7B　中指近节非跨
关节固定型矫形器

（2）采用掌指关节屈曲静态渐进型矫形器提高MCP关节屈曲角度：因各指MCP关节均比较僵硬，5个手指一起进行MCP关节屈曲牵伸，患者难以耐受。故决定只用1个牵引指套，第1～5指轮流使用。牵引指套近端的铁钩可钩住牵引支架上不同的小孔，注意第2～5指牵引方向必须朝向舟骨，拇指牵引方向朝向豌豆骨（图12-1-7C～E）。

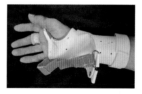 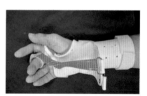

图12-1-7C　掌指关节屈 　　图12-1-7D　进行中指
曲静态渐进型矫形器 　　　　MCP关节屈曲牵伸

（3）采用伸指矫形器改善伸指、打开虎口，并矫正第2、第3指侧偏畸形，如图12-1-7F。

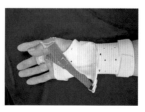 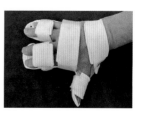

图12-1-7E　进行拇指 　　图12-1-7F　示指和中
屈曲牵伸时，牵引带 　　　指一起固定，改善
近端固定点对应于腕 　　　侧偏
部尺侧，并保证牵引
力垂直于拇指近节
指骨

5. 穿戴方法和时间　中指近节环形固定矫形器应持续穿戴(除了洗手以外),可与其他两个矫形器联合使用。夜间与伸指矫形器联用,白天与改善屈曲MCP关节和伸指的两种矫形器交替联用。进行功能性活动时只穿戴中指环形矫形器。不适随诊。

八、病例8　末节指骨粉碎性骨折

1. 病例资料　患者,女性,28岁,右手环指末节因重物压伤2天,X线片示"末节指骨粉碎性骨折",如图12-1-8A。

2. 目前存在的问题　环指末节指骨粉碎性骨折未愈合,轻度水肿。

3. 矫形器治疗临床思路　末节指骨体和粗隆骨折应行DIP关节伸直位固定,矫形器末端超过指尖以避免手指末端受到碰撞。

4. 最终决策　采用DIP关节伸直矫形器固定(图12-1-8B)。

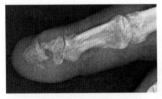 

图12-1-8A　X线片示"末节指骨粉碎性骨折"　　图12-1-8B　DIP关节伸直矫形器

5. 穿戴时间和方法　持续穿戴6周,期间进行手部非受累关节的自由活动,如伤指PIP关节活动受限可行被动活动。6周后复查X线片。

九、病例9　末节指骨底撕脱性骨折

1. 病例资料　患者,男性,30岁,10天前因被篮球砸伤致环指DIP关节主动伸直不能。现可见环指DIP关节屈曲,可被动伸直,PIP关节轻度过伸,呈鹅颈畸形。X线片示"末节指骨底背侧撕脱性骨折",如图12-1-9A。

2. 目前存在的问题

(1)因伸指总肌环指伸肌腱止点附着骨块撕脱性骨折致环指DIP关节不能主动伸直。

(2)因代偿造成PIP关节过伸。

3. 矫形器治疗临床思路　末节指骨底背侧撕

脱性骨折如骨折块小于关节面1/4可行保守治疗,一般情况下,只需将DIP关节固定于过伸位6~8周。但本病例碎骨片向近端移位较明显,且PIP关节略过伸,呈鹅颈畸形,故应把PIP关节屈曲、DIP关节过伸固定,并用手法把碎骨片往远端推送,尽量使其贴合指骨底部。

4. 最终决策　使环指PIP关节屈曲、DIP关节过伸15°位固定(图12-1-9B),略微把手指尖露在矫形器外面,方便脱下矫形器时能用拇指帮助患指维持固定姿势,避免鹅颈畸形出现,影响效果。

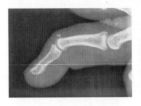 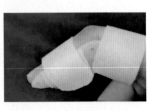

图12-1-9A　X线片示"末节指骨底背侧撕脱性骨折"　　图12-1-9B　环指PIP关节屈曲、DIP关节过伸15°固定

5. 穿戴方法　持续穿戴,取下矫形器时要始终保持手指PIP关节屈曲、DIP关节过伸姿势。固定2周后,在矫形器的PIP关节处剪去近端部分,DIP关节继续固定4~6周。

十、病例10　示指近节指骨底尺侧撕脱性骨折

1. 病例资料　患者,男性,42岁,电子吉他手,1周前摔倒时左手甩到沙发靠背引起MCP关节处肿痛、淤血、活动困难。X线片如图12-1-10A。在外院行腕手石膏外固定,现要求行矫形器治疗并满足其演奏需要。

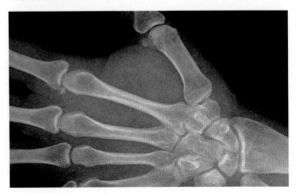

图12-1-10A　X线片显示"示指近节指骨底尺侧撕脱性骨折"

2. 目前存在的问题

(1) 左手示指近节指骨底尺侧撕脱性骨折。

(2) 示指、中指掌指关节处淤青、肿胀,示指掌指关节压痛,以尺侧为重。

3. 矫形器治疗临床思路 近节指骨底骨折一般将伤指 MCP 关节固定于屈曲70°～90°位,因为这个姿势时,MCP 关节侧副韧带被拉紧,而且在屈曲90°位掌指关节最稳定。本病例虽是指骨底部骨折,但从受伤机制和 X 线片及体征推断其为 MCP 关节尺侧副韧带附着处撕脱性骨折,如按 MCP 关节屈曲70°～90°位进行固定,则侧副韧带被拉紧不利于骨折愈合,完全伸直位固定则容易导致后期侧副韧带短缩,故最好取 MCP 关节半屈曲位,并在不影响愈合的前提下尽量满足其演奏吉他的功能需求。

4. 最终决策 采用第 2 掌指关节屈曲40°、略尺偏位固定,如图 12-1-10B。

5. 穿戴方法 持续穿戴,其他关节可自由活动。清洁时可取下矫形器,期间手部必须保持固定姿势、避免活动。穿戴 3 周后可去掉矫形器,改用"伙伴支具"把示指、中指连在一起活动(图 12-1-10C)。第 7 周复查 X 线片。

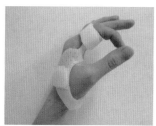 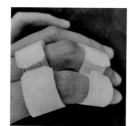

图 12-1-10B　MCP 关节屈曲
40°固定型矫形器　　　图 12-1-10C　手指
伙伴支具

十一、病例11　肱骨髁上骨折后肘关节屈伸受限

1. 病例资料 患者,男性,10 岁,6 个月前因跌倒致左肱骨髁上骨折,在当地行经皮克氏针固定＋前臂托屈肘悬吊,约 3 个月前拔除克氏针,但肘关节活动受限,自行训练未见好转,现欲进一步改善功能来诊。

2. 目前存在的问题 肘关节屈伸受限(AROM/ PROM:32°～118°/24°～123°)。

3. 矫形器治疗临床思路 因肘关节被动活动度与主动活动度之间差值较小,表明关节较为僵硬,需通过渐进型矫形器对肘关节进行持续牵伸,对屈肘和伸肘交替牵伸。

4. 最终决策 如图 12-1-11A、B 为肘关节铰链活动型矫形器背面和侧面图,图 12-1-11C 为可拆卸的非弹力牵引带,图 12-1-11D 为肘关节屈曲牵伸,E 为肘关节牵伸。

图 12-1-11A　背面　　　图 12-1-11B　侧面

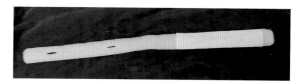

图 12-1-11C　可拆卸的非弹力牵引带

 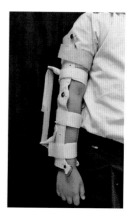

图 12-1-11D　肘关节　　　图 12-1-11E　肘关节
屈曲牵伸　　　　　　　伸直牵伸

5. 穿戴方法 白天屈肘 20～30 min、伸肘30～40 min 交替,牵引力以不引起疼痛为度,根据耐受情况可每隔数分钟松开牵引带数秒,以防前臂血液循环受阻。如不影响睡眠,夜间可穿戴矫形器持续伸肘牵伸,但牵引力应调节到白天可耐受程度的 2/3 左右。每 2 周复查 1 次。

十二、病例12　第1、第2跖骨颈骨折2天

1. 病例资料 患者,男性,55 岁,因被重物砸

伤致左足第 1、第 2 跖骨颈骨折,足背软组织损伤、淤血,如图 12-1-12A、B。

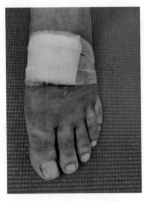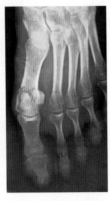

图 12-1-12A 足背水肿、创面未愈合　**图 12-1-12B** X 线片

2. 目前存在的问题　左足第 1、第 2 跖骨颈骨折,足背软组织损伤、淤血。

3. 矫形器治疗临床思路　固定第 1、第 2 跖趾关节和趾间关节于 0°位。

4. 最终决策　穿戴跖趾关节固定型矫形器,如图 12-1-12C、D。

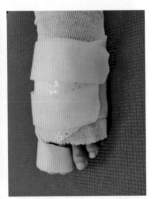

图 12-1-12C 第 1、第 2 跖趾关节固定型矫形器　**图 12-1-12D** 穿戴矫形器后

第二节

肌腱损伤

一、病例 1　环指屈肌腱陈旧性损伤

1. 病例资料　患者,男性,27 岁,8 个月前因机器压伤导致左手第 2～5 指屈肌腱Ⅲ区损伤,当

时行肌腱断端吻合术,6 个月前发现左手环指无法屈曲,其余 4 个手指出现不同程度的屈曲挛缩。3 天前行左手掌部瘢痕整形术、手指屈肌腱松解术、环指指深屈肌腱异体肌腱移植术。

2. 目前存在的问题

(1) 左手环指指深屈肌腱异体肌腱移植术后 3 天,伤口渗液少。

(2) 虎口挛缩。

(3) 第 2、第 3、第 5 指屈肌腱挛缩。

3. 矫形器治疗临床思路

(1) 环指屈肌腱是陈旧性损伤,且行肌腱移植,最好使用控制性被动屈曲、主动伸展的活动方案(改良 Kleinert 方案)。

(2) 虎口挛缩和其他 3 个手指的指屈肌腱挛缩应利用矫形器进行牵伸,但是必须避免在环指屈曲时,其他手指被固定在伸直位(因 4 指的手指屈肌肌腹是一体的,若其他指被固定在伸直位,环指行屈曲时,会造成缝合口张力过大,容易导致再次断裂)。

4. 最终决策　采用背侧阻挡式腕指矫形器,使腕屈曲 30°,环指 MCP 关节屈曲 70°,IP 关节伸直,环指用橡皮筋提供屈曲动力,其他手指尽最大范围保持伸直位,如图 12-2-1A、B。

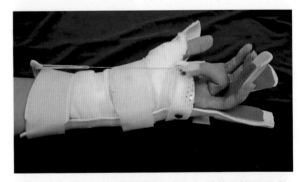

图 12-2-1A 环指屈伸活动训练时,其他手指不固定

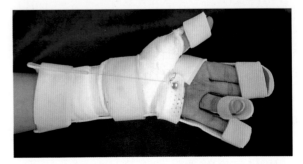

图 12-2-1B 环指不活动时,用固定带轻柔地固定,其他指可用适当的力进行伸直牵伸

5. 穿戴方法

（1）白天利用橡皮筋作为动力进行环指被动屈、主动伸活动，每小时 1 组，每组 10～12 次。其他 4 指可与环指一起屈伸。

（2）不活动时和夜间把橡皮筋取下，环指固定于背侧指板上。其他手指也用固定带固定，进行伸直牵伸。

（3）第 5 周复查，去掉橡皮筋，环指可在矫形器限制范围内主动活动。

二、病例 2　手指伸肌腱（Ⅲ区）陈旧性损伤

1. 病例资料　患者，男性，32 岁，环指 15 天前在打篮球时被戳，即出现近端指间关节背面肿胀、轻微疼痛、无法主动伸直。X 线片未见骨折。在手外科确诊为环指伸肌腱中央束部分损伤，转介来康复科行矫形器治疗。

2. 目前存在的问题　因环指伸肌腱中央束部分损伤，环指 PIP 关节存在欠伸度，但可完全被动伸直，DIP 关节轻微过伸（图 12-2-2A）。余未见异常。

图 12-2-2A　钮孔状畸形

3. 矫形器治疗临床思路　虽为陈旧性损伤，但因近端指背腱膜把伸直肌腱固定在掌骨头和近节指骨底，中央束和两侧束之间有复杂的纤维连接，且为部分性损伤，肌腱回缩不明显，仍可行保守治疗。其治疗原则是固定 PIP 关节于伸直位，DIP 关节和 MCP 关节可自由活动。DIP 关节轻微过伸不用进行针对性处理，PIP 关节伸直位固定后，DIP 关节过伸可得到缓解。

4. 最终决策　采用环指近端指间关节伸直固定型矫形器，如图 12-2-2B。

5. 穿戴方法　持续穿戴，每天进行 5 组远端指间关节主动屈伸，每组 10 次，穿戴 6～8 周。如第 6 周复查时，近端指间关节已可主动屈伸，即可

图 12-2-2B　近端指间关节伸直固定型矫形器

去掉矫形器。部分患者可出现手指屈曲受限，应进行循序渐进的关节活动度训练。

三、病例 3　手指伸肌腱Ⅴ区损伤一期修复术后 3 天

1. 病例资料　患者，男性，33 岁，职员，3 天前因玻璃割伤手背致右手示指固有伸肌腱和指总伸肌示指肌腱断裂，即行肌腱修复术，术后伸腕伸指位石膏固定，现要求进行矫形器治疗。

2. 目前存在的问题

（1）伸肌腱损伤修复术后肌腱未愈合。

（2）手背水肿。

3. 矫形器治疗临床思路　伸肌腱Ⅴ区损伤型修复术后 4 周内，应利用动力型矫形器使患指进行被动伸展和在安全范围内主动屈曲。

4. 最终决策　兼顾白天活动和夜间休息的双重需求，考虑利用弹簧支架作为伸指动力，弹簧支架可拆卸，白天活动时装上，休息时可以拆卸下来。如图 12-2-3A、B。

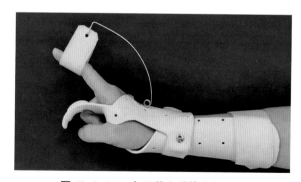

图 12-2-3A　白天装上弹簧支架活动

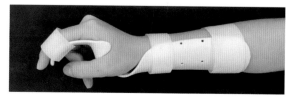

图 12-2-3B　休息时卸下弹簧支架

5. 穿戴方法

(1) 即日起到术后 4 周:白天装上弹簧支架,示指进行主动屈曲、被动伸展活动,每组活动 10～12 次,每 1.5 h 活动 1 组。休息时拆下弹簧支架,用魔术贴固定示指。每周调整矫形器,根据情况逐渐提高示指屈曲角度。

(2) 第 5～6 周末:去除弹簧支架,并把矫形器示指部分去掉,只留腕部。

(3) 第 7～12 周末:只在夜间和外出时穿戴矫形器。12 周末去掉矫形器。

四、病例 4 手指伸肌腱Ⅵ区损伤术后 2 周

1. 病例资料 患者,男性,43 岁,工人,2 周前因玻璃刺伤致左中指伸肌腱Ⅵ区断裂,即行伸肌腱修复术,术后伸腕伸指位石膏固定,现已经拆线,要求进行矫形器治疗。

2. 目前存在的问题

(1) 左手中指伸肌腱损伤修复术后,处于结缔组织增生期,断端已经有肌腱纤维连接,但抗张力性仍低。

(2) 伸肌腱粘连、手指关节活动受限:中指MCP 关节欠伸度约为 8°,MCP 关节和 IP 关节主动屈曲轻度困难,主动活动范围(AROM)分别为65°、53°和 8°。PROM 未查。

3. 矫形器治疗临床思路 伸肌腱Ⅵ区损伤修复术后 2 天至 4 周内,通常采用"控制性被动伸展主动屈曲活动"治疗方案(如本节病例 3),也可穿戴手指联动支具(relative motion brace)使伤指与邻指联动(relative motion),伸的时候借助邻指带动,屈的时候支具可适当限制伤指的屈曲幅度,这样伤指在活动过程中缝合处的张力始终处于较低的状态。

4. 最终决策 采用手指联动支具,属于中指MCP 关节屈曲限制型矫形器(屈曲 0°～70°),如图 12-2-4A、B。

5. 穿戴方法

(1) 术后 5 周以内:白天穿戴手指联动支具,可进行功能性活动,但避免持重超过 2 kg;夜间和外出时加用带支撑条的护腕,以避免手指和腕关节同时屈曲,造成肌腱再次断裂。

图 12-2-4A 限制中指屈曲范围的 4 指联动矫形器

图 12-2-4B 握拳时中指屈曲角度受到一定的限制,伸指不受限

(2) 术后满 5 周:白天可以不用穿戴支具,并可进行全握拳训练。夜间和外出时仍穿戴带支撑条的护腕直到术后 12 周。

第三节
瘢痕挛缩及其他原因导致的肢体畸形

一、病例 1 手掌侧烧伤瘢痕挛缩 1

1. 病例资料 患者,男性,45 岁,装修工人,因烧伤导致左手掌和第 1～5 指掌侧瘢痕挛缩、手指屈曲侧偏畸形 3 个多月。

2. 目前存在的问题

(1) 左手掌和第 1～5 指掌侧瘢痕挛缩:瘢痕增厚、挛缩,已接近成熟。

(2) 拇指内收屈曲、小指屈曲外旋、第 2～4 指屈曲挛缩,如图 12-3-1A。

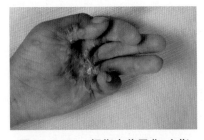

图 12-3-1A 拇指内收屈曲、小指屈曲外旋、第 2～4 指屈曲挛缩

(3) 腕背伸轻度受限:PROM 为 28°。

3. 矫形器治疗临床思路 利用矫形器牵伸手部瘢痕,矫正手指屈曲和旋转畸形。

(1) 矫形器与肢体接触面的考虑:因手部瘢痕挛缩比较严重,手掌面的空间变得非常狭窄,以手

掌面作为接触面不现实,也难以实施矫正,最好以手背面作为接触面。

(2)矫形器是分指还是一体化的考虑:因各手指屈曲和旋转角度的不同,最好采用分指设计,尽可能让每个手指都能得到恰当的牵伸。如果每个手指都单独分开,板材强度会下降,考虑到患者的第2~4指屈曲挛缩的程度比较接近,故把第2~4指不做分指处理,一起牵伸。小指和拇指单独牵伸。

(3)牵引力方面的考虑:小指因发生旋转和屈曲挛缩比较严重,利用牵引力必须垂直于肢体长轴的原理,用魔术贴很难实现,而且当虎口被打开固定后,小指因瘢痕的牵拉会发生更多的旋转,使小指无法用魔术贴进行固定,图12-3-1B。

(4)是否跨过腕关节的考虑:腕关节背伸中度受限,矫形器最好跨过腕关节,并适度增大伸腕角度。

4. 最终决策 采用伸腕伸指矫形器(分指处理,并略大于各指的最大被动伸指角度):拇指、第2~4指分别用魔术贴进行持续牵伸,并逐渐拉紧(相当于渐进静态型)。

为了使小指尽量伸直并矫正第5腕掌关节外旋,用薄板材塑形成固定带,与伸腕伸指矫形器配合,根据小指伸直和旋转改善的程度,每隔几天进行修改(相当于系列静态型),图12-3-1C。

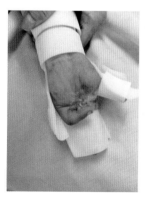 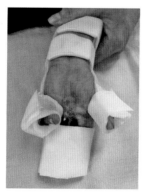

图 12-3-1B 拇指和第2~4指被固定带牵伸后,小指屈曲旋转显得更加明显　　**图 12-3-1C** 为了提高牵伸效果,用厚度为8 mm的板材辅助固定

5. 穿戴方法 白天间歇穿戴,每次30~40 min,每天4~6次;夜间持续穿戴。

二、病例2　手掌面烧伤瘢痕挛缩 2

1. 病例资料 患者,男性,2岁3个月,左手虎口挛缩瘢痕切除皮瓣移植术后1个多月,第2~5指掌面植皮术后6个月,现虎口中度挛缩、第2~5指轻中度屈曲挛缩,如图12-3-2A。

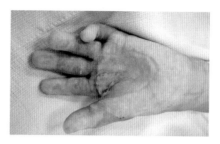

图 12-3-2A 瘢痕导致虎口挛缩、手指屈曲

2. 目前存在(与矫形器相关)的问题

(1)手掌面瘢痕增生、挛缩。

(2)虎口挛缩。

(3)第2~5指屈曲挛缩。

3. 矫形器治疗临床思路

(1)用压力手套和掌心压力垫控制瘢痕增生;用指蹼带抑制虎口区桥状瘢痕。

(2)用矫形器矫正虎口挛缩和手指屈曲:采用伸指、伸拇矫形器(该患者在伸拇位时,瘢痕被拉到最紧,故采用伸拇位,而不是通常的拇外展位),考虑到患儿可能不配合,矫形器容易脱落,故矫形器延长到腕关节以上。

4. 最终决策

(1)采用压力手套、压力垫及虎口指蹼带:如图12-3-2B、C。

 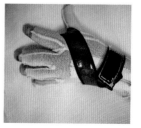

图 12-3-2B 掌心压力垫　　**图 12-3-2C** 压力手套和虎口指蹼带

(2)采用伸腕伸指矫形器:如图12-3-2D。

5. 穿戴方法 压力手套每天穿戴时间最好不少于15 h;矫形器夜间持续穿戴,白天每次穿戴

图 12-3-2D 伸腕伸指,并尽量打开虎口、伸拇

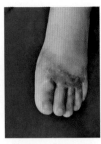

图 12-3-3A 瘢痕导致第 2 跖趾关节过伸、短缩畸形

图 12-3-3B 筒状跖趾屈曲位矫形器

图 12-3-3C 穿戴后足底观

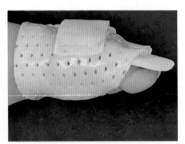

图 12-3-3D 夜间加放海绵垫增强牵伸效果

30~60 min,争取穿戴 3 h 以上。

三、病例3 足背烫伤瘢痕挛缩畸形整形手术后

1. 病例资料 患者,男性,2岁4个月,1年前左足跖趾关节背面被开水烫伤,导致瘢痕增生、挛缩,跖趾关节过伸、短缩畸形(图 12-3-3A),3 周前行足背瘢痕切除、植皮整形术,现已拆线,见足背瘢痕紫红、轻度增生,第 2 趾轻度过伸、短缩,为防止畸形加重,要求采用矫形器治疗。

2. 目前存在的问题

(1) 左足跖趾关节背面瘢痕增生、挛缩,有加重倾向。

(2) 左足跖趾关节轻度过伸、短缩。

3. 矫形器治疗临床思路

(1) 控制足趾及足背瘢痕:通常用分趾压力袜进行瘢痕控制(本文不加叙述)。

(2) 矫正和防止跖趾关节过伸、回缩畸形:把跖趾关节固定在轻度屈曲位,并使第 2 趾屈曲角度略微大于其他趾。

(3) 矫形器最好能穿进鞋子里面,并且尽量不影响步行。

4. 最终决策 由于患儿足趾短且长度不同,不容易固定,使用魔术贴作为固定带容易脱落,故决定用薄的记忆型板材制作筒状跖趾屈曲位矫形器(屈曲约10°),如图 12-3-3B。穿戴后足底观(图 12-3-3C):足趾过伸被矫正,跖趾关节及足趾和后足露出,增加本体感觉输入,有利于步态。

5. 穿戴方法 除了洗澡和瘢痕护理时,其他时间持续穿戴(先穿压力袜),夜间可在矫形器足趾部下方加一块海绵垫,增强牵伸效果,如图 12-3-3D。

四、病例4 足背烫伤瘢痕挛缩足趾短缩畸形1

1. 病例资料 患者,男性,2岁,4个月前右足背偏外侧部被开水烫伤,导致足背偏外侧瘢痕增生、挛缩,右足第 4 跖趾关节过伸、第 4 趾向近端缩进,如图 12-3-4A。

2. 目前存在的问题

(1) 右足第 4 趾外侧及第 4 跖骨背面皮肤瘢痕增生、挛缩。

(2) 右足第 4 跖趾关节过伸、第 4 趾向近端缩进。

(3) 第 4、第 5 趾重叠。

3. 矫形器治疗临床思路

(1) 控制足趾及足背瘢痕:通常用分趾压力袜进行瘢痕控制,但患者瘢痕较为局限,可考虑使用弹性贴布进行控制,或直接使用矫形器加压力垫对其进行局部压迫。

(2) 矫正第 4 跖趾关节过伸、回缩畸形:在踝关节休息位和跖屈位都可以用手比较轻松地把第 4 趾矫正到正常位置,如图 12-3-4B,提示第 4 趾伸肌腱挛缩不明显,矫形器可以不跨踝关节,只作用于跖趾关节。

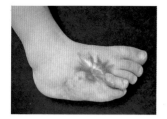 

图 12-3-4A　第 4 跖趾关节
过伸、第 4 趾向近端缩进 　　 图 12-3-4B　踝关节
休息位和跖屈位
都可以比较轻松
地把第 4 趾矫正
到正常位置

（3）为了解决第 4、第 5 趾重叠的问题，固定第 4 跖骨头，保持其与第 3、第 5 跖骨间的正常解剖关系，同时向足底方向压低第 4 趾近端趾骨，方能有效地矫正第 4 跖趾关节过伸。

（4）矫形器最好能穿进鞋子里面。

4. 最终决策　用厚度为 3.2 mm 的板材制作足背侧跖趾关节屈曲位矫形器（屈曲约 10°），如图 12-3-4C、D。

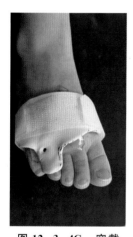 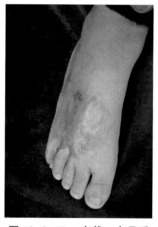

图 12-3-4C　穿戴
矫形器后跖趾关
节过伸和回缩问
题得到矫正 　　 图 12-3-4D　穿戴 1 个月后
复查，效果明显

5. 穿戴方法　瘢痕处贴敷抗瘢痕贴剂后再穿戴矫形器，用固定带绑紧。在跑步等激烈运动和洗澡时取下，其他时间（包括夜间）最好坚持穿戴。

五、病例 5　足背烫伤瘢痕挛缩足趾短缩畸形 2

1. 病例资料　患者，男性，5 岁，4 年前右足背面被开水烫伤，导致瘢痕增生、挛缩，跖趾关节过伸、短缩畸形，以第 3、第 4 趾为重，影响穿鞋，由整

形外科医师转介行矫形器治疗，如图 12-3-5A。

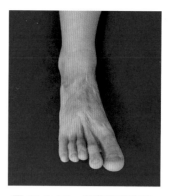

图 12-3-5A　足背瘢痕挛缩、
足趾短缩畸形

2. 目前存在的问题

（1）右足背及跖趾关节背面增生性瘢痕挛缩（瘢痕已成熟），跖趾关节过伸、中度短缩，以第 3、第 4 趾为重。

（2）检查足趾长伸肌腱未见明显短缩；被动屈曲足趾时感觉到明显阻力，并且踝关节背面皮肤有下拉现象，提示足跖趾关节过伸、短缩问题主要由瘢痕挛缩造成。

3. 矫形器治疗临床思路　牵伸足背瘢痕并防止踝关节及小腿下段皮肤下拉代偿，必须有效约束踝关节背面皮肤，同时进行跖趾关节屈曲位牵伸，第 3、第 4 趾屈曲度较其他趾增加 10°。

4. 最终决策　用厚度为 3.2 mm 的板材制作踝足矫形器，并在跖趾关节处做屈曲位处理，为了使足趾固定牢固，用厚度为 2.4 mm 的记忆型板材固定足背及足趾（屈曲约 10°），如图 12-3-5B、C。

 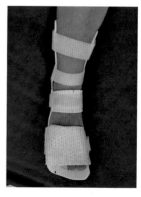

图 12-3-5B　踝关节处
固定以后，足趾过伸
更明显 　　 图 12-3-5C　用板材固定
足背及足趾

六、病例6 桡骨巨细胞瘤病理性骨折畸形愈合

1. 病例资料 患者,男性,9岁,左桡骨远端骨巨细胞瘤病理性骨折术后4个多月,桡骨畸形愈合(掌侧弓形),腕关节活动受限。

2. 目前存在的问题

(1) 左桡骨弓状畸形(拱顶向掌侧),如图12-3-6A。

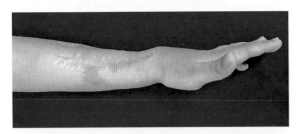

图12-3-6A 左桡骨弓状畸形(拱顶向掌侧)

(2) 桡骨未完全愈合,如图12-3-6B。

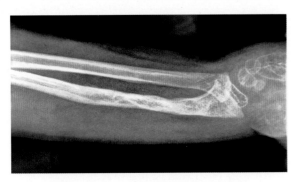

图12-3-6B X线片示桡骨未完全愈合

(3) 腕关节活动受限:伸腕(35°/66°)、屈腕(23°/38°)。

(4) 桡侧腕伸肌在前臂远端发生粘连,导致主动伸腕困难。

3. 矫形器治疗临床思路

(1) 保护桡骨,促进愈合,并对桡骨弓状畸形进行适度矫正(因患者年幼,骨具有一定可塑性,且桡骨未完全愈合,仍有矫正可能)。

(2) 腕关节活动受限,但不严重,且关节活动度的终末端具有一定弹性,故决定固定前臂,鼓励腕关节主动活动,以促进活动度改善。

4. 最终决策 采用双片式前臂固定型矫形器以保护桡骨,并在桡骨掌侧拱顶对应部位增加中等硬度闭孔海绵垫(中间厚度从2 mm逐渐增加到6 mm),桡骨背侧远端和近端对应的部位分别各增加海绵垫(厚2 mm),以矫正弓状畸形,如图12-3-6C、D。

5. 穿戴方法 最好持续穿戴,可间歇取下进行清洁和前臂旋转活动。

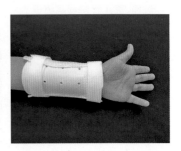

图12-3-6C 前片中间段加海绵垫,背面片上下两端加海绵垫　　图12-3-6D 穿上矫形器后

七、病例7 肱骨髁上骨折致骨发育障碍、肘内翻畸形

1. 病例资料 患者,男性,9岁,右肘内翻畸形1年余。2年3个月前因跌倒致右侧肱骨髁上骨折,当时行克氏针固定,约2年前拔出克氏针。1年前家长发现其肘关节出现内翻现象,并逐渐加重(图12-3-7A),欲矫正来诊。

2. 目前存在(与矫形器相关的)问题

(1) 肘关节内翻畸形(约35°),可用轻度的外力矫正到中立位。

(2) 肘关节过伸。

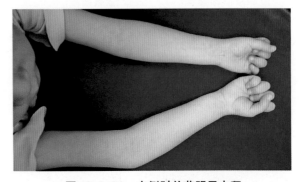

图12-3-7A 右侧肘关节明显内翻

3. 矫形器治疗临床思路

(1) 肘关节内翻畸形在肘关节伸直同时前臂

旋后位时,夜间用肘关节伸直位静态矫形器,利用三点力(上臂上中1/3交界处内侧和前臂远端尺侧两个受力点:向外的力;桡骨近端受力点:向内的力)对其进行矫正,能达到调整肘关节力线的效果。

(2)白天用静态矫形器会影响功能性活动,也容易引起关节僵硬。考虑利用活动型肘关节矫形器调整肘关节对线矫正内翻,同时允许肘关节正常屈伸和前臂正常旋转运动。通过静态和动态两种矫形器互相配合,调整肘部生物力学,从而引起肘部骨骼和韧带塑形。

(3)根据上述临床思路给患者制作了活动型肘关节矫形器,试戴后发现当前臂处于旋后位进行肘关节屈伸时,肘内翻可得到完全矫正,如图12-3-7B。但在肘关节过伸时肘关节桡侧易从矫形器脱出,出现肘内翻(图12-3-7C),使矫形器失去作用。

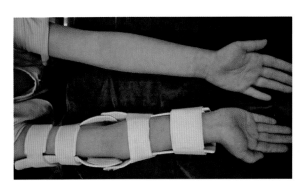

图 12-3-7B 前臂旋后位肘关节屈伸时,肘内翻可得到矫正

图 12-3-7C 肘关节过伸时容易引发肘关节桡侧从矫形器脱出,出现肘内翻

(4)根据上述情况考虑对矫形器伸直范围进行一定的限制,以避免肘关节过伸。同时,也应考虑利用一个矫形器达到夜间静止、白天活动的效果。

4. 最终决策

(1)在已经完工的矫形器上臂片和前臂片靠肘关节的一端分别加上一个舌状板材(用铆钉铆上),

使矫形器在肘关节伸直到 0°位时两个舌状板材刚好互相顶住,从而限制肘关节过伸,如图12-3-7D。

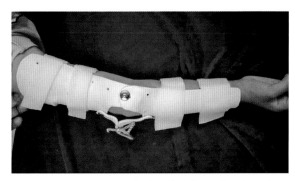

图 12-3-7D 矫形器在肘关节伸直到 0°位时,两个舌状板材刚好互相顶住,限制了肘关节过伸

(2)在两个舌状板材上面各打一个孔,夜间休息时,用绳带穿过两个孔、绑紧,此时,关节矫形器即变为肘关节伸直位静态矫形器,白天解开绳带,肘关节可自由屈伸,达到一物两用的效果。

5. 穿戴方法

(1)白天取下矫形器肘部的绳带,进行正常的功能性活动。

(2)休息和夜间加上绳带,形成固定型伸肘矫形器。

八、病例 8 婴幼儿 O 形腿

1. 病例资料 患儿,女,6 月龄,家长发现其有 O 形腿,要求矫正,医师转介行矫形器治疗。

2. 目前存在的问题 双小腿中下段存在较明显弓形,如图12-3-8A。

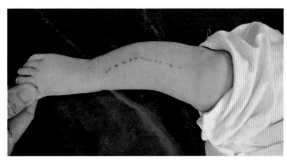

图 12-3-8A 胫骨弯曲

3. 矫形器治疗临床思路

(1)患儿双侧小腿中下段弓形(弓顶朝外)较同龄幼儿明显,但因幼儿都存在一定的胫骨弯曲,为"假性 O 形腿",随着幼儿长大,会慢慢改善。向

父母做了充分解释后,父母反复要求进行矫正(因母亲家族多人有O形腿)。

(2)考虑到患儿胫骨弯曲程度稍较同龄幼儿明显,参照以往临床经验,考虑给予低温热塑矫形器进行矫正。

(3)因患儿双侧膝关节Q角在正常范围,故只针对其小腿进行矫正,使其不影响膝关节和踝关节的活动。

4.最终决策

(1)采用小腿矫形器(非跨关节):分内、外侧两片。

(2)三点力作用点:以胫骨内侧髁及股骨内侧髁和内踝为两端着力点,小腿外侧中下段为中间着力点。

(3)矫形器内侧板塑成弓形(中段与小腿内侧之间存在一定的间隙,以形成矫正空间),外侧板,按小腿外侧形状塑形,并在中间力点处加垫海绵垫。用魔术贴作为固定带,稍用力进行牵拉。如图12-3-8B、C。

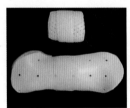 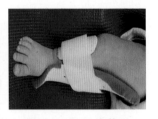

图 12-3-8B 小腿矫形器　　图 12-3-8C 穿戴后

5.穿戴时间 每天穿戴5～8 h,每月复查。一般需要穿戴半年左右。

九、病例9 先天性桡骨缺如致腕关节桡偏畸形

1.病例资料 患儿,男性,5岁,右侧先天性桡骨缺如Ⅰ型,行右拇指腕掌关节成形术后2个多月,克氏针拔出术后第2天。欲矫正腕关节桡偏畸形来诊。

2.目前存在的问题

(1)腕关节桡偏畸形(约28°),如图12-3-9A,用外力可矫正到中立位。

(2)腕关节屈伸轻度受限(屈曲 A/P:20°/33°;背伸 A/P:32°/42°)。

(3)第1腕掌关节成形术(图12-3-9B)后2个

多月,已拆除内固定。

 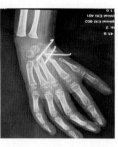

图 12-3-9A 腕关节　　图 12-3-9B 第1腕掌
桡偏畸形　　　　关节成形术后X线片

(4)虎口狭窄。

3.矫形器治疗临床思路

(1)利用腕关节矫形器矫正桡偏畸形。三点力:两端的受力点为第2掌骨远端和桡骨中段桡侧;中间受力点为尺骨远端尺侧。矫正到中立位即可,避免中间力点过度受压。

(2)最好选用活动型矫形器,使腕关节可进行屈伸,完成功能性活动,并在活动中得到塑形。腕关节屈伸活动度下降,可考虑在矫形器上增加牵伸动力以增加活动度,但该患者腕屈伸幅度基本符合日常生活活动的要求,考虑到矫形器的精简性,暂不采用动力牵伸,而是在穿戴活动型矫形器的情况下经常用健手辅助患手进行屈伸腕关节活动度训练。

(3)利用矫形器牵伸虎口,使拇指腕掌关节外展、掌指关节伸直。

4.最终决策 采用腕关节活动型、拇指外展固定型矫形器,如图12-3-9C～E。

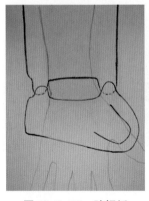 

图 12-3-9C 腕拇矫　　图 12-3-9D 腕拇矫
形器纸样　　　　形器

5.穿戴方法 活动和睡觉时都必须穿戴,白天用健手辅助患侧进行屈伸腕关节活动度训练。

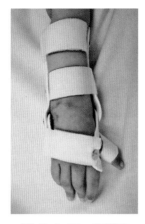

图 12-3-9E　穿戴后

洗手和洗澡时取下,进行拇指内收、屈伸活动和腕关节被动尺偏活动。

十、病例 10　先天性多关节挛缩(只展示其下肢马蹄内翻畸形的矫正)

1. 病例资料　患儿,男性,20 日龄。出生后家长发现其双手手指无法伸直、双足呈马蹄内翻畸形。

2. 目前存在的问题

(1)双侧手指屈曲、拇指内收屈曲畸形(本文不讨论)。

(2)双足呈马蹄内翻畸形:小腿内旋、踝跖屈、内翻、前足内收,如图 12-3-10A、B,用手法可暂时矫正到正常位置。

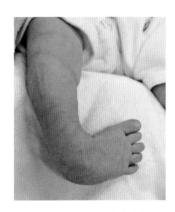

图 12-3-10A　马蹄内翻畸形足(背面观)　　图 12-3-10B　马蹄内翻畸形足(足底面观)

3. 矫形器治疗临床思路

(1)先天性多关节挛缩患者的足部畸形表现类似于先天性马蹄内翻足(虽然发病机制不同),必须解决踝跖屈(跟腱挛缩)、内翻(踝关节内侧软组织发育不良、挛缩)、前足内收、屈曲等踝足畸形,并矫正小腿内旋畸形(涉及膝和胫腓关节)。

(2)可先徒手进行试验性矫正,并根据徒手矫正的程度决定矫形器的角度,如患者不能一次矫正到正常姿势,可循序渐进,不可强求一次到位,避免引起局部受压或循环障碍。

(3)本患儿通过徒手矫正可达正常姿势,故矫形器必须做到:保持踝关节 0°位并略外翻(矫枉过正),前足内收和小腿内旋畸形必须尽量矫正。为了有效矫正小腿内旋,矫形器近端的内侧部延长到股骨内侧髁上缘(包髌)。

4. 最终决策　采用包髌踝足矫形器,如图 12-3-10C、D。

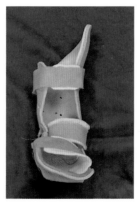
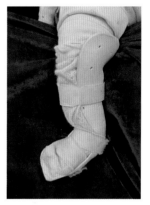

图 12-3-10C　包髌踝足矫形器　　图 12-3-10D　患儿穿上包髌踝足矫形器

5. 穿戴方法　持续穿戴,间歇性地取下矫形器进行踝关节被动跖背屈活动,用手法矫正足内翻和前足内收(潘赛提手法)。1 个月后复查,以后根据情况每 1~2 个月复查 1 次。图 12-3-10E 是 6 个月后复查的情况。

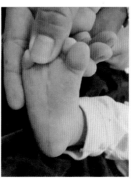

图 12-3-10 E　患儿 6 个月后复查的情况

十一、病例11 蹈趾外翻畸形

1. 病例资料 患者,男性,68岁,约10年前开始发现双侧蹈趾外翻,并逐渐加重,以左足明显,影响步行,欲矫正。患者有2型糖尿病病史7年。由骨科医师转介行矫形器治疗,如图12-3-11A。

2. 目前存在的问题

(1)左足重度蹈趾外翻、第1跖趾关节蹈囊炎、压痛(++)。

(2)第2趾呈轻度锤状趾畸形,第1、第2趾呈叠趾畸形,蹈趾外旋、内侧组织异常角化,如图12-3-11A、B。

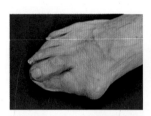 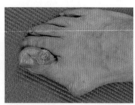

图12-3-11A 重度蹈趾外翻 图12-3-11B 蹈趾外旋、内侧受压、皮肤角化

3. 矫形器治疗临床思路

(1)本患者蹈趾外翻为重度蹈趾外翻、叠趾畸形、蹈囊炎,有手术指征,但患者年纪较大,有糖尿病病史,故选择保守治疗。

(2)轻度者可用硅胶趾间垫或成品蹈趾外翻矫形器,但患者畸形程度较高,上述方法无法解决问题。

(3)第1跖趾关节内侧突出严重、红肿和疼痛明显,应避免作为直接受力点,故矫形器接触面应避开第1跖趾关节内侧,最好用足底作为接触面。三点力分别为两个向内的力施加在蹈趾内侧和第5跖骨近端,一个向外的力施加在第1跖骨颈干交界处(避开第1跖趾关节)。

(4)把第1、第2趾分开,矫正蹈趾外旋和第2趾轻度锤状趾畸形。

(5)蹈囊炎可在穿戴矫形器后一段时间得到缓解。

4. 最终决策 采用蹈趾外翻矫形器、分趾跖趾关节矫形器,如图12-3-11C~E。

5. 穿戴方法 长期夜间穿戴,每1个月复查1次。

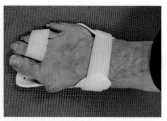

图12-3-11C 分趾跖趾 图12-3-11D 矫正第2
关节矫形器 趾锤状趾

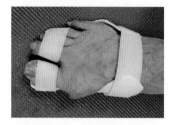

图12-3-11E 矫正蹈趾外旋、外翻

十二、病例12 类风湿关节炎致手部多发畸形

1. 病例资料 患者,女,35岁,类风湿关节炎5年余。3年前发现双手畸形,并逐渐加重,以右手明显(本文针对右手进行阐述)。

2. 目前存在的问题

(1)右示指鹅颈畸形。

(2)第3~5指钮孔状畸形;环指最为严重。

(3)伸指时第2~5指MCP关节尺偏约20°,如图12-3-12A、B。

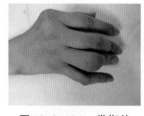
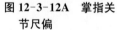
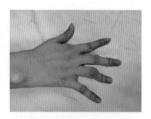

图12-3-12A 掌指关 图12-3-12B 钮孔眼畸形
节尺偏 和鹅颈畸形

3. 矫形器治疗临床思路

(1)用PIP关节伸直限制型矫形器("8"字形矫形器)矫正示指PIP关节过伸,其DIP关节屈曲畸形可随即改善,而且不影响手指功能。

(2)钮孔状畸形如用"8"字形矫形器矫正DIP关节过伸畸形,PIP关节屈曲可以随之略微缓解,但屈曲仍较明显;如要较好地矫正PIP关节屈曲畸形,必须使用 PIP 关节伸直位或接近伸直位固定型矫形器,这势必影响手指屈曲功能,而且多指都需要矫正,MCP 关节还存在尺偏畸形,如分别矫正则太过烦琐也不利于功能恢复。

(3) 最好能将几个矫形器合并成一个,利用薄板材的弹性提供伸直动力,也允许手指屈曲。

4. 最终决策 采用一体化手部动态矫形器,如图 12-3-12C~F。

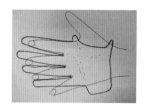

图 12-3-12C 纸样

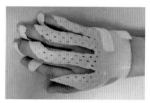

图 12-3-12D 手指伸直,见示指鹅颈畸形和其他 3 指钮孔状畸形得到矫正

图 12-3-12E 对指

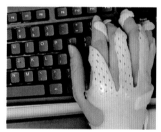

图 12-3-12F 打字不受限制

第四节
神经损伤和疾患

一、病例 1 桡神经损伤修复术后 2 天

1. 病例资料 患者,男性,43 岁,因玻璃割伤导致桡神经损伤、行桡神经修复术后 2 天。

2. 目前存在的问题

(1) 桡神经损伤(相当于肱骨外侧髁上水平)修复术后 2 天,神经需要保护。

(2) 桡神经损伤导致垂腕、垂指。

(3) 伤口未愈合。

3. 矫形器治疗临床思路

(1) 桡神经肘关节水平以上损伤修复术后 3 周内必须限制伸肘,允许全范围屈肘。

(2) 垂腕、垂指可使用略超掌横纹的腕背伸矫形器辅助伸指活动,可协助患者进行手部功能性活动。

(3) 肘、手的功能性活动有助于防止桡神经与周围组织的粘连。

4. 最终决策 采用肘关节伸直限制型矫形器(屈曲 75°以上)配合腕背伸矫形器(远端超过掌横纹和拇指近端横纹),如图 12-4-1A、B。

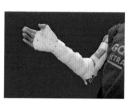

图 12-4-1A 腕矫形器远侧缘超过掌横纹和拇指近端指横纹,可辅助伸指伸拇

图 12-4-1B 外侧观

5. 穿戴方法 肘关节伸直限制型矫形器(屈曲 75°以上):持续穿戴;腕矫形器:白天穿戴,可间歇性地取下屈伸腕关节。

二、病例 2 正中神经和尺神经损伤后爪形手

1. 病例资料 患者,男性,21 岁,皮革厂工人,5 年前因工伤被切刀切伤前臂远端致手指屈肌腱、屈腕肌腱和桡动脉,正中神经、尺神经损伤,当即行手术修复损伤组织。现为改善手功能由医师转介,欲行矫形器治疗。

2. 目前存在的问题

(1) 正中神经、尺神经损伤致爪形手:手内肌萎缩、伸指时 MCP 关节过伸、IP 关节屈曲;抓握时拇指无法对掌,如图 12-4-2A、B。

图 12-4-2A 爪形手

图 12-4-2B 抓握时拇指无法对掌

(2) 正中神经和尺神经相应皮区浅感觉减退,可见手指受压损伤痕迹,深感觉基本恢复。

（3）腕关节被动活动度正常、肌腱未见明显挛缩。

3. 矫形器治疗临床思路

（1）用矫形器提供 MCP 关节屈曲的动力，可使患者在伸指时伸指肌力有效传递到 IP 关节，使之有效完成伸指动作。

（2）用矫形器把拇指限制在对掌位，有利于患者完成功能性抓握动作。

（3）矫形器屈 MCP 关节的动力可由弹簧提供，也可以采用"锦环"（用橡皮筋做动力）设计，但也可以采用厚度为 2.4 mm 的记忆型低温热塑板材，巧妙利用板材的弹性和抗挠折性提供动力。

4. 最终决策　采用 MCP 关节屈曲、拇对掌矫形器，如图 12-4-2C～F。

图 12-4-2C　用弹性好的薄板材制作的抗爪形手矫形器

图 12-4-2D　矫形器分为手背和手掌两个组件

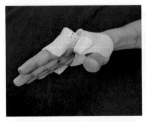
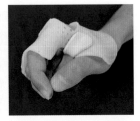

图 12-4-2E　穿戴矫形器后可以打开手掌，完成各种功能性动作

图 12-4-2F　穿戴矫形器后可以很好地完成对指

5. 穿戴方法　白天活动时穿戴，完成功能性活动，休息时可取下。

三、病例 3　肌肉萎缩侧索硬化致颈部无力

1. 病例资料　患者，女，58 岁，3 年多前开始逐渐出现饮水呛咳、吐字不清，并逐渐出现颈部无力和肩关节上抬乏力等现象，逐渐加重，被诊断为"肌肉萎缩侧索硬化"。曾自行用海绵颈托支撑头部，现穿戴海绵颈托仍出现头部低垂现象。双侧上

肢上抬困难，但手部抓握功能尚可，双下肢肌力正常。要求配制颈托。

2. 目前存在的问题

（1）颈项部肌肉无力、萎缩，肌力 2^+ 级，颈部无法直立，如图 12-4-3A。

（2）双侧肩、肘肌群肌力 3^- 级。

图 12-4-3A　颈部无法直立

3. 矫形器治疗临床思路

（1）患者颈前、颈后、颈侧面肌群均明显萎缩，肌力为 2^+ 级。因其颈部肌力很差，颈部无法直立，常出现头颅后坠或低垂。颈托前片应有足够的高度，上缘应高过枕骨粗隆，下缘应达肩胛骨中下部，后片的两侧以双肩上方和锁骨为支撑；前片托住下颌和颈部侧面，两侧以肩为支撑，覆盖于后片之上，并延至肩胛骨后方。

（2）成型时应留意在颈前位置稍留空隙，避免压迫喉结，并注意下颌位置不可太高，以免影响患者张口（如说话和进食），也不可过低，否则无法保持颈部稳定。

4. 最终决策　采用前后两片式低温热塑颈部固定矫形器，按照上述思路进行矫形器塑形。试戴后，患者反映颈部固定不够稳，步行时头部频繁晃动，要求加高前片，托紧下颌。再次塑形，提高前片高度，托紧下颌，只留说话时下颌活动的空间，但吃饭时嘴巴张得不大。为了走路时头部的稳定，设计了一个可自由取下的海绵垫，步行时垫在下颌下与颈托之间，进食和说话时取下，如图 12-4-3B～D。

图 12-4-3B　侧面观

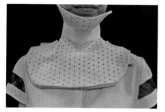 

图 12-4-3C　前面观　　图 12-4-3D　后面观

5. 穿戴方法　除了躺卧、清洁和进行颈部活动时,其他时间都穿戴,进食时取掉下颌处的海绵垫,其他时间垫上海绵垫。

第五节
软组织损伤与疼痛

一、病例 1　桡骨茎突狭窄性腱鞘炎

1. 病例资料　患者,女,45 岁,左腕桡侧疼痛 12 天来诊。患者 12 天前开始发现手部活动时腕部桡侧疼痛,特别是在尺偏和屈曲拇指时,逐渐加重,遂于 4 天前行 B 型超声检查,提示"桡骨茎突狭窄性腱鞘炎",并开始行物理治疗。现略见好转,为进一步治疗由医师转介行矫形器治疗。

2. 目前存在的问题　桡骨茎突狭窄性腱鞘炎、左腕桡侧痛:休息位时 VAS 为 1 分、压痛 4 分;抗阻桡偏时 VAS 为 6 分;尺偏加屈拇时 VAS 为 7 分,并向拇指背侧放射;腕关节功能位拇指对指时 VAS 为 1~2 分。

3. 矫形器治疗临床思路

(1) 腕关节抗阻桡偏时拇长展肌和拇短伸肌必须做功,因此会加重疼痛;腕尺偏并屈拇时,拇短伸肌腱受到最大程度的牵伸,会刺激到发炎的肌腱导致疼痛明显。因此必须限制腕关节桡尺偏活动。

(2) 把腕关节固定在功能位,拇指腕掌关节对指、掌指关节轻度屈曲位时,拇指指间关节活动不引起疼痛加剧(因拇长展肌和拇短伸肌腱并不跨过拇指指间关节)。

(3) 为了更多暴露手掌部皮肤和第 4、第 5 腕掌关节(手横弓),用腕关节桡侧作为矫形器接触面。

4. 最终决策　采用桡侧腕拇功能位固定型矫形器,如图 12-5-1A、B。

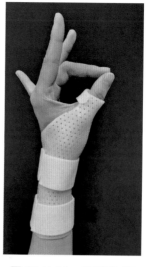 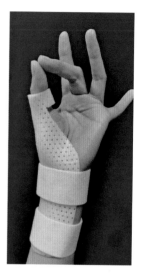

图 12-5-1A　桡侧观:有效地控制了腕关节桡尺偏和拇指 MCP 关节屈伸活动　　图 12-5-1B　掌侧观:不限制拇指对指

二、病例 2　拇长屈肌腱狭窄性腱鞘炎 1

1. 病例资料　患者,女,54 岁,退休护士,爱好弹钢琴、做菜、骑车旅游。6 周前出现右手拇指活动时掌指关节掌侧疼痛,放射到拇指 IP 关节背面,抓握时在拇指屈曲到某个角度时会感到手指突然卡住,随后有弹响和突破感。为缓解疼痛和改善手功能由医师转介行矫形器治疗。

2. 目前存在的问题

(1) 拇长屈肌腱狭窄性腱鞘炎、活动时疼痛:拇指掌指关节掌面处可触及一黄豆大小的结节,压痛明显,拇指屈伸时可随之上下移动。固定患侧拇指指间关节于伸直位屈曲掌指关节时,无疼痛和弹响出现;固定拇指掌指关节于伸直位屈曲指间关节时,发现屈曲到 45° 时开始出现疼痛,并有卡住感。说明疼痛弧为拇指指间关节屈曲 45°~70°。

(2) 右手不能完成扣纽扣、扣文胸扣、弹琴和书写等活动。

3. 矫形器治疗临床思路

(1) 狭窄性腱鞘炎在炎症期应适当休息,避免

水肿的肌腱在狭窄的环形滑车里面反复摩擦,以促进水肿吸收,但是,如果固定拇指,发炎的肌腱和腱鞘可能会粘连。理想的矫形器应使患者在穿戴矫形器后能避开疼痛弧(IP 关节屈曲 40°以上)完成日常生活活动。

(2)矫形器远端只到指腹近端 1/3 处,暴露指腹远端 2/3,可更好地完成功能性活动。

4. 最终决策　采用拇指指间关节屈曲限制型矫形器(屈曲 0°～40°),如图 12-5-2A、B。

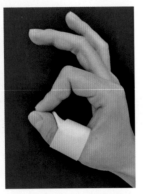

图 12-5-2A　伸拇不受影响　　图 12-5-2B　IP 关节最大屈曲角度为 40°

5. 穿戴方法　活动时穿戴,睡眠时如有疼痛也可以穿戴,直到疼痛明显缓解或消失。

三、病例 3　拇长屈肌腱狭窄性腱鞘炎 2

1. 病例资料　患者,女性,58 岁,退休教师,爱好画画。3 周前右手拇指活动时感觉疼痛紧绷,在拇指屈曲到某个角度时突然有卡住感,随后出现弹响、疼痛加剧和突破感。

2. 目前存在的问题

(1)拇长屈肌腱狭窄性腱鞘炎,拇指活动时疼痛:拇指掌指关节掌面处可触及一黄豆大小的结节,压痛明显,拇指屈伸时可随之上下移动。患侧拇指指间关节固定于伸直位主动屈曲掌指关节时,出现疼痛;固定掌指关节于伸直位主动屈曲指间关节时,全活动范围均未出现疼痛。

(2)右手不能完成扣纽扣、扣文胸扣和书写等活动。

3. 矫形器治疗临床思路　临床思路同上,利用矫形器帮助拇指避开疼痛弧,并尽量不影响日常

活动。

4. 最终决策　采用拇指掌指关节屈曲限制型矫形器(完全限制屈曲,可适度过伸),如图 12-5-3A、B。

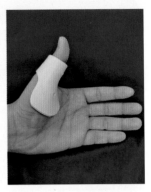

图 12-5-3A　掌指关节屈曲受限,但不影响功能活动　图 12-5-3B　可适当过伸,完成大物件抓取

5. 穿戴方法　如本节病例 2。

四、病例 4　三角纤维软骨复合体损伤 1

1. 病例资料　患者,女,43 岁,6 天前端长柄锅时突感到右腕尺侧疼痛,腕关节尺偏时疼痛加重,自行擦药油和热敷,未见好转,磁共振检查提示"右腕三角软骨盘损伤"。

2. 目前存在的问题　TFCC 损伤,以软骨盘为主:尺侧鼻烟窝试验(ulnar snuffbox test)(＋)、尺偏腕尺侧冲击试验(ulnar impaction test)(＋)、尺腕承重试验(＋)、桡偏试验未见尺侧副韧带松弛或疼痛、被动屈伸腕关节均未引起明显疼痛、桡尺远端关节钢琴键试验(一)。

3. 矫形器治疗临床思路　前臂旋转时未出现疼痛、远端桡尺关节稳定性未受影响,只在尺偏时出现疼痛,故无须限制前臂旋转,固定腕关节于背伸略桡偏的姿势,避免腕关节尺偏时腕骨挤压三角软骨盘。

4. 最终决策　采用尺侧腕关节固定型矫形器(腕背伸、略桡偏约 10°),腕部固定带采用 D 形扣,便于调节松紧度,如图 12-5-4A、B。

5. 穿戴方法　进行功能性活动时穿戴,休息时可不用穿戴。每 2 周复查,约穿戴 6 周。

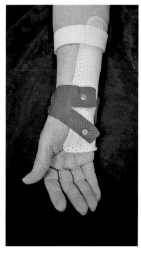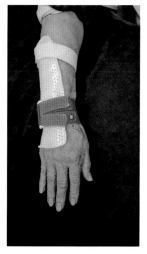

图 12-5-4A　掌面观　　　图 12-5-4B　背面观

五、病例 5　三角纤维软骨复合体损伤 2

1. 病例资料　患者,女,23 岁,3 天前在换饮用水桶时扭伤右手,顿时感到右手腕疼痛无力,随后出现腕部轻微水肿,旋转前臂困难和腕部活动时疼痛。

2. 目前存在的问题

(1) TFCC 损伤:腕背伸 70°和尺偏时出现疼痛,尺侧鼻烟窝试验(＋)、尺偏腕尺侧冲击试验(＋)、尺腕承重试验(＋)。

(2) 远端桡尺关节不稳:尺骨头向背侧突起较健侧明显,前臂旋前 60°以上时出现疼痛,钢琴键试验(＋)。

3. 矫形器治疗临床思路　患者腕关节背伸和尺偏时出现疼痛,桡尺关节旋前时疼痛并有远端桡尺关节不稳,尺骨头向背侧移位的现象,提示背侧远端尺桡韧带损伤,除了固定尺腕关节、稳定远端桡尺关节外,应把前臂固定在旋后位,因在旋后位时尺侧远端尺桡韧带紧张、尺骨头较中立位时向掌侧移动约 4 mm,这有利于背侧远端尺桡韧带愈合。

4. 最终决策　采用旋后位方糖夹矫形器(旋后位肘腕矫形器)固定,如图 12-5-5A、B。

5. 穿戴方法　持续穿戴,特别是夜间时必须穿戴。白天肘部固定带可间歇性打开,进行屈伸肘活动。3 周后复查,根据疼痛缓解情况改用尺腕矫

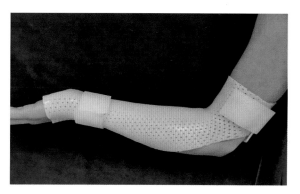

图 12-5-5A　旋后位方糖夹矫形器(尺侧观)

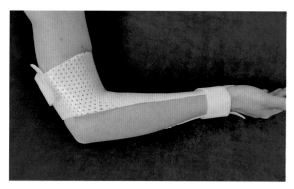

图 12-5-5B　旋后位方糖夹矫形器(桡侧观)

形器继续保护,直到疼痛消失。

六、病例 6　急性踝扭伤

1. 病例资料　患者,男性,36 岁,2 天前步行时不慎扭伤左足,致外踝疼痛、步行时疼痛加重。X 线片检查未发现骨折。

2. 目前存在的问题　踝关节外侧副韧带扭伤;足背及踝部水肿,以外踝为甚;外踝疼痛、距腓前韧带局部压痛(＋＋＋)、距腓后韧带局部压痛(＋)、跟腓韧带局部压痛(＋＋)、前抽屉试验(±)、内翻应力试验(－);踝关节活动时疼痛;主动、被动背屈跖屈(VAS 为 1～3 分)、外翻(VAS 为 2～4 分)、内翻(VAS 为 5～7 分)。

3. 矫形器治疗临床思路　踝关节扭伤的治疗从过去的 RICE[休息(rest)、冰敷(ice)、加压(compression)、抬高(elevation)]、PRICE[保护(protection)、休息(rest)、冰敷(ice)、加压(compression)、抬高(elevation)]原则到现在的 PEACE[保护(protection)、抬高(elevation)、避免使用抗炎药(anti-inflammatories)、加压(compression)、教育(eduction)]和 LOVE[负荷管理(load)、乐观(op-

timism)、血管形成(vessel)、运动(excercise)]原则，即从强调休息到强调适当负重。无痛范围内适当的负重、活动等产生的应力作用可促进软组织重塑，减少粘连，使运动功能更早恢复，后期的运动表现更好。矫形器的作用在于固定踝关节在0°位，以防止踝关节出现内外翻和跖背屈动作，增加足部负重时踝关节的稳定性，使早期适当负重和挂拐步行成为可能。

4. 最终决策　穿戴压力袜(本文不展示)和踝关节固定型矫形器，如图12-5-6A、B。

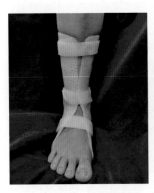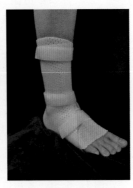

图12-5-6A　踝关节固定型矫形器(前面观)　图12-5-6B　踝关节固定型矫形器(侧面观)

5. 穿戴方法　除洗澡时脱掉外，其他时间持续穿戴，白天坐位休息时可以不用穿戴矫形器，活动和夜间睡觉时必须穿戴矫形器。步行时可用患足部分负重，用前臂杖或助行器分担部分体重，以不引起足部疼痛为宜。穿戴3周，第1周开始可以进行踝关节静力性抗阻肌力训练，第3周开始可以间歇性地取下矫形器在无痛范围内进行踝关节背跖屈AROM训练。第4周开始改用护踝或肌内效贴进行背屈和跖屈等张肌力训练，第6周开始在无痛范围内进行踝内外翻AROM训练。

(陈少贞)

参考文献

［1］余光书,林焱斌.定量评价骨折愈合的有效性研究
进展［J］.中华实用诊断与治疗杂志,2014,28(10):
939-941.

［2］张晓刚,秦大平,宋敏,等.骨生物力学的应用与研
究进展［J］.中国骨质疏松杂志,2012,18(9):850-
860.

［3］宋会平,王志强.骨移植的过去、现在和未来［J］.中
国修复重建外科杂志,2009,23(5):513-516.

［4］秦煜.骨折愈合、延迟愈合和骨不连［J］.中华创伤
骨科杂志,2004,6(9):1059-1062.

［5］孙贤杰.骨折愈合的影响因素［J］.中国医药指南,
2012,10(17):82-84.

［6］马应亚,岳野,虎义平,等.骨折愈合的影响因素概
述［J］.中国当代医药,2015,22(11):26-30.

［7］陈昱,陈宗雄,徐皓,等.骨折愈合机制的现代研究
［J］.中国组织工程研究与临床康复,2008,12(50):
9951-9956.

［8］朱海标,王旭.骨折愈合时间的研究进展及其法医
学意义［J］.河南科技大学学报(医学版),2017,35
(1):77-80.

［9］刘汉辉,章莹,吴文,等.肌腱损伤修复过程及粘连
的预防［J］.中国组织工程研究与临床康复,2009,
13(50):9946-9949.

［10］程昌志,张正治.肌腱愈合和粘连的研究进展［J］.
解剖科学进展,2002,8(4):229-333.

［11］张正治,刘正津.肌腱愈合机制的研究进展［J］.中
国临床解剖学杂志,1995,13(3):235-237.

［12］高君,王维,那磊,等.肌腱粘连的预防:现状和进展
［J］.中国组织工程研究,2014,18(46):7515-7519.

［13］李宗明,王慧聪,胡流源.韧带和肌腱的生物力学和
力学生物学研究［J］.医用生物力学,2016,31(4):
301-307.

［14］杨晓,李箭.韧带损伤及愈合机制［J］.中国修复重

建外科杂志,2005,19(10):835-838.

［15］杨亚东,薄占东.神经损伤与骨折愈合［J］.中国组
织工程研究与临床康复,2010,14(41):7735-7738.

［16］胡海波,禹宝庆,刘辉.同种异体肌腱移植的前景及
问题［J］.中国组织工程研究与临床康复,2008,12
(53):10522-10526.

［17］管树军,王伟.异体神经结构性移植影响因素及预
处理方法［J］.国际骨科学杂志,2007,28(3):188-
191.

［18］苏佳灿,任可,张春才.应力对骨折愈合的影响及其
作用机制［J］.第二军医大学学报,2001,22(10):
988-990.

［19］王昌俊,郑欣,邱旭升,等.影响骨折愈合的生物物
理学因素研究进展［J］.中国矫形外科杂志,2014,
22(10):898-901.

［20］郭文,王继宏,温树正,等.应力在肌腱愈合中的作
用［J］.中国组织工程研究,2015,19(29):4715-
4720.

［21］崔勇,张成花,岳伟杰,等.周围神经缺损的治疗进
展［J］.哈尔滨医科大学学报,2011,45(2):192-
194.

［22］佟晓杰.周围神经再生及其影响因素［J］.现代康
复,2000,4(10):1456-1457.

［23］石秀秀,唐金树,吴新宝,等.肘关节骨折术后功能
恢复的影响因素［J］.中国骨与关节杂志,2016,5
(3):188-193.

［24］马武秀,程迅生.自体骨移植修复骨缺损的研究进
展［J］.中国骨与关节损伤杂志,2011,26(6):574-
576.

［25］尚宇阳,辛畅泰,安贵林.自体周围神经移植的研究
进展［J］.中国实用手外科杂志,2001,15(1):41-
44.

［26］孙海军,吴迎波,李小昌,等.不同缝合密度对指神

经损伤修复的影响[J]. 中国医师杂志,2010,12(12):1665-1667.

[27] 刘诚,张记恩. 肌腱修复愈合影响因素的研究[J]. 重庆医学,2011,40(22):2273-2275.

[28] 殷超,王继宏,蒋电明,等. 肌腱愈合影响因素的研究进展[J]. 实用手外科杂志,2015,29(3):287-290.

[29] 黄启顺,甘萌,郑怀远,等. 不同神经移植体移植修复自体周围神经缺损时的再生效果比较[J]. 华中科技大学学报(医学版),2013,42(3):290-293.

[30] SUSAN HB, RACHEL N. Home-based movement therapy in neonatal brachial plexus palsy: A case study[J]. Journal of Hand Therapy, 2015, 28(3): 307-312.

[31] MARCIN C, RAFAL P. The sensory function of the uninjured nerve in patients after median and ulnar nerve injury[J]. Journal of Hand Therapy, 2017, 30(1):97-103.

[32] RAJESH R, ROHIT S, NARENDER KM. Combined radial and median nerve injury in diaphyseal fracture of humerus: a case report[J]. Chinese Journal of Traumatology, 2013, 16(6): 365-367.

[33] KRISHAN KT, JYOTI S, KANIKA M, et al. Therapeutic implications of toll-like receptors in peripheral neuropathic pain [J]. Pharmacological Research, 2017, 115:224-232.

[34] LUKAS R, ANDRIJA S, FILIP VL, et al. Iatrogenic Peripheral Nerve Injuries—Surgical Treatment and Outcome: 10Years' Experience [J]. World Neurosurgery, 2017, 103: 841-851.

[35] ELENA BG, MIGUEL MU. ALAZNE REZ, et al. Reliability of measurement of the carpal tunnel and median nerve in asymptomatic subjects with ultrasound [J]. Musculoskeletal Science and Practice, 2017, 32: 17-22.

[36] SVENNIGSEN AF, DAHLIN LB. Repair of the Peripheral Nerve-Remyelination that Works[J]. Brain Science, 2013, 3:1182-1197.

[37] AL ANI MZ, DAVIES SJ, GRAY RJ, et al. Stabilisation splint therapy for temporomandibular pain dysfunction syndrome [J]. Cochrane Database of Systematic Reviews, 2004, 1(1): CD002778.

[38] 方俊超. 非手术疗法对阻塞性睡眠呼吸暂停低通气综合征治疗效果评价:系统评价和网状 Meta 分析[D]. 天津:天津医科大学,2018.

[39] 武继祥. 假肢与矫形器的临床应用[M]. 北京:人民卫生出版社,2012.

[40] 赵正权. 低温热塑矫形器实用技术[M]. 北京:人民卫生出版社,2016.

[41] 赵辉三. 假肢与矫形器学[M]. 北京:华夏出版社,2005.

[42] 张晓玉. 人体生物力学与矫形器设计原理[M]. 武汉:武汉大学出版社,1989.